DEUTSCHE AKADEMIE DER WISSENSCHAFTEN ZU BERLIN
INSTITUT FÜR DEUTSCHE SPRACHE UND LITERATUR

WÖRTERBUCH DER DEUTSCHEN TIERNAMEN

bearbeitet von
Wolfgang Pfeifer

INSEKTEN

6. Lieferung

AKADEMIE-VERLAG · BERLIN
1968

Erschienen im Akademie-Verlag GmbH, 108 Berlin, Leipziger Straße 3—4

Lizenznummer: 202 · 100/252/68
Gesamtherstellung: VEB Druckhaus „Maxim Gorki", 74 Altenburg
Bestellnummer: 3044/6 · ES 7 D/18 G 3
18,—

LEITHAEUSER Berg. Land 25. *Üregrīcher* Rhein. Wb. 6, 376. *Uhrkriecher* MITZKA a. a. O. *Ohrenkrecher, -grecher* (mittel- u. rheinfrk.) WERZ 83. *Uirenkräecher* HALTRICH Vorarb. siebenbürg.-sächs. Id. 68. *Ūrnkroecher* KISCH Siebenbürg.-Moselfrk. 232. *Ouere-, Ourekrecher* Wb. d. luxemb. Ma. 309 u. 324. *Ohrenkreicher* (Kurhessen), *Ohrkreicher* (Hanau), *Ohrenkroicher* (Frankfurt), *Ohrenkröcher, -kröscher* (Malmedy, Ardennen), *Uerekröcher* (Rheinland b. Schleiden), *Ohrnkruicha* (Bayer. Wald) WERZ 83 u. 85 u. 86. *Ohrenkrücher* MITZKA a. a. O.; (Malmedy) WERZ 86. *Orechrūcher* (Schweiz) THURNHERR Benennungsmotive 88. *Uhrla-, Ēhrlakriecher* [Öhrlein-] MITZKA a. a. O. *Ērlakhreichr, -khraichr* SCHWARZ a. a. O. *Ohrkriecherle, -griecherle, -li* (b. Tauberbischofsheim) WERZ 84. *Oohrnkriechorle* ebda (WERZ deutet diese Form als „Ohrenkriechohrle" [?]). *Oankrichla* [-kriechlein] SCHWARZ a. a. O.

Ohrwaschelkriecher STRICHHIRTSCH Sudeten 367. *Ōawaschlkruicha* SCHWARZ Sudetendt. Wortatlas 3, 30. *Ohrwaschelkroicher* WIEDER Südmähren 34. *Ohrbaschlkriecher* WERZ 51. *Kriechwurm* (Ruhr) Wortatlas. *Luserkriecher* (Oberbayern) WERZ 42; zu *Loser, Luser* 'das Ohr vom Wilde, im Scherz auch vom Menschen', von *losen, lusen* 'horchen', s. SCHMELLER Bayer. 1,1515.

Ohre(n)kraucher (b. Bitterfeld, Westpreußen) WERZ 82; zu *krauchen* 'kriechen' FRISCHBIER Preuß. 1, 424, MITZKA Schles. 2, 726, 'sich ducken, sich schmiegen, kriechen' DWb 5, 2083.

Das Nd. und das nd.-md. Grenzgebiet knüpft dagegen in seinen entsprechenden N.n an Formen des Verbs mnd., nd. *krupen* 'kriechen' an, s. SCHILLER-LÜBBEN Mnd. Wb. 2, 583, MENSING Schlesw.-Holst. 3, 342, WOSSIDLO-TEUCHERT Mecklenb. 4, 708, vgl. auch *krüpen* 'kriechen' MENSING 3, 351. Auch hier gehen entsprechende Fügungen voraus wie „so weme en orworm in dat ore is gecropen" (ca. 1400) Nd. Jb. 15 (1889) 122. *Ohrenkruper*, mit Kürzung des Stammvokals *Ohrenkrupper, -krubber* (Schlesw.-Holst.) WERZ 86. *Ohrkruper* MENSING Schlesw.-Holst. 3, 832; (Ostfriesland) Wortatlas. *Ohrkrub* (Lauenburg) WERZ 86. *Uhrkruper* (Lübeck, Mecklenb.) Wortatlas. *Ohrenkrüper* (Schlesw.-Holst., Lübeck, Glückstadt, Weserland, Lüneb. Heide) ebda; (Ruhr) WERZ 86; Rhein. Wb. 6, 376. *Ohrenkrüpper* (Niederrhein) WERZ 86. *Oarenkrüper* (Elberfeld) LEITHAEUSER Berg. Land 25. *Oernkrüüper* HARTWIG in: Jahresber. Ravensberg 40 (1926) 48. *Ornkrüper* (Lüneb. Heide), *Urnkrüper* (Pommern) Wortatlas. *Uohrekrüper* HALBACH Berg. Sprachschatz 777. *Ohrkrüper* (Schlesw.-Holst., Westfalen) Wortatlas. *Ūrkrüper* (Mecklenb.) ebda; Rhein. Wb. 6, 376. *Örkrüpert* Rhein. Wb. a. a. O. Dazu diphthongiertes *Ohrenkreuper* (b. Bremen), *Uhrnkräuper* (Niederelbe) WERZ 61. *Ohrenkreiper* (in Einzelmeldungen von Anhalt bis Obersachsen) Wortatlas, verbindet sich wohl (mit den folgenden N.n) mit *kräipn* 'kriechen' KÜCK Lüneburg 2, 210, *kreipen* WREDE Plattdt. (Hannover) 144, *krepen* 'kriechen' TEUT Hadeln (Niederelbe) 2, 468 und *krepeln, kräpeln* 'mühsam oder langsam gehen' MÜLLER-FRAUREUTH Obersächs. 2, 111. *Ohrenkreper* (Ruhr, Hannover) WERZ 83. *Ohren-* (Westfalen), *Uhrkreeper* (Hannover) Wortatlas. Hierher auch die Zusammensetzungen mit nd. *Kröpel* 'Krüppel', eigentl. 'der Kriechende' (vgl. dazu noch *kröpeln* 'kriechen' KÜCK Lüneburg 2, 222): *Ohrkröpel* MENSING Schlesw.-Holst. 3, 832; BERGHAUS Sprachschatz d. Sassen 3, 44. *Ohrenkröpel, -kröbbel* (Süd-Schlesw., Ostpreußen) WERZ 86. *Ohrskröppel* (Lüneb. Heide) ebda. Vgl. nl. *oorkruiper* Nl. Wb. 11, 119, nl. dial. *oorenkruper, -kroeper* und Varianten, s. HEEROMA Taalatlas Oost-Nederland 3, 88.

Die entsprechende hd. Form zu vorstehendem nd. *krupen* u. dgl. ist *kraufen* 'kriechen' (DWb 5, 2206, Rhein. Wb. 4, 1417, FRISCHBIER Preuß. 1, 424). Dazu *Ohrenkraufer* (Westpreußen) WERZ 61. *Ohrekraufer* MITZKA Schles. 2, Karte. Weit häufiger aber sind N.n, die – im nd.-md. Grenzgebiet – „den nd. Vokalismus beibehalten ... und den hd. Konsonantismus angenommen haben" (WERZ 61). *Ohrenkrufer* (Rheinland), *Ohrengruffler* (Hessen) WERZ 62; vgl. *gruffe* 'kriechen' HEINZERLING-REUTER Siegerland 102. *Ohrenkroffer* (Rheinland) WERZ 62. *Öhrenkröffer* (Eupen, Malmedy, Jülich) ebda. *Ūrekröfer, Ūrkröfel, -kröf* Rhein. Wb. 6, 376. *Örekröfer* MÜLLER Köln 52. *Urnsgröffer* (Siegerland) WERZ 62. Vereinzelt auch *Wurmkröfer* (b. Köln) WERZ 144. Vgl. rhein. *Kröffer* 'Kriecher' Rhein. Wb. 4, 1548. *Ūrekrüfer* Rhein. Wb. 6, 376. *Ohrenkrüffer, -krüffel* (Rheinland) WERZ 86. *Ohrenkrüffer, -kriffer, Ohrgriffer* (um Eschwege) WERZ 61 und 62. *Ohrkriffer* BERTHOLD Hess.-Nass. 2, 515. *Ohrenkreffer, -kräffer* (um Eschwege) WERZ 62. *Oarngräffer* HEINZERLING-REUTER Siegerland 194. *Ornkräffer* (Siegen) LEITHAEUSER Berg. Land 25. *Ohregräffler* (Hessen) WERZ 62. *Ohren-, Ohrkräufer* BERTHOLD Hess.-Nass. 2, 515. *Ohrenkreifer* (verschiedentlich ostmd.) Wortatlas.

Orekreiser, -krīser FISCHER Schwäb. 5, 78. *Ohrenkreiser, -krieser* (Allgäu), *Ohrengreuser* (b. Ulm), *Ohrenkreuser, Ohrkroaser* (Allgäu) WERZ 60. *Ohrengriesseler* (Schwaben) ebda 61. Zu *kreise, krise* 'kriechen', *Kreiser* 'Wurm', s. FISCHER Schwäb. 4, 727. *Ohragraddler* (Elsaß) WERZ 59; zu *grattle* 'auf Händen und Füßen gehen, kriechen, klettern' MARTIN-LIENHART Elsäss. 1, 284. *Ohrkrattel* (Schlesw.-Holst.) WERZ 82; zu *kraddeln* 'mühsam und schwer gehen', dazu aber *kradelig* 'beweglich, gewandt', s. MENSING Schlesw.-Holst. 3, 293; vgl. auch *Gratt* Bezeichnung für 'Kleines, Winziges' ebda 2,472.

Ohr-, Uhrwimmel (Taunus) WERZ 128. *Ohrwurler* UNGER-KHULL Steir. 484. *Ohrwurl* (Steiermark) WERZ 132. Zu *wurlen* 'rasch hin und her fahren, krabbeln, wimmeln' UNGER-KHULL 640; vgl. auch *Wurler* 'Maulwurfsgrille' ebda (→ *Gryllotalpa gryllotalpa* L.). *Ohrenwudler, Ohrwuadla, Ohrenwurdler* (Steiermark) WERZ 132. Zu *wueteln, wuedeln* 'sich regen und bewegen, wimmeln' SCHMELLER Bayer. 2, 1057; vgl. dazu *Wudler* 'Maulwurfsgrille' UNGER-KHULL Steir. 639. *Ohrazwitzeler* (Schwaben), *Oarzwitzl* (Bayern) WERZ 135; neben *Ohrenwitzel* u. dgl. (s. oben Sp. 636) zu *zwitzern* 'zwitschern, flimmern, glitzern, schnell bewegen', s. DWb 16, 1426.

Hurrliä Schweiz. Id. 2, 1607. *Hurrliän* GUBLER Liquidsuff./Schweizerdt. 195. Zu *hurren, hurrlen* 'eilig laufen', 'krabbeln', *Hurrli* 'wer sich überschnell bewegt', s. Schweiz. Id. 2, 1583f. und GUBLER a. a. O. *Tanztierle* (Rhön) WERZ 142.

Ohrkringel BERTHOLD Hess.-Nass. 2, 515. *Ohr-, Uhrekringel, Uhrkrengel, -grengel* Rhein. Wb. 6, 376. *Uhrekringele, -la* (Rheinland) WERZ 83. *Ohrkringeler* BERTHOLD a. a. O. *Uhrgringeler* Rhein. Wb. a. a. O. Zu *kringeln* 'sich ringeln, winden' Rhein. Wb. 4, 1520. *Ringelwurm* (Oberfranken) WERZ 137.

Ohrawürbl (Allgäu) WERZ 131; zu *wirbeln, würbeln* 'sich schnell drehen' SCHMELLER Bayer. 2, 982. *Wurbel, Würbel, Wörvel* Rhein. Wb. 9, 652. *Ohrrippen* (Hessen) WERZ 107; vgl. *rippeln* 'sich rühren, bewegen' BERTHOLD Hess.-Nass. 2, 872, 'sich regen, leise Bewegungen machen' VILMAR Kurhessen 327. *Ohrräppel* Rhein. Wb. 6, 379; vgl. *räppeln* 'sich rühren, leise regen' ebda 7, 90. *Aurutschla* [Ohr-] (b. Tübingen) WERZ 111; vgl. *rutsche* 'rutschen, gleiten' FISCHER Schwäb. 5, 506.

Ohrenläufer BERTHOLD Hess.-Nass. 2, 513; MITZKA Schles. 2, Karte. *Ūrenlöfer* Rhein. Wb. 6, 377. *Uhrläufer, -leefa, -lofer* MITZKA a. a. O. *Uhrläfer* (Thüringen) Wortatlas. *Aurläuper* (Elbemündung) ebda. *Ohrlöper* (Wesermünde, Bremerhaven, Cuxhaven) WERZ 88 und 91. *Ūrenlöper* Rhein. Wb. 6, 377. *Urläuper* (Schlesw.-Holst.) Wortatlas. *Ohrleffel* [-läufel?] BERTHOLD a. a. O. *Ohr-, Uhrlöffel, -leffel* (Mainz, Taunus) WERZ 91. Vgl. nl. dial. *oorlöper* und Varianten, s. HEEROMA Taalatlas Oost-Nederland 3, 88.

Ohrengeher MITZKA Schles. 2, Karte. *Ohrengangela* (Unterelsaß) WERZ 57; vgl. *gängle, kangle, kankle* 'herumlaufen, tändeln' MARTIN-LIENHART Elsäss. 1, 224, *ganggele* 'unsicheren Ganges hin- und herschwanken', *Ganggeler* 'läppischer Mensch' Schweiz. Id. 2, 363f.

Ohrenschleicher, -schlecher, -schlicher (Nahe, Eifel, Elsaß) WERZ 113. *Oreschlicher* MARTIN-LIENHART Elsäss. 2, 449. *Ohrschlicher* FOLLMANN Lothring. 392. *Oreschlīcher* (Schweiz) THURNHERR Benennungsmotive 89. *Ohraschleicher, -schlicher* MITZKA Schles. 2, Karte. *Ōreschlicher, -schlecher* Rhein. Wb. 6, 380. *Ohraschleucha* (Pforzheim) WERZ 115. *Ohrschleich* (Elsaß) ebda 113. *Ohrenschläch* (Nahe) ebda 112. *Ohrschlieka, Uhrnschlicker, Urschliger* (Pommern) ebda 116. *Ūreschlikker* Rhein. Wb. 6, 380. *Uhrnslieker* (Pommern) WERZ 121. *Erlschleicher* [Öhrl-] MITZKA a. a. O. Zu *schleichen* 'gleiten, sich leise fortbewegen' DWb 9, 562, mnd. *sliken* SCHILLER-LÜBBEN Mnd. Wb. 4, 239 mit den mundartlichen Formen *schleichen, schlechen, schliken* Rhein. Wb. 7, 1289, *schliche, schleiche* MARTIN-LIENHART Elsäss. 2, 449, *sliken* MI Mecklenb.-Vorpomm. 80.

Öre-, Örschlinger, -schlingel, -schling, -schlenger, -schlengel Rhein. Wb. 6, 380. *Ooreschlingel* (Hunsrück) Zs. f. dt. Maa. (1911) 238. *Ohrschlink, Ohreschlank, Ohrenschlenker* (Hunsrück) WERZ 112. *Ohrschlingel* BERTHOLD Hess.-Nass. 2, 516. Diese N.n werden verschiedentlich (als Wort, „in welchem die vermutlich ursprüngliche Bedeutung von *Schlingel*, nämlich 'Schleicher', hervortritt" HEINZERLING Naturwiss. Irrtümer [1907] 50) zurückgeführt auf mhd. *slingen*, hd. *schlingen* 'schlängelnd kriechen, schleichen', s. LEXER Mhd. Hwb. 2, 982 und DWb 9, 730ff. Volksetymologie wird die N.n freilich verbinden mit *Schlingel* 'Lümmel, Taugenichts' (s. BERTHOLD 3, 238, Rhein. Wb. 7, 1398) und — wie der Ansatz *-schlänker* (Rhein. Wb. 6, 380) zeigt — mit verwandtem *schlenkern, schlänkern* 'lässig gehen'.

Ohrnsteigar, -steigr, -steiga (Österreich) WERZ 122. *Stügälüdl* [vielleicht „Stigelöhrl"?] SCHWARZ Sudetendt. Wortatlas 3, 32. *Oawaschlkracksler* (Burgenland) WERZ 124; zu *kracks eln* 'klettern, kriechen', s. DWb 5, 1924 und SCHMELLER Bayer. 1, 1361. *Oahreklimmer* BOPP Kaufbeuren 14. *Ohreglimä* (Baden) WERZ 59. Zu *klimmen* 'klettern'. *Ohrklauer* MENSING Schlesw.-Holst. 3, 832. *Ūrklauer* JENSEN Nordfries. 272. Zu *klauern* 'klimmen, klettern', d. h. mit den Klauen sich fortbewegen, s. MENSING 142.

Ohrenschlüpfer („vereinzelt fast in ganz Deutschland", mundartlich b. Würzburg, Rheinland-Pfalz, Elsaß) WERZ 119; MITZKA Schles. 2, Karte. *Ohrenschlupfer* (Schwaben, Baden) WERZ 119. *Ooreschlupfa* (Steinbach/Baden) Zs. f. hd. Maa. 2 (1901) 327. *Ohrschlupfer* MITZKA a. a. O. *Ehrschlupfa* [Öhrel-] SCHWARZ Sudetendt. Wortatlas 3, 30. *Ohraschlüpfler* (b. Stuttgart) WERZ 119. *Ohrenschlupper* (Pfalz) HEEGER Tiere 2, 17. *Ohrschlupper* (Westpreußen) Wortatlas. *Ohrschlupper, -schlubber, -schluppel, -schluwwer* (Rheinland-Pfalz, Speyer, Darmstadt) WERZ 119f. *Ohren-, Uhreschlepfer* (Mosel, Eifel) ebda 113. Alle Formen zu *schlüpfen, schlupfen* (mhd. *slüpfen, slupfen*) '(durch eine Öffnung) gleiten, sich leise und geschmeidig fortbewegen' DWb

9, 842, das als Intensivum zu *schliefen* (ahd. *sliofan*, mhd. *sliefen*) 'schlüpfen, gleiten' DWb 9, 680 gebildet ist. Auf diese Grundform *schliefen* und auf das zugehörige Kausativum *schlaufen*, mhd. *sloufen* (s. DWb 9, 514) gehen viele mundartliche N.n dieses Typs zurück. *Ohrenschliefer* (Österreich) WERZ 116; JUTZ Vorarlberg 2, 603; UNGER-KHULL Steir. 483; (Südtirol) EHRHARD Alpen 184. *Oarnschliefer* (Lesachtal) FROMMANN Dt. Maa. 4, 40. *Oarschliefar* SCHATZ Tirol 462. *Ohren-*, *Ohrschliefer*, *Ohröschlieför* MITZKA Schles. 2, Karte. *Ohrschliefer* BERTHOLD Hess.-Nass. 2, 516. *Ehrlschliefer* [Öhrel-] (Österreich) WERZ 22. Diminuiert *Ohren-*, *Ohrschlieferl* (Steiermark) ebda 115f. *Ōreschlieffer*, *-schlieffe*, *-schlīffa* Schweiz. Id. 9, 161. *Ohrenschliffer*, *-schliffert*, *-schliffat* (Mosel, Elsaß) WERZ 116. *Ohreschliffer* SCHÖN Saarbrücken 149. *Ohrschliffer* FOLLMANN Lothring. 392. *Ōrschlifer* Rhein. Wb. 6, 381. *Orschliffer* SCHRÖER Gottschee 188. *Ōreschlüffer* Schweiz. Id. 9, 177. *Ohrenschlüfer* (Österreich) WERZ 118. *Ōreschlive* KUNTZE Saarbrücken § 118. *Ōreschliwer* Rhein. Wb. 6, 381. *Ohren-*, *Ohre-*, *Ohrschliwer* MITZKA Schles. 2, Karte. *Ohrenschliwer*, *-schliwwer* (Pfalz) WERZ 117. *Ohrschliwwer* DANG Darmstadt 259. *Ohreschliwer(t)* (Pfalz) HEEGER Tiere 2, 17. *Oeschliwen* (südl. Aschaffenburg) WERZ 117. *Ohrenschlieber* MITZKA a. a. O. *Ohrenschlipper* (rheinfrk.) WERZ 117. *Ūreschlüper* Rhein. Wb. 6, 381. *Ūreschlibert*, *-schlibes*, *-schlibser* ebda. *Ohrenschlepper* (Mosel), *Uhrschleppe*, *Uhreschlepp* (Eifel) WERZ 114. Mit Öffnung des Stammvokals > *a*: *Uhrenschlabber* (b. Koblenz) ebda 112. *Ohrenschlöffer* (Eupen-Malmedy) WERZ 118. *Oreschlöffer* CHRISTA Trier 163. *Ouerschlöffer* Wb. d. luxemb. Ma. 309. *Ōr-*, *Ūreschlefer* Rhein. Wb. 6, 381. *Ohrschlefa*, *Uhrschleba* ZENDER Eifel 234. *Uhrenschlewa* (Mosel) WERZ 115. *Ōreschlefert* Rhein. Wb. 6, 381. *Nauschleffer* (Mosel) WERZ 46; der Anlaut entstammt wohl dem unbestimmten Artikel. *Ohrschluf*, *Aogn-*, *Oa-*, *Ohrschluffa* (Österreich) WERZ 118. *Ohrschlofer* MITZKA Schles. 2, Karte. *Ūreschlofer* Rhein. Wb. 6, 381. Obd. Diphthongierung zeigen *Ohrenschliafa* (Österreich) WERZ 115; (Bayern) Wortatlas. *Ogan-*, *Oaganschliafa* [Ohren-] (b. Salzburg) WERZ 47. *Oarschliaffer* SATTER Gottschee 11. *Ohrschliaf* (Österreich) WERZ 115. *Öhrl-*, *Ehrlschliafa* [Öhrel-] (Steiermark) ebda 22. *Edl-*, *Ödlschliafa* (Oberösterreich) ebda 21 u. 47. *Ēdlschliēfe* KLIMA Neppendorf (Siebenbürgen) 139. *Elingschliafa* [Öhrling-] (Bayern) WERZ 23. Diminuiert *Ohrschliaferl* JAKOB Wien 131. *Ohrenschlüafer* (Österreich) WERZ 118. *Ohrenschluifa* (Bayer. Wald) Wortatlas. *Ohrschluif* (Niederösterreich) WERZ 119. *Öarschluif* BERANEK Südmähren 92. *Ohrschluifa*, *Öarschluif* SCHWARZ Sudetendt. Wortatlas 3, 30. *Ehrschluifer*, *-schluifa* MITZKA Schles. 2, Karte. *Ehrlschluifa* [Öhrel-] (Bayer. Wald) WERZ 22. *Ohrenschloifer* (Bayern) ebda 118. *Ohrschloif* WIEDER Südmähren 34. *Uhren-*, *Uhreschleufer*, *Ureschlöufer* (Mosel, Saar) WERZ 115. *Ehrl-*, *Eahl-*, *Eol-*, *Öhrlschloifer*, *-schleifa* (Bayern, Österreich) ebda 22. *Erdenschleifer* MITZKA Schles. 1, 250. *Ohrn-*, *Oanschloafa* (Bayern) ebda 117. *Ohrschlaufer* (Lothringen) ebda 112. *Ohrnschluaffa* (Steiermark) ebda 118. An *Ohrschlefer* u. dgl. (s. oben) schließen sich gedehnte oder diphthongierte Formen an wie *Ōreschlēfer*, *-schleifer* Rhein. Wb. 6, 380, die den N. mit *schleifen*, *schlēfen* 'schleifen; glatt, scharf machen' in Beziehung setzen und entsprechend umdeuten (vgl. dazu den N. *Scherenschleifer*, s. unten Sp. 670). *Ohrenschleifer* (Rheinland-Pfalz, Lothringen) Wortatlas. *Ohrenschleifert* (St. Avold) WERZ 113. Die nd. Formen *Ohren-*, *Uhrenschlieper* (Pommern, Brandenburg) Wortatlas scheinen aus dem Hd. zu stammen und dem nd. Konsonantismus angeglichen zu sein; auch sie verbinden sich mit *slīpen* 'schleifen' (eine Dehnung des kurzvokaligen *slippen* 'schlüpfen, gleiten', s. SCHILLER-LÜBBEN Mnd. Wb. 4, 244, DOORNKAAT KOOLMAN Ostfries. 3, 202, MENSING Schlesw.-Holst. 4, 556, ist weniger wahrscheinlich, da nd. Formen auf *-slipper* nicht belegt sind).

Einige N.n sind als Weiterbildungen vorstehender Formen anzusehen. Mit *r*-Einschub: *Ohrnschlierfer*, *Ohrschlirfa*, *-schlürfer*, *-schlurfa* (Österreich) WERZ 116; 119 und 120. *Ehrlschlürfer* (Österreich) ebda 23. *Uarnschlirp* (Hessen) ebda 117. Ferner die Spielformen *Ohreschluher* (Kehl) ebda 119. *Uhrnschlurer*, *Uhrschlürer* (Pommern) WERZ 119. *Ohre-*, *Urschiffer*, *Oarnschiffa* [< -schliffer] (Elsaß, Mosel) ebda 111.

Wie üblich begegnet auch dieser N.s-Typ im bayerisch-österreichischen Sprachgebiet als *Ohrwaschlschlüpfer*, *-schlüpferl* HUTTERER Ungar. Mittelgeb. 220. *Ohrwaschlschliefer*, *-schliefa*, *-schliafer* (Steiermark) WERZ 125; SCHWARZ Sudetendt. Wortatlas 3, 30. *Oawaschlschluifer*, *-schluifa* (ungar. Mittelgeb.), *Ohrwaschlschloifa* (Niederösterreich) WERZ 125. *Ohrbaschlschluifer* (Österreich) ebda 51.

Ohrnschlutza, *Uahnschluzza* (Burgenland) WERZ 120; vgl. *schlurtzen*, *schlutzen* 'schlüpfen' UNGER-KHULL Steir. 545.

Uarkrööker MÖLLER Sylt 281. *Ūrekrüekel* Rhein. Wb. 6, 376. *Uhrkrüchel*, *Uhrekröschel*, *Uerekröcher* (Rheinland) WERZ 85f. Vgl. *Krökel* 'Falte, Runzel' MENSING Schlesw.-Holst. 3, 324, *kröken* 'brechen, knicken, biegen, krümmen' DOORNKAAT KOOLMAN Ostfries. 2, 371, *kröchen* 'knicken, sich krümmen' Rhein. Wb. 4, 1544, *kröõke* 'einzwängen, pressen' MUNGARD Sölring Spraak 124, *dorkrögeln* 'sich durchquälen' MENSING 1, 805.

Ohrenschnüffer (Mosel) WERZ 121; vgl. *schnuffeln, schnüffeln* 'Nasenschleim durch die Nase ziehen', auch 'witternd schnuppern, vorwitzig stöbern' Rhein. Wb. 7, 1669. *Ourschneffe* (Lothringen) WERZ 120.

4. Dem Volksglauben nach entfalten die Tiere in der Ohrhöhle ihre eigentliche Tätigkeit; man meint, daß sie durch Krabbeln, Kratzen, Kneifen ihre Anwesenheit kundtun oder gar durch Bohren, Stechen, Schneiden das Ohrinnere empfindlich schädigen (vgl. oben Sp. 630).

Ohrenkrabbler (Ruhr) WERZ 16; (Schleswig, Westfalen) Wortatlas; MITZKA Schles. 2, Karte. *Ohrenkrabbel, -krappel* (Schleswig, Ruhr, Westfalen) WERZ 16. *Oorkrabbel* (Verden) ebda 83. *Ohrkrabbul* (Schleswig) ebda 81. *Ūrekrabbel(er)* Rhein. Wb. 6, 376. *Auerkrawel* (Lippe) Wortatlas. *Awwernkrabbel* (Detmold), *Äwernkrabbler* (Lemgo) WERZ 15 u. 16. *Ohrkrawweler* (b. Giessen) ebda 16. *Ohrenkribbler* SCHWARZ Sudetendt. Wortatlas 3, 30. *Or-, Uhrgrippler* MITZKA Schles. 2, Karte. Vgl. nl. dial. *oorenkrabbeler* HEEROMA Taalatlas Oost-Nederland 3, 89. Alle Bildungen zu *krabbeln* 'kriechen, krauen, kratzen' MENSING Schlesw.-Holst. 3, 292, DOORNKAAT KOOLMAN Ostfries. 2, 335, WOESTE Westfalen 141, *krabbeln, kraweln, kribbeln, kriweln, krubbeln* 'herumkriechen, wimmeln (von Insekten)' Rhein. Wb. 4, 1301 u. 1482 u. 1577, *kribbeln* dass. MITZKA Schles. 2, 737; von daher entwickeln sich *Krabbeler* und seine Varianten zu einem Synonymon von Käfer, s. oben Sp. 70 u. Sp. 519 sowie *Pferdskrabbeler* (Sp. 465), *Mistkrabbeler* (Sp. 471), *Maikrabbel* (Sp. 515) u. a. Doch bezeichnet hier (in Anlehnung an den Wortinhalt 'kratzen') der N. des Tieres gewiß auch die vermeintliche „Schab- und Kratztätigkeit" im Ohre. Zu diesen Formen vgl. auch *Ohrengrübler* u. dgl., s. unten.

Ohrkrauler, Ohrkrauel (Schleswig) WERZ 82. Zu *kraueln* 'krabbeln' DOORNKAAT KOOLMAN Ostfries. 2, 350, 'kratzen, reiben, kitzeln' MENSING Schlesw.-Holst. 3, 306. *Ohrkreiler, Ohrenkräuler, -kreuler, -kräula* (Österreich) WERZ 59f. *Ohrkröller* (Österreich) ebda 85. *Ohrkrala* SCHWARZ Sudetendt. Wortatlas 3, 30. *Ohrwaschlkreula, -kräula, -kreiler, -greiler* (Österreich) WERZ 125. *Ohrwaschlkrala* SCHWARZ a. a. O. Das *l* vokalisieren *Oawaschlgreua, -kruia* (Österreich) WERZ 124 u. 125. Zu mhd. *krouwen, krowen* '(leicht) kratzen' LEXER Mhd. Hwb. 1, 1752, *krœueln, krāln* SCHMELLER Bayer. 1, 1357, *krällen, krellen* ebda 1367, *kraulen, kräulen* MITZKA Schles. 2, 726.

Ohrenkitzler, -kizler (Österreich, Württemberg), *Ohregitzler* (Württemberg) WERZ 77 u. 59. *Aurankitzanler* (b. Tübingen) ebda 77. *Orechützeler* (Schweiz) THURNHERR Benennungsmotive 91. *Ohrenkitzel* MITZKA Schles. 2, Karte. *Ohrnkitzl* (Österreich) WERZ 77; dazu das in demselben Gebiet umgebildete *Arsch-, Aschkitzel* ebda 14. *Ohrzigler* (Schles.) WERZ 134; zu *zickeln* 'kitzeln' JUNGANDREAS Schles. Zeitwortbildg. 76.

Ohr(en)kratzer (Hessen, Baden), *Ohrekroadzr* (Elsaß), *Ohrkratze* (Siegerland) WERZ 82. *Ohrenkrätzer* Rhein. Wb. 6, 376. *Ohrekrätzer* (Sauerland) WERZ 82. *Ouekritsl* SCHWARZ Sudetendt. Wortatlas 3, 30. *Ohrkritzel, Oargritzel* MITZKA Schles. 2, Karte. *Auakrizl* ZIMMERMANN Nordböhmen 147. *Ohrenkritzler, -gritzler, Ouagritzla, Ohrnkritzln* (Böhmen, Österreich) WERZ 84. Dazu auch *Ohrkritsch* und *Ohrenkrischer* SCHWARZ a. a. O.

Ohrengrübler ALER Dict. 2 (1727) 1499; NEMNICH (1793) 1, 1639. *Oregrübler, -grübel, -grebel* Schweiz. Id. 2, 691. Auch *Moregrübel* HUNZIKER Aargau 199. *Ohrenchrübler, -chrüebler* (Oberrhein) WERZ 53. *Oregrübler, -kripler, -kriweler* MARTIN-LIENHART Elsäss. 1, 268. *Ohrenkriebel* SCHMELLER Bayer. 2, 1064. *Ohregribler* Bad. Mitteil. 6 (1915) 336. *Ohregriiwler* (Baden) Zs. f. dt. Maa. (1913) 328. *Ohragriaffla* (Elsaß) WERZ 61. *Oregrubler* FISCHER Schwäb. 5, 77. *Ohrengrubler, -gruweler* (Schwaben) WERZ 54. *Ohrogrubol* (Vorarlberg) ebda 63. *Ohregrawl, Ohrenkraweler, -graweler, -kreweler, -greweler* (Elsaß) ebda 16. *Oragchrebler* (Elsaß) ebda 58. Zu *grüble* 'grübeln, scharren, mit den Fingern herausbohren' MARTIN-LIENHART 1, 268, ahd. *grubilōn*, nhd. *grübeln* 'bohrend graben, genau nachforschen', s. DWb 4, 1, 6, 612ff., Iterativbildung zu *graben*. Vgl. — an *graben* angelehntes — *Ohrengräber, -gräwer* (Elsaß) WERZ 60. Mhd. *ōrgrübel* ist zunächst der 'Ohrfinger', d. i. der zum Reinigen des Ohres gebrauchte kleine Finger; späteres *Orengrübel* bezeichnet (als Interpretamentum zu lat. *auriscalpium*) eine Art Ohrlöffel, s. DASYPODIUS Dict. (1535) d 2a, FRISIUS Dict. (1556) 145. Erst danach scheint das Wort auch als Tier-N. üblich zu werden. Das Verbum *grübeln* zeigt weithin „eine unverkennbare Hinneigung der Bedeutung zum Vb. *krabbeln* und seinen Stammverwandten" (DWb a. a. O.); eine solche „Hinneigung" wird auch aus den Lautformen einiger der obengenannten Belege deutlich; vgl. *Ohrenkrabbler* und Varianten, s. oben. Sp. 647.

Ohrfrank (Westfalen) WERZ 26. *Aotfrange* (Soest) ebda 12. *Oorfrangel* BERGHAUS Sprachschatz d. Sassen 3, 50. *Ōrfrange(l), -frangelte* SCHMOECKEL-BLESKEN Soest 206. *Ūerevröngel* Rhein. Wb. 6, 375. *Frankohr* (Westfalen) WERZ 26. Zu *sik vrangen* 'sich balgen' (WOESTE Westfalen 308)? Vgl. dazu *wrangen* 'angestrengt (gegen Widerstand) an etwas arbeiten', 'drängen, hineinzwängen', 'sich unruhig auf einem Stuhl oder im Bett hin- und herbewegen, nicht still sitzen oder liegen', s. MENSING Schlesw.-Holst. 5, 702, *wrangeln* 'herumwühlen, räkeln', s. WESTERMANN Baden

91, BÖNING Oldenburg 134, *frangeln* Rhein. Wb. 2, 726. Vgl. nl. dial. *oorfrank, frankoor* HEEROMA Taalatlas Oost-Nederland 3, 89. Wohl als Weiterbildung dazu *Ohrflanke, Flankohr* (Westfalen) WERZ 26.

Ohraraweler (Elsaß) WERZ 104; vgl. *Räbler, Rawler* 'einer, der sich abschindet bei schwerer körperlicher Arbeit', *räbele, rawle* 'mühsam und schwer arbeiten' MARTIN-LIENHART Elsäss. 2, 217; dagegen möchte WERZ a. a. O. den N. an *rawen, rappen* 'auf dem Reibeisen zerkleinern' (MARTIN-LIENHART 2, 275) anknüpfen. *Ohrenrammel* (Thüringen) WERZ 102; vgl. *rammeln* 'stoßen, rütteln', *Rammel* 'männl. Hase, Kaninchen' HERTEL Thüringen 191. *Ōrerüttel* Schweiz. Id. 6, 1800; zu *rottle, röttle, rüttle* 'rütteln, schütteln' ebda 1793f. und 1801. *Ōreriggeler* Schweiz. Id. 6, 772; zu *riggele* 'rütteln, schütteln' ebda, möglicherweise Weiterbildung von *Ōreniggeler* (s. oben Sp. 640). *Ohrrüssel, -rissel* (Taunus), *Ohrenrisala* (Schwaben) WERZ 108 und 111. *Rüsselskäwer* (Hessen) ebda 138. An *rüsseln, rüßen* 'wühlen' (BERTHOLD Hess.-Nass. 2, 942f.), *ruseln, rüseln* 'rütteln, schütteln' (Rhein. Wb. 7, 632) anzuknüpfen? *Ohrraser* (Elsaß) WERZ 102. Zu *rasen* 'rasen, toben' MARTIN-LIENHART Elsäss. 2, 283? *Ohrenwühler, Ohrnwührler* (Franken) WERZ 131.

Ohren-, Ūerfeger Rhein. Wb. 6, 374. *Ohrefiäger, Uhrfäeger, Uhrfüiger* (Rheinland) WERZ 56. Vgl. nl. dial. *ohrefeger, -fejer, urefeger* HEEROMA Taalatlas Oost-Nederland 3, 96. Zu *fegen* 'reinigen, von Schmutz säubern', aber auch 'rasch laufen, eilen, ausreißen' (s. Rhein. Wb. 2, 352ff.), also einer, der durch seine Beweglichkeit die Ohren säubert, auswischt. *Ohrenleser, -laser* (Elsaß) WERZ 87; wohl zu *lese, lase* '(aus-)lesen' MARTIN-LIENHART Elsäss. 1, 612, doch vgl. auch *Leiser, Laser* 'hochgewachsener, schlanker Mensch' ebda 613. *Ohrlese* UNGER-KHULL Steir. 484. *Ohrausputzer, Urausbutzä* (Franken), *Ohrenputzer* (Breisgau) WERZ 51.

Ohrbohrer NEMNICH (1793) 1, 1639; BERTHOLD Hess.-Nass. 2, 513. *Ohrenbohrer* (Österreich, Mecklenb.) Wortatlas. *Öhrlbohrer, Edlboahra* (Österreich) WERZ 88 und 21. *Ohrwaschlbohrer* ebda 124. *Bohrwurm* (Bayern), *Barworm* [Bohr-?] (Ostpreußen) ebda 18 und 17. *Bohrwuzl* (Österreich) ebda; vgl. *Ohrwutzel* Sp. 636.

Orenäpper (Schweiz) THURNHERR Benennungsmotive 87; zu *näppere* 'bohren, herumstochern', *Näpper* 'Bohrer' Schweiz. Id. 4, 771ff.

Ohrenklöker, -klöger, -kleker (Nordfriesl.) WERZ 79. *Uarklöker* (Sylt) ebda 85. *Öklö* (Nordfriesl.) ebda 47. Zu *klökern* 'stochern' MENSING Schlesw.-Holst. 3, 177. *Ūrescheffer* Rhein. Wb. 6, 382. Zu *schüffeln*, eigentl. 'mit der Schaufel arbeiten', aber auch 'schnuppern, durchstöbern' (ebda 7, 1851)?

Ohrnstüra, Ohuenstiern (Bayern) WERZ 122. *Ohrwaschlstiara, Oawaschlstiere* (Österreich) ebda 125. Zu *stüren* 'stochern, rühren' DWb 10, 4, 574, *stüren, stīrn* 'stören, stöbern, stochern' SCHMELLER Bayer. 2, 780. *Ohrestupfer* (Baden) WERZ 122; zu *stupfen* 'stechen, stoßen', auch 'herumstochern' DWb 10, 4, 559f., *stupfe, stupfle* 'stoßen, stechen' FISCHER Schwäb. 5, 1928.

Ohrenstecher SCHWARZ Sudetendt. Wortatlas 3, 30. *Uhrnstecher* (Obersachsen) WERZ 122. *Oärnstöcher, Öhrnstecha* (Österreich) ebda. *Awwernstecher* (Detmold) ebda 16. *Ohrstecher* BERTHOLD Hess.-Nass. 2, 516. *Ūrestecher, -steicher, -stēker* Rhein. Wb. 6, 382. *Ūrensteker* LEITHAEUSER Berg. Land 26. *Öhrl-, Erlstecher* (Österreich) WERZ 92. *Ohrenstichler* (Saar), *Oahrestichl* (Österreich) ebda 122. *Ohrwaschlstecher* SCHWARZ a. a. O. Vgl. nl. dial. *oorksteker, uhrensteker* HEEROMA Taalatlas Oost-Nederland 3, 96.

Uhrepecke (b. Köln) WERZ 98. Zu *picken* 'stechen, picken' Rhein. Wb. 6, 816; mhd. *bicken* LEXER Mhd. Hwb. 1, 265. *Ohrenspiassa* [-spießer] (Österreich) WERZ 122. Vgl. engl. *ear-piercer* Hwb. Abgl. 6, 1221.

Ohrenbeißer SCHWARZ Sudetendt. Wortatlas 3, 31. Auch als Simplex *Beißer* WERZ 17. *Ohrnknappe* (Lüneb. Heide) ebda 80; zu *knappen* 'schnappen, beißen, zwacken' DWb 5, 1346, *gnabbn* 'leise beißen' KÜCK Lüneburg 1, 580.

Ohrenklemmer (Pfalz) HEEGER Tiere 2, 17. *Ore-, Ornklemmer* FISCHER Schwäb. 5, 77. *Oreklemmer* Bad. Mitteil. 6 (1915) 336; MARTIN-LIENHART Elsäss. 1, 492. *Oorekleema* MEISINGER Rappenau 114. *Ōreglemmer* (Konstanz) Teuthonista 6 (1929/30) 115. *Ohrenchlemmer, -chlämmer* (Oberrhein) WERZ 79. *Orechlemmer* (Schweiz) THURNHERR Benennungsmotive 87. *Ohre-, Uoahrklemmer* MITZKA Schles. 2, Karte. *Ūreklemmer* Rhein. Wb. 6, 375. *Aureklemmler* (Schwaben) WERZ 79. Vgl. nl. dial. *oorenklemmer* HEEROMA Taalatlas Oost-Nederland 3, 89. *Auhraklimmer* (Schwarzwald) WERZ 79. *Ohr(en)klammer* (Darmstadt, Mannheim, Speyer) ebda 77; MITZKA a. a. O. *Ūer-, Ūreklammer* Rhein. Wb. 6, 375. *Ohr-, Ohren(s)klammer* BERTHOLD Hess.-Nass. 2, 514. *Ohrenklamm* (Elsaß) WERZ 77. *Ooaklam* LENZ Handschuhsheim 37. *Ohrechlammere* KUMMER Schaffhausen 2, 68. *Ohrenklämmerle, Urglämmerle* (b. Mannheim) WERZ 78. *Klemmer* (Schwaben), *Klammere* (Baden) ebda 37. *Naseklemmer* (Elsaß) ebda 45; auch '(bügellose) Brille, Kneifer', s. MARTIN-LIENHART Elsäss. 1, 492. *Klammermeis* [< -ameise?] (Elsaß) WERZ 37. *Klammerkäfer* BEHLEN Forst- u. Jagdkde 4 (1842) 199. *Klammertier* Rhein. Wb. 4, 606. Alle N.n schließen sich an an *klemmen* 'zwicken, kneipen', schwäb. *klemme* FISCHER a. a. O., elsäss. *klemme, klame* MARTIN-LIENHART a. a. O., rhein. *klammen* 'klemmen, festklammern' Rhein. Wb. 4, 605; vgl. auch *klimmen* 'klettern', auch 'beengen, zwicken, kneipen', s. DWb 5, 1166, sowie *klammern*, ferner *Klamme* 'Klaue, Zange', *Klammer* 'Klaue, Haken, Zange' DWb 5, 937f. Zur Verwandtschaft dieser Sippe s. POKORNY Idg. etym. Wb. 360f. Ähnliche N.n gelten für andere kneifende, zwickende oder als kneifend, zwickend, beißend vorgestellte Insekten, vgl. die entsprechenden N.n für Hirschkäfer (Sp. 381f.), Mistkäfer (Sp. 493) sowie schwäb. *Klemmer*, *Klemmerling*, *-le*, *Klamm(er)* 'große Waldameise' FISCHER a. a. O.

Ohr(en)knieper („im gesamten nd. Raum ..., in einem riesigen Gebiet Wernigerode, Dessau, Jüterbog ... bis zur Ostsee", ferner im Ostpreußischen, „einige kleinere Gebiete um Göttingen, um Kiel, um Meldorf") WERZ 81. *Uohreknieper* HALBACH Berg. Sprachschatz 777. *Öre-*, *Ūr(e)kniper* Rhein. Wb. 6, 376. *Ohrens-*, *Uhrensknieper* (Thüringen) WERZ 81. *Ohr-*, *Auerknieber* (Dithmarschen) ebda. Auch verkürzt zu *Ohrkniep* (Schles.) ebda; MENSING Schlesw.-Holst. 5, 859. Mit palatalisiertem Anlaut des Grundworts *Ohr-*, *Uhrtchnieper* (Pommern) WERZ 81. *Ohrnkneper*, *-knäper* (vereinzelt im Nd.), *Ohrenknöper* (Westfalen) ebda 80. *Ohrenknipper* (Pommern) ebda 81; vgl. *knippen* '(ungeschickt) kneifen' WOSSIDLO-TEUCHERT Mecklenb. 4, 458. Im gesamten Ostmd., d. h. südlich des *Ohrenknieper*-Gebiets, folgen die Formen dem hd. Diphthongierung unterworfenen Verbum *kneipen* als *Ohr(en)kneiper* (Thüringen, Sachsen, Schles.) Wortatlas. Dazu auch *Ohrkneiper* NEMNICH (1793) 1, 1639. *Ohrenkneiper* CAMPE 3 (1809) 555; SCHWARZ Sudetendt. Wortatlas 3, 31; auch im Ostpreußischen (neben *-knieper*), s. WERZ 38. *Ohrenkneuper* (b. Hildesheim), *Uhrenskneiper* (Eisenach) ebda 80. Hd. Konsonantismus zeigt ein kleineres Gebiet mit *Ohrenkniefer* (südl. Elberfeld) WERZ 38. *Ūreknifer* LEITHAEUSER Berg. Land 25. *Ūrekniffer* Rhein. Wb. 4, 945. *Örnknefer* ebda 6, 376. *Ohrnkneffer* (Siegerland) WERZ 80. Hd. *kneifen* folgen *Ohr(en)kneifer* („in dem großen Gebiet Neuruppin, Potsdam, Finsterwalde, Bärwalde, Landsberg, Schwerin, Guben", sowie im Ostfälischen, Mecklenburgischen, Pommerschen, Märkischen, Ostpreußischen) WERZ 38 und 80; MITZKA Schles. 2, Karte; (vereinzelt in Thüringen, Sachsen) Wortatlas. *Ohrenkneifen* (Altmark) WERZ 80; eigentl. 'Ohrenschmerz', die Krankheitsbezeichnung wird zum N. ihres vermeintlichen Urhebers; vgl. die N.n Sp. 671. Im Mecklenburgischen und Märkischen stehen *-knieper* und *-kneifer* oft nebeneinander, s. Wortatlas. Als Mischformen dürften anzusehen sein *Ohrenkreiper* (zu *-kriecher* und *-kneiper*) SCHWARZ Sudetendt. Wortatlas 3, 31; *Ohrkeipfer* (Ostpreußen, vielleicht zu *-kneiper* und *-kneifer*) WERZ 77. — Vgl. nl. dial. *oorenknieper* HEEROMA Taalatlas Oost-Nederland 3, 88; frz. *perce-oreille* (seit 16. Jh.) v. WARTBURG FeW 1, 180; ital. dial. *pessiòira* [pizzicatora], *bòja-passièura* [insetto pizzicatore] GARBINI 1271.

Knieper (nd.) Zs. f. Ma.-Forsch. 23 (1955) 64; (Lüneburg, Mecklenb., Pommern, Ostpreußen) WERZ 39. *Kniper* WOSSIDLO-TEUCHERT Mecklenb. 4, 457. *Knipper* (Pommern) WERZ 39. *Kneiper* (Ostpreußen, b. Weißenfels, b. Luckau, b. Pyrmont), *Knäuper* (b. Pyrmont) ebda. *Kneifer* („verstreut im ostmd. Raum") ebda 38. *Knipe* (Pommern) ebda 39. *Kniepwurm*, *-worm* (Mecklenb., Pommern, Ostpreußen, b. Dessau, Thüringen), *Kniepwaorm* (b. Münster) WERZ 40. *Ohrenkniepworm* (Rheinland) Wortatlas. Vgl. nl. dial. *kniepwůrm* HEEROMA Taalatlas Oost-Nederland 3, 96. *Knipp(er)worm* (Pommern, Hessen) WERZ 40f. *Kneifwurm* (Pommern) ebda 38. *Kniepkäfer*, *-käwer* (b. Braunschweig, Magdeburg, Dessau) WERZ 39. *Knippkäfer* (Pommern) ebda 41. *Kneifkäfer* (Osthavelland) ebda 38. Die vorstehenden N.n gelten verschiedentlich auch für 'Hirschkäfer' (s. oben Sp. 382). *Kniepwabel* (Ostpreußen) WERZ 40; zu *Wabbel* 'Käfer', s. oben Sp. 69. *Kniepabackel* (Ostpreußen) ebda 39; zu *Backel* 'Käfer', s. oben Sp. 71, vgl. auch *Backelkäfer* Sp. 634. *Knipperzwinger* (Baden) WERZ 40. *Pērknieper*, *-knuiper*, *-kneiper* [Pferd-] (Hannover, Lippe) ebda 136; sonst N. für 'Mistkäfer' (s. oben Sp. 493), auch 'Viehbremse' (vgl. Sp. 491). *Näsenknieper*, *-kneiper* (Wolfenbüttel), *Nasekneipa*, *Näseknieper* (Ostpreußen) WERZ 46; „ohne besondere Sinngebung des Anklanges wegen", vgl. auch *Naseklemmer* (s. oben Sp. 650). *Taschenknieper* (Anhalt) WERZ 142. *Warzchenkneiper* (Thüringen und b. Torgau) ebda 144; in der Annahme, daß der Ohrwurm mit seinen Zangen Warzen abkneipe, vgl. den verbreiteten N. *Warzenbeißer* für 'Heuschrecke' (→ *Saltatoria*), der auf derselben Vorstellung beruht.

Im Westen und Südwesten Deutschlands und im Fränkischen bis Henneberg/Salzungen gilt für 'kneifen, kneipen, zwicken' das Vb. *pfetzen*, s. DWb 7, 1694 und vgl. KRETSCHMER Wortgeogr. (1918) 298, mit den mundartlichen Formen *pitschen*, *petse*, *pitsen* Rhein. Wb. 6, 893, *petsche* WREDE Köln 2, 293, *pfetzen*, *petzen*, *pitzen*, *pfitzen*, *petsche*, *pitsche* BERTHOLD Hess.-Nass. 2, 601, *pfetze* FISCHER Schwäb. 1, 1040, *pfetzen*, *pfätze* OCHS Baden 1, 199, *pfetze*, *pfatze* MARTIN-LIENHART Elsäss. 2, 142. Dazu *Ūrepetzer*, *Örepetzer*, *-petscher*, *Ūrenpitzer* LEITHAEUSER Berg. Land 25. *Ūrepetscher*, *-pitscher*, *-pētscher*, *-petsch* Rhein. Wb. 6, 378, neben 'Ohrwurm' auch 'Pferdebremse'. *Ūrepetser*, *-pētser*, *Ūrpets*, *-pitse* ebda. *Uhrepetscher* (Siegerland) HEINZERLING Naturwiss. Irrtümer (1907) 51. *Uhre(n)pitscher* (zw. Sieg und Koblenz) WERZ 99. *Urepitter* (Siegerland) ebda. *Ohrenpfetzer*, *-pitscher* BERTHOLD Hess.-Nass. 2, 514. *Ohrenpfetzer* SCHWARZ

Sudetendt. Wortatlas 3, 30; OCHS Baden 1, 200. *Ohrepfätzer* Bad. Mitteil. 6 (1915) 336. *Orepfitzeler, -fitzeler* FISCHER Schwäb. 5, 78. *Ohrapfitzer, Oahrafitzer* (Schwaben) WERZ 99. *Ohrenpfetzer, -pfatzer* (Elsaß) ebda. Vgl. nl. dial. *oorenpetscher* HEEROMA Taalatlas Oost-Nederland 3, 89. Die alem. *i*-Formen scheinen sich anzulehnen an ein Vb. *pfitzen* 'schnell entwischen' OCHS 1, 205, 'eine rasche Bewegung machen, emporschnellen' FISCHER 1, 1053, zumal OCHS 1, 199 ausdrücklich erklärt, daß *pfetzen* von *pfitzen* „bei uns sauber geschieden" wird. Für das Rheinische vgl. auch das lautlich nahestehende *pitzen* 'stechen, kneifen' Rhein. Wb. 6, 901.

Pfetzer BERTHOLD Hess.-Nass. 2, 605. *Pitschwurm* Rhein. Wb. 6, 897. *Pitzwurm* ebda 901. *Pitschdier* ebda 897. *Pitzwörwel* ebda 901. *Petzwörwel* LEITHAEUSER Berg. Land 25. *Pitzwürfel, Pezzwörfel* (Siegerland) WERZ 137. Vgl. *Würbel, Wörvel*, s. oben Sp. 643. *Pitschüer* [-ohr] Rhein. Wb. 6, 897. *Pfetz-, Pfatzöhrle* (Unterfranken, Hessen) WERZ 136. *Pfetsörli* OCHS Baden 1, 200.

Süddt. und md. sind Komposita mit *zwicken* 'zangenartig drückend kneifen', s. DWb 16, 1115 sowie KRETSCHMER Wortgeogr. (1918) 298. *Ohrenzwicker* FISCHER Schwäb. 6, 2731; STREITBERG Ostsachsen 90; (b. Heilbronn, Lausitz) WERZ 135; (Unterfranken) briefl.; SCHWARZ Sudetendt. Wortatlas 3, 31. *Ohr(en)zwicker* MITZKA Schles. 2, Karte. *Uhren-, Uhrnzwicker* ebda. Auch gesenkte Formen wie *Ohrzwecker* (Unterfranken), *Oahnzwecker* (Meiningen) WERZ 134f. *Uhrenzwecker* MITZKA a. a. O. Vereinzelt *Ohrzwickel* ebda. *Ohrzwicke* (b. Augsburg) WERZ 135. *Ohrwaschlzwicka* ebda 126. Das erste Kompositionsglied diminuieren *Orlazwicka* MITZKA a. a. O. *Öhrlzwicka, Ehrlzwigger, Ealzwicke* (Österreich) WERZ 92 und 23. Gelegentlich, neben den zusammengesetzten Formen, auch das Simplex *Zwicker* („verstreut im süddeutschen Sprachgebiet") WERZ 145; SCHWARZ a. a. O.; (Sachsen, Lausitz) Wortatlas; MITZKA a. a. O. Zu gleichbedeutendem *zwacken* (s. DWb 16, 927) steht *Ohrnzwacke* (Sachsen) WERZ 134.

Zwicker-, Zwickwurm MITZKA Schles. 2, Karte. Diminuiert *Zwickwürmang* ebda; (Lausitz) WERZ 146. *Zwickschleuder* (Franken) WERZ 146; eigentl. „der gegabelte Zweig mit Gummistrick und Lederstück, mit dem die Jungen den Stein fortschnellen". *Nudlazwicker* (Bayern) WERZ 46. *Hüllezwicker* (Franken) ebda 32; Kontaminationsform aus *Ohrenhüller* (s. unten Sp. 657) und *Ohrenzwicker*.

Diminuiertes zweites Kompositionsglied (das häufig auch als Simplex begegnet, s. unten Sp. 660ff.) zeigen *Zwicköhrel* WURM Nordböhmen 252. *Zwicköhrl, -öhrla* MITZKA Schles. 2, Karte. *Zwiggöhrli* (b. Tauberbischofsheim) WERZ 146. Entrundet *Zwickärl, -erl, -erla, Zweckärla, Zweckala* MITZKA a. a. O. *Zwick-, Zwöckürl, -ierl* ebda. *Zwickirl* STREITBERG Ostsachsen 90. *Tswekirl* SCHWARZ Sudetendt. Wortatlas 3, 31. *Zwickördel* WURM a. a. O. *Zwöckührdl, Zwöck-, Zwickirdl* MITZKA a. a. O. *Zwickirdel* STREITBERG a. a. O. *Zwick-, Zwöcköhrchel* (Böhmen) WERZ 146.

Vereinzelt ist *zw-* durch *kw-* ersetzt, der N. also jenen Wörtern angeglichen, die altes *tw-* teils zu > *zw-*, teils zu > *kw-* entwickeln. *Quickihrl, -irl, Quöckirl, -irdl* MITZKA Schles. 2, Karte. *Kwikirl* SCHWARZ Sudetendt. Wortatlas 3, 31. Vgl. entsprechendes *quicken* 'kneifen' MITZKA 2, 779.

Ohrenkweiper SCHWARZ Sudetendt. Wortatlas 3, 31; „Mischform zwischen *-kneiper* und *-zwicker*". *Uhrqueiper* (Sachsen) WERZ 100. *Ohrenquieper* (Mecklenb.) ebda.

Ohrenzweiker STREITBERG Ostsachsen 90. *Ohren-, Uhrezweiger* (Sachsen) WERZ 135. Zu *zweiken* 'kneipen' MÜLLER-FRAUREUTH Obersächs. 2, 719; vgl. auch *Zweiken* 'Krebsscheren' ebda. Auch hierzu die *kw-* Formen (zu *queiken* 'kneipen' MÜLLER-FRAUREUTH 2, 318) *Ohrenqueiker* STREITBERG 90. Dazu die Weiterbildungen (mit Anlehnung an *quaken*) *Ohrenquaker, Uhrnqualkr* (Sachsen) WERZ 100.

Neben mhd. *zwengen, twengen* 'klemmen, kneifen, pressen' steht das Intensivum *quengeln*; dazu *Ohrenquängel* (Rheinland) WERZ 63. *Ūr(e)-quengel, -quengeler, -quenger, -queng, -quankel, -quanker* Rhein. Wb. 6, 378f. *Ohrquengel, Ohrenquengeler* BERTHOLD Hess.-Nass. 2, 515.

Ohrenklüwer (Elsaß), *Ohrenkliebcr* (Bodensee) WERZ 79. *Oahregleiber* (Schwaben) ebda 9. *Orechlupper, Orechlüber* (Schweiz) THURNHERR Benennungsmotive 86f. *Oreklübler* MARTIN-LIENHART Elsäss. 1, 190. *Zangechlüüber* KUMMER Schaffhausen 2, 68; vgl. dazu *Zangenwurm, -kriecher* u. dgl., s. unten Sp. 668. *Chluppere* THURNHERR a. a. O. Zu *klube, klüwe* 'klauben, mit den Fingerspitzen an etwas herumzerren, in der Nase bohren' MARTIN-LIENHART 1, 489, *kleibe* 'zwicken, klemmen' FISCHER Schwäb. 4, 469, *chlübe* 'kneifen' Schweiz. Id. 3, 616, *chlübe* 'klauben', auch 'kneifen' ebda 621.

Ohrenschneider (b. Cottbus), *-schnieter* (Uckermark), *-schnieder* (Saar) WERZ 121. *Ohrsnider* (Pommern) ebda 122. *Uhrenschnieder* (Darß) mündl. Vgl. nl. dial. *ohrsnider* HEEROMA Taalatlas Oost-Nederland 3, 96. *Schneidereerla* [-öhrlein] MITZKA Schles. 3, 1232. *Schneider* (b. Karlsruhe), *Schneida* (Kärnten) WERZ 141. *Schnieder* Rhein. Wb. 7, 1603. Mit dem Intensivum *schnitzen* sind gebildet *Oanschnitzer* (Siegerland), *Ohrenschniatz, Uhrnschnietse* (Hessen), *Ohrenschnitzel, -schnetzer* (Siegerland) WERZ 121. *Örnschnetseler* Rhein. Wb. 3, 382.

Im rhein. Mouillierungsgebiet begegnet *schneiden* als *schnege, schnige* Rhein. Wb. 7, 1587, *schnigge* WREDE Köln 3, 54. Dazu *Ūreschneger* Rhein. Wb. 6, 382. *Uhreschnegger, -schnege, -schneck* WERZ 120. Volksetymologie mag diese N.n teilweise mit *Schneck* 'Schnecke' (Rhein. Wb. 7, 1575) verbinden.

Ōrnschlitser m., *Ūrschlits, -schlitse* f. Rhein. Wb. 6, 381. *Uhrnschlitzer* (Westerwald) HEINZERLING Naturwiss. Irrtümer 51. *Ohren-, Ohrschlitze* f., *Ohr(en)schlitz, -schlitzer* m., *Ūrnschlitz* BERTHOLD Hess.-Nass. 2, 516. *Ohrschlitz, Ohrenschlitzer* SCHWARZ Sudetendt. Wortatlas 3, 31. *Ohrschlitz* MITZKA Schles. 2, Karte. *Ōrnschletser* Rhein. Wb. 6, 381. *Ōarnschletzer* HEINZERLING-REUTER Siegerland 194. *Ohrschletzer, Uhrnschletz(er)* BERTHOLD Hess.-Nass. 2, 516. *Ūrschledze* CRECELIUS Oberhess. 639. *Ūrschlötz* Rhein. Wb. 6, 381. *Ohrenschlötzer* (Hessen) WERZ 118. *Ohrenschleitzer* (Unterfranken), *Oursleiz* (Rhön) ebda 113 und 121. *Ūrschlierts* Rhein. Wb. 6, 381. *Uhrnschlirze* (Hessen b. Wetzlar) WERZ 117. Dazu die Variante *Ohrschligs* (Oberlahn) ebda 116. *Schlitzer* (Hessen) Wortatlas. Nd. *Ohrschlitter* (Pommern) WERZ 117. *Schlitzohr* BERTHOLD Hess.-Nass. 3, 245. *Schlitz-, Schlützuhr* (Rhön), *Schletzohr, -uhr* (Siegerland, Hessen) WERZ 140. *Schlitzöhrlein* SPIESS Henneberg 216. *Schleitzührle* (Süd-Thüringen), *Schlitzöhrla, -ührle, Schlitz-, Schletzührlich* (Rhön, Meiningen) WERZ 140 und 141. *Schliezhuh* [-huhn], Pl. *Schlitzhünner, Schliezgöcker* [*Göcker* 'Hahn'] (b. Meiningen) ebda 140. *Schlitzjürg* [< -uhr, in Anlehnung an den Vornamen *Jörg*?] (b. Meiningen) ebda. Auch bei diesen N.n liegt die Vorstellung zugrunde, daß das Insekt Verletzungen im Ohr verursache (was von WERZ 115 freilich abgelehnt wird, s. unten). Die Formen verbinden sich mit *schlitzen* 'schleißen, reißen, spalten, trennen' (DWb 9, 760). Auch an gleichbedeutendes *schleißen*, mhd. *slīzen, sleizen* (s. DWb 9, 615), zu dem *schlitzen* als Intensivum steht, knüpfen mehrere N.n an; vgl. mundartliche *schleißen, schlisen, schlīsen* Rhein. Wb. 7, 1308, *schlisse* HEINZERLING-REUTER Siegerland 266. *Ohr(en)schleisser, Uenschläisser, Unschleise, Uhrnschleusser* (Hessen) WERZ 113 und 115. *Ohrschlisser* KEHREIN Nassau 298. *Ohrenschlisser* MITZKA Schles. 2, Karte. *Ohrschleser* Rhein. Wb. 6, 381. *Ohrenschlesser, -schleser* (Westerwald) WERZ 114. Gedehnte Formen verbinden die N.n volksetymologisch mit *schließen*: *Ohrschließer* BERTHOLD Hess.-Nass. 2, 516. *Ohrenschliesser, Uhreschliessa* (Westerwald, Hessen) WERZ 114. *Ohrschliesser* MITZKA Schles. 2, Karte. Entsprechend nd. *Ohrenschluter, -schlüter* (Uckermark) Wortatlas; (Pommern) WERZ 120; vgl. nd. *schlūten* 'schließen'. Von dieser Vorstellung begünstigt *Ohr(en)schlüssel* BERTHOLD Hess.-Nass. 2, 516; SCHWARZ Sudetendt. Wortatlas 3, 31. *Ohrschlösel* Rhein. Wb. 6, 381. *Ohrschlissel, -schlessel* (Hessen) WERZ 114. *Ohrenschlüttel* (b. Kassel „in der nd.-md. Grenzzone") ebda. — WERZ 115 möchte die N.n im Gegensatz zu der hier vorgetragenen Ansicht mit *Schlitz* 'Spalt, lange, schmale Öffnung' (s. DWb 9, 760) verbinden, „*-schlitz* wäre dann vergleichbar den Simplicia *Zange, Schere* und ihren Komposita als Benennungen unseres Tieres" (s. unten 667ff.). Da sie das Vb. *schlitzen* 'schleißen, reißen, spalten, trennen' (s. DWb 9, 615) als Grundlage der N.n ablehnt („die Erzeugung einer Wunde oder Verletzung wird unserem Tier nirgends zugesprochen" [?]), nimmt sie für die „Formen mit *-schlitzer*", d. h. für die Nomina agentis, ein hess. *schlitzen* 'schlüpfen' an (vgl. *schlitzen, schletzen* 'schnell laufen' BERTHOLD Hess.-Nass. 3, 245), sieht andrerseits keine Bedenken, *Ohrenschleisser* u. dgl. an *schleißen* anzuschließen.

Ohrkatscher (Hadeln) WERZ 77. Vielleicht zu *katjern* 'schnitzeln' (TEUT Hadeln/Niederelbe 2, 337)? Vgl. nl. dial. *ohrkatscher* HEEROMA Taalatlas Oost-Nederland 3, 96. Ähnlich gebildet ist möglicherweise *Ohnschnippe, Oetschnippe* (Pommern) WERZ 121; zu *schnippern* '(Späne) abschneiden, schnitzeln' TEUCHERT Neumärk. 231. Auch *Ohäenschnepper* (Hessen) WERZ 121; zu *schnippen* 'durch kurzen, raschen Schnitt mit der Schere schneiden' CRECELIUS Oberhessen 755. *Uhrnschnapper* (südl. Thüringen) WERZ 120. *Ohrnschnacker* MITZKA Schles. 2, Karte; zu *schnacken* 'schnappen, schnellen, klappern' JUNGANDREAS Schles. Zeitwortbildg. 40. *Ohrsplicker* BERTHOLD Hess.-Nass. 2, 515. Zu *splicken* 'spalten' (KEHREIN Nassau 384)?

Ohrenreißer (Württemberg, Unterfranken), *Ohrenreisse* (Württemberg) WERZ 105. *Ohrrieter* (Pommern), *Ohrenrider* (b. Hamburg) ebda 106. *Rißworm* (Neumark), *Ridworm* (Ostpreußen) ebda 137. Süddt. *Ohrrüders, Ouarrüdes* (Bayern), *Ohrroitl* (Niederösterreich) WERZ 108 und 110, vielleicht zu *rieden, reuten* '(aus-)reuten, roden' (SCHMELLER Bayer. 2, 60 u. 180)?

Ūrequäler Rhein. Wb. 6, 378. *Ohrwaschlpeila* SCHWARZ Sudetendt. Wortatlas 3, 31; vielleicht zu *beilen* 'quälen, plagen' SCHMELLER Bayer. 1, 229 (während SCHWARZ a. a. O. mhd. *bellen* 'keifen, zanken' in Erwägung zieht).

5. Ohrenhöhler, Ohrenhülser. Auszugehen ist von alten Formen wie *orhol* (1429) bei SCHMELLER Bayer. 1, 1083. *Ohrholen* Pl. (1532) bei KEIL 186. *Ohrhöl* (1571) FISCHER Schwäb. 5, 77. *ohrnhell* (1618) bei SCHMELLER a. a. O. *Ohrnhöll* SCHÖNSLEDER Prompt. (1618) q 6. *Ohrenhöl* ebda Pp 4. *Ohrhölen* Pl. HOHBERG Georgica 1 (1687) 628. Die N.n sind undurchsichtig. Am ehesten ist anzuknüpfen an die germ. Verbalwurzel **hēl* 'verbergen', mit der ahd. *helan*, mhd. *heln*, nhd. *hehlen* zu verbinden sind sowie mhd. *hæle*, nhd.

Hehl und ahd. *hāli*, mhd. *hæle*, *hæl* Adj. 'verhohlen, verborgen', ahd. *hullen* 'verhüllen', ahd. *hulsa* 'Hülse', ahd. *hala* 'Hülle, Schale' (vgl. Pokorny Idg. etym. Wb. 1, 553). Den obigen N.n mag ein *an*-Stamm zugrundeliegen, der als 'der im Ohr sich verbergende, verkriechende' (wie z. B. die N.n *Ohrhöhl*, *Ohrhöhler* DWb 7, 1263 gedeutet werden) anzusehen ist. Die Weiterentwicklung zu *-höhle*, *-höhler*, *-aushöhler* u. dgl. (s. unten) wäre dann als spätere (volksetymologische), von der vermeintlichen Tätigkeit des Ohrwurms nahegelegte Angleichung an *Höhle*, *(aus-)höhlen* zu betrachten. *Ohr-Höhler* Frisch Insecten 8 (1730) 32. *Ohren-Höler* Allg. Oecon. Lex. (1731) 1783. *Ohren-Höhler* Zincke Lex. 2 (1744) 2095. *Ohrenhöhler* Adelung 3 (1777) 909.

Vielgestaltig sind die Formen der Maa. Auch sie werden vorwiegend von der Vorstellung des „(Aus-) Höhlens" beherrscht. Der Namenstyp ist süddeutsch (Schwaben, Bayern, Österreich), zieht sich aber bis ins Siegerländische, Hessische, Thüringisch-Vogtländische. Zum Formenreichtum vgl. die Varianten des Vbs. '(aus-)höhlen': *hölern*, *hülern*, *heln*, *hollen*, *hellen* Schmeller Bayer. 1, 1083, *aushöle*, *aushēle*, *aushüle*, *aushīle*, *aushölre*, *aushülere* Fischer Schwäb. 1, 477, *aushöller* Ruckert Unterfrk. 16, *aushüllern* Spiess Henneberg 16. *Ohrhöhler* Höfer Österreich 2, 298; Ehrhard Alpen 184; (Bayern) Werz 68; Neubauer Egerland 330; Schwarz Sudetendt. Wortatlas 3, 31; Rosenkranz Obere Saale 71. *Orehöler* Fischer Schwäb. 5, 77. *Ōrenhöler* Rhein. Wb. 6, 375. Mit bayerischer *l*-Vokalisierung *Ohrenhöja*, *-höa*, *-höha*, *-höar* Werz 68. *Urhöa*, *Ouchö* (Österreich) ebda 71 und 136. *Ohrenhoier* (Bayern) ebda 68. *Oahoia* Schatz Tirol 462. *Ealhoija* [Öhrel-] (Böhmen) Werz 21. *Ohrnhöcher* (Bayern) ebda 71. *Ohrenhuia* (Bayer. Wald), *Uarhü* (Österreich) ebda 74. Verkürzt *Ohr-Höller* (Franken) Frisch Insecten 8 (1730) 32. *Ohrenhöller* Rosenkranz Thüring. Sprachraum 159; (Bayern) Miller handschriftl. *Ohr-Hohler* Frisch Wb. 2 (1741) 31. *Ohrenhohler* (Österreich) Werz 68. *Oarhouler* Schatz Tirol 462; (Bayern) Werz 74. *Ohrenholler*, *-holla* (Schwaben) ebda 68. *Ohrnhehlr* Wenisch Nordwestböhmen 157. *Ohrnhēle*, *-hḷe* [-hehler] Schwarz Sudetendt. Wortatlas 3, 31. *Ohrenhehler* (Fichtelgeb.) Werz 67. *Ohrenhähler* Dingler Hausins. (1925) 55. *Uahella* Schatz a. a. O. *Ohrenhühler* (Fichtelgeb.) Werz 74. *Ohrnhieler* (Thüringen) ebda 68. *Ohrenhüller* (Bayern, Franken) ebda 69; Brückner Meiningen 9; Mitzka Schles. 2, Karte. *Auahülla* Neubauer Egerland 330. *Ohrenhülcher* (Mainfranken) Werz 75. *Ohrenhuller*, *-hulla* (Bayern) ebda 68. *Ohrnhaler* (b. Bischofsreuth), *Ohrhala* (Böhmerwald) ebda 64. *Oanheila* (Bayern) ebda 69. Mit erneuter Suffigierung *Ohrhöllerer* (1653) Harsdörfer lt. DWb 7, 1263. *Ohrenhöllerer*, *-höllera* (Ostfranken, Südthüringen, Fichtelgeb.) Werz 68. *Ohrhöllerer* Spiess Henneberg 177. *Ohrenhöllerer* Rosenkranz Thüring. Sprachraum 159. *Uaholra* Schatz Tirol 462. *Ohrhora*, *-höra*, *-höara* [wohl < -höhlerer, -hohlerer] (Österreich) Werz 74. *Ohrnhällerer*, *-hellera*, auch diminuiert *-hellerla* (Franken) Werz 68. *Ohrenhüllerer*, *-hillerer* (Franken) ebda 69. *Ohrnhḷere* Schwarz Sudetendt. Wortatlas 3, 31. *Oarnhuicherer* (Nordbayern) Werz 75. *Ohrröhlerei* (Kuhländchen) ebda 108.

Neben diesen Nomina agentis auf *-er* stehen viele N.n auf *-höhl(e)* u. dgl., die möglicherweise (ältere) *an*-Stämme fortsetzen (s. oben). Das öfter bezeugte Femininum dieser Gruppe wäre als nachträglicher Genuswechsel (Angleichung an *Höhle* f.) anzusehen. *Ohrhöhle*, *-hehle* (Österreich) Werz 65. *Oarhöle* f., *Uarhoulo* f. Schatz Tirol 462. *Ohrhöhle* Schwarz Sudetendt. Wortatlas 3, 31. *Ohr-*, *Urhel* m., *Ohrhele* f. Unger-Khull Steir. 483. *Ohrenhöl*, *-hell*, *-hol*, *Ohr(en)hole*, *Oahial*, *Oanhö* (Österreich) Werz 65. *Ohrhoi* (Bayern) ebda. *Ohräule*, *-eule* (Österreich) ebda 49; wohl mit Angleichung an *Eule*. *Oarhül* (Österreich) ebda 75. Mit bayerischem Auslauts-*n* femininer Substantive (das freilich zuweilen auch als Pluralzeichen empfunden werden mag) *Ohrhöhln* (Österreich) Werz 64. *Ohr-*, *Uhrhöhln* Hügel Wien 116 und 177. *Ohrhöhln* Schwarz a. a. O. *Oarhöln* Castelli Österreich 211. *Ohrhölan* (Bayern) Werz 64. *Ohahoiln*, *Ohrheuln*, *-hoiln* (Österreich) ebda 49. Vokalisiert zu *Ohrhoin*, *-höhn* (Niederösterreich) ebda 65; Schwarz Sudetendt. Wortatlas 3, 31. *Ohrhohln* f. Höfer Österreich 2, 298. *Ohrholn* Schwarz a. a. O. *Awa-*, *Abaholn* (Österreich) Werz 8. *Urheln* f. Unger-Khull Steir. 483. *Oahüllen* (Österreich) Werz 75. *Uahiln* Schatz Tirol 462. *Ohrhuln* (Böhmen) Werz 75. Dazu die mundartlichen Varianten *Ohrhölm* (Burgenland) Werz 73. *Ohrholm* (Österreich) ebda 64; Schwarz Sudetendt. Wortatlas 3, 31; Mitzka Schles. 2, Karte. *Ohrhom* (Österreich) Werz 74. *Ohrhoim*, *-hoam* (Niederösterreich) ebda 72. Das Grundwort gleicht sich an das *r* des ersten Kompositionsglieds an: *Ohrhorm* Schwarz a. a. O. Mit Anlehnung an *Horn* (vielleicht werden gelegentlich die Zangen am Hinterleib der Tiere als „Hörner" aufgefaßt): *Ohrnhörndl* (Bayern), *Ohrhörnel* (Vogtland) Werz 65. *Ohrhörn*, *-heandl*, *-heanl* (Österreich) ebda 64.

Verbreitet sind im Süddt. Formen mit *d*-Einschub, vgl. dazu *ausheldre* (als Nebenform von *aushöle*), s. Fischer Schwäb. 1, 477, ferner die Angabe *hildern*, *aushildern* 'aushöhlen' bei Frommann Dt. Maa. 7, 403. Auch „einige Gewährsleute" erklären zu den Angaben im Dt. Wortatlas *ausheldern* als 'aushöhlen' (Werz 50). In der Nähe stehen aber auch Vbb. wie *heldere*, *hildere* '(wieder-)hallen, schallen' Fischer Schwäb. 3, 1401 und

1583, *heldern, hildern* 'hallen', 'hohl tönen, dröhnen' SCHATZ Tirol 287 und 294. Da der Ohrwurm auch für subjektive Gehörsempfindungen (Ohrensausen u. dgl., s. oben Sp. 630) verantwortlich gemacht wurde, können diese Vbb. die folgenden Formen gelegentlich beeinflußt oder wenigstens begünstigt haben. *Orhölder* (1620) Alemannia 18 (1890) 34. *Ohrahölder* BERTELE in: Bayer. Hefte f. Volkskde 2/3 (1915) 154. *Ohrenhölder, -höldr, -hölter, -höltr* (Bayern, Österreich) WERZ 70. *Ouernölder, -öler* (Bayern) ebda 98. *Arröllder* (Nordbayern) ebda 109. *Ohrenhelder, -hälter* (Schwaben) ebda 67. *Ohrenholder* (Bayern), *Oaraoldr* (Schwaben), *Ohrholdn* (Österreich) ebda 70; 98; 73. *Ohrenhaldr* (Schwaben), *Aberhalden* (Österreich) ebda 64 und 8. *Ohrenhöider, Ohrhoidr* (Bayern) ebda 70. *Ohrnhülter, Ohrnhüder, Ohrenhilder, -hilter* (Bayern, Schwaben) ebda 75; 74; 70. Da die zugrunde liegenden Vbb. als Häufigkeitsbildungen auf *-ern* auftreten, begegnen die abgeleiteten N.n vielfach auf *-erer* (vgl. auch oben *-höhlerer* u. dgl.). *Oarnhölderer* DALLA TORRE Tirol 124. *Ohrnhödara, Ouenhöterer* (Bayern) WERZ 70 und 74; beide Formen haben *l* vokalisiert. *Oartöldra* (Österreich) ebda 123. *Oreholderer* FISCHER Schwäb. 5, 77. *Ohrenhülderer* (Tirol) WERZ 70. *Oar-, Oernhilderer* SCHATZ Tirol 462. *Auernhilderer* (Schwaben) FROMMANN Dt. Maa. 7, 403.

Ohrenhöldeler (Schwaben) WERZ 70. *Oarhölderling* (Tirol) ebda 73. *Oarnhilling* (Bayern) ebda 70. *Oahrhölgerer* (Tirol) ebda 73; vgl. *(aus-)hulgen* '(aus-)höhlen' SCHMELLER Bayer. 1, 1083. *Uahöggara* (Österreich) WERZ 71.

Zahlreich sind verdeutlichende, mit *aus-* (gemäß *aushöhlen*) präfigierte Formen. *Ohrenaushöhlerer* SCHWARZ Sudetendt. Wortatlas 3, 31. *Ohrn-, Uhrnaushöhler, -aushöhla, -aushölla* (Franken), *-aushöller* (Schwaben) WERZ 50. *Ohrenaushöllerer* (Franken) ebda. *Ohrenaushölder, Ohraaushölderer, Oahraaushöldeler, -aushöldaler* (Schwaben) ebda. *Oarausholdr* MOSER Staudengeb. u. Lechrain 84. *Ohrenaushelder, -helter* (Schwaben) WERZ 49. *Ohraushüller* (Unterfranken), *Aoashüllera, Auaashülerer, Aoahialara* (Böhmen) ebda 50. *Ohren-, Ohrazüller* [-aushüller] (Franken) ebda 134. *Ohrenaushüllerer, -aushillerer* (Mittelfranken), *Ohraushildr* (Schwaben) ebda 50.

Vereinzelt das Simplex *Höhla, Höller* (Fichtelgeb.) WERZ 29.

Hierher gehören auch die im genannten Sprachgebiet belegten N.n vom Typ *Ohrenhülse(r)*, die sich gleichfalls der germ. Wurzel **hĕl-* (s. oben) anschließen. Doch scheint auch bei diesen Bildungen eine volksetymologische Bindung an den Begriff des „(Aus-)Höhlens" zu bestehen — vgl. bayer. *Hilsn* (neben *Hül, Hil*) 'Höhlung', *hölschen* (neben *hölern, hülern*) 'höhlen' —, und auch die lautliche Berührung mit dem Vb. *(aus-)hülsen* 'von Hülsen befreien, schälen' (s. FISCHER Schwäb. 1, 478 und 3, 1864) dürfte im gleichen Sinne empfunden werden. (Eine Beziehung zu *Holz, (aus-)holzen*, wie sie WERZ 50f. und 74 für einige der nachfolgenden N.n herstellen will, ist wohl abzuweisen.) *Orehülser* FISCHER Schwäb. 5, 77. *Ohrenhülser, -hülzer, -hulser* (Schwaben, Bayern) WERZ 66. *Ohrhülserer* (Nordbayern) ebda. *Ohrehülseler* FISCHER a. a. O. *Ohrhülse, -hilse* (Bayern) WERZ 66. *Ohrhilse* STREITBERG Ostsachsen 90. *Ohrenhilzer, -hilser* (Schwaben, Bayern) WERZ 66. *Oahrnhölser* (Bayern), *Oahrhölzer, Ohrhelsr, -hälser, -helsa* (Schwaben) ebda 65 und 74. *Ohrhölsen* (Burgenland) ebda 66. Häufig mit bayer. *l*-Vokalisierung *Ohrhösa, Oarnhöisa, Oarhuisa, Ouernhüser, -hüs, Ouanhüsn, Ohrhüsner, -husern* (Bayern) WERZ 66f. *Ohrnhuisler, -huisla, -hoisla, -hüsla, -hösla, -hüsler, -hüsl, -heisl* (Bayern) ebda. *Ohraushülsa, -aushölsa* (Schwaben, Bayern) ebda 50f.

6. Diminutiva zu *Ohr* sind häufig. Sie mögen auf einen die Zugehörigkeit angebenden Bildungstyp zurückgehen und den Ohrwurm als denjenigen kennzeichnen, 'der zum Ohre gehört', d. h. dessen Dasein (und dessen Entstehung, s. oben Sp. 629) sich in der Ohrhöhle abspiele. Es ist nicht auszuschließen, daß die Formen zuweilen — nachträglich — als Diminutiva zu *Öhr* empfunden werden (vgl. oben Sp. 632). *Oehrlin* SCHWENCKFELD Theriotropheum (1603) 536. *Oehrling* ZEHNER Nomencl. (1645) 213; Allg. Oecon. Lex. (1731) 1783. *Öhrling* WEBER Lex. 3 (1770) 544; ADELUNG 3 (1777) 910; TASCHENBERG Prakt. Insektenkde 4 (1880) 187; MÜLLER-FRAUREUTH Obersächs. 2, 305; (Erzgeb.) Zs. f. hd. Maa. 1 (1900) 55; ALBRECHT Leipzig 178; (Thüringen) WERZ 34; MITZKA Schles. 2, Karte. *Ohrling* SCHWENCKFELD Theriotropheum (1603) 536; STEINBACH Wb. 2 (1734) 158; STREITBERG Ostsachsen 90; MITZKA a. a. O. *Ohrlinkchen* (Obersachsen) WERZ 90. *Uhrling, Ührling* MITZKA a. a. O. *Ürling* (Franken) ebda 144. *Ihrling* MÜLLER-FRAUREUTH Obersächs. 2, 305; (Thüringen) WERZ 33. *Ihrling, Irrling* MITZKA a. a. O.

Öhrlich (Franken, Schwaben) WERZ 88. *Urlich*, weitergebildet zu *Ullwich, Ulrich* MITZKA Schles. 2, Karte. *Ulich* (Schles.) Wortatlas. *Irlich* STREITBERG Ostsachsen 90. *Ihrlich, Irrlich* MITZKA a. a. O. *Irlich* SCHWARZ Sudetendt. Wortatlas 3, 31. *Erlich* (Lausitz) WERZ 34. *Ährlich* MITZKA a. a. O. Dazu die Weiterbildungen *Ohrlicht, Irlicht* ebda.

Öhrle NEMNICH (1793) 1, 1639; BERTHOLD Hess.-Nass. 2, 515; (Obersachsen) WERZ 88; MITZKA Schles. 2, Karte; JUTZ Vorarlberg 2, 603. *Örle, Örele* GUBLER Liquidsuff./Schweizerdt. 149. *Öhrele* (Luzern) EHRHARD Alpen 184. *Örl, Öreli* Schweiz. Id. 1, 417. *Öhrla* MITZKA a. a. O.; (Vorarlberg) WERZ 87. *Öhrli* (Franken) ebda 90. *Orele, Orle* GUBLER a. a. O. *Oral* WIEDER Südmähren 34. *Ahail,* mit vokalisiertem *l*: *Oaren, Ahauan* Pl. (Österreich) WERZ 8; 9; 47. *Urla* MITZKA a. a. O. *Ürele, Ürle* GUBLER a. a. O. *Ührla, Üihrla, Ührl* MITZKA a. a. O. Mit *d*-Vorschlag *Dürle* (Hessen) WERZ 20. *Ihrla* HARZ in: Altvaterbote 10 (1957) 233. *Ihrla, Irla, Irnla* MITZKA a. a. O. *Ihrl* MÜLLER-FRAUREUTH Obersächs. 2, 305. *Irl* STREITBERG Ostsachsen 90. *Ihrl* KNOTHE Nordböhmen 572. *Ihrl, Irl* (Schles.) WERZ 34. *Irel* WURM Nordböhmen 252. *Jährl* MITZKA a. a. O. *Ehrle, Ehrla, Erla, Ehrlan* ebda. *Örle, Ährla* ebda. *Ährl* MÜLLER-FRAUREUTH a. a. O. Zum Masculinum weitergebildet *Oreler, Örler* Schweiz. Id. 1, 417. Vgl. afrz. *oreillie, oreilliee,* mfrz. nfrz. *oreillère,* s. TOBLER-LOMMATZSCH Afrz. Wb. 6, 1235, v. WARTBURG FeW 1, 180.

Öhrchen, Irchen MITZKA Schles. 2, Karte. *Öhrchen, Ehrchen* (Schles.) WERZ 9. Dazu aus *Öhrchen* und *Öhrl* kontaminierte Formen: *Örchel* (Österreich) ebda 13; MITZKA a. a. O. *Öhrchel* WURM Nordböhmen 252. *Orchel, Oachl, Oachi* (Österreich) WERZ 13; 46; 47. *Orchl* MITZKA a. a. O. *Uhrichl, Ürchel* ebda. *Ürchl* ZIMMERMANN Nordböhmen 147. *Irchel* STREITBERG Ostsachsen 90. *Irchel, Irchl* MITZKA a. a. O. *Irchel* (Österreich) WERZ 13. *Irchl, Erchl* SCHWARZ Sudetendt. Wortatlas 3, 31. *Ärchel, Erchel* (Schles.) WERZ 13. *Öhrdel, Ördl* MITZKA Schles. 2, Karte. *Ödl* SCHWARZ Sudetendt. Wortatlas 3, 31. *Ührdel, Ürdl* MITZKA a. a. O. *Ihrdl, Irdl, Irdel* ebda. *Irdel* STREITBERG Ostsachsen 90. *Ihrdl* ZIMMERMANN Nordböhmen 147. *Irdl* HANNICH Isergeb. 23; SCHWARZ a. a. O. *Ihrtlch* (Lausitz) MÜLLER-FRAUREUTH Obersächs. 2, 305; kontaminiert aus *Irdl* und *Irlich,* entsprechend *Ihrdlch, Iihdlch, Ördlch* MITZKA a. a. O. *Erdel, Erdl, Ärdel* ebda.

Als ursprünglich diminutive Bildung auf *-ing* steht wohl der N. *Ohring* (verschiedentlich in ganz Deutschland) WERZ 107; Rhein. Wb. 6, 380. Die Weiterbildung *-ing* > *-ring* (und damit die Anlehnung an das geläufige Kompositum *Ohr-Ring*) lag nahe; man kann sie sich auch „als Bezeichnung für das sich zusammenringelnde Insekt denken" (SCHWARZ Sudetendt. Wortatlas 3, 31; vgl. auch *Ohrkringel, Ringelwurm* Sp. 643), auch die gebogenen Hinterleibszangen mögen die Vorstellung eines Ringes nahelegen. (Unwahrscheinlich sind Verbindungen zu mnd. *ringe* 'schnell' oder zu *ringen* 'sich hin und her bewegen', wie WERZ a. a. O. vermutet.) Das nunmehr als *Ohr-Ring* verstandene Diminutivum wird erneut diminuiert: *Ohrringel* BERTHOLD Hess.-Nass. 2, 515; SCHWARZ Sudetendt. Wortatlas 3, 31. *Ohrringele, Ohrrengele* (Nassau, Westerwald) WERZ 107. *Ohrringel(e), Ohrringla* MITZKA Schles. 2, Karte. *Urringel* Rhein. Wb. 6, 380. *Uhrringlichen* (Liebenwerda) Forsch. u. Fortschr. 36 (1962) 27. *Ohrringeler* BERTHOLD a. a. O. Mit ostdt. Diminutivsuffix *Öhrang, Ohrang* MITZKA a. a. O. *Ihrang, Ähran* ebda.

Seltsam ist „die an sich überflüssige Zusammensetzung" (SCHWARZ) vom Typ *Ohrenöhrlein,* in der die vorstehenden Diminutiva tautologisch das Bestimmungswort *Ohr-* annehmen. Man muß vermuten, daß die mundartliche Lautung (*Ärla, Ihrdel* u. dgl.) einerseits die Zugehörigkeit dieser Formen zum Worte *Ohr* verdunkelte, andrerseits die Auffassung der N.n als Diminutiva von *Öhr* (vorgestellt in den beiden gegeneinander gebogenen Hinterleibszangen) zuließ. Die Zusammensetzung mit *Ohr-* gliche dann auch diese Bildungen der landläufigen Meinung an, daß das Insekt den Aufenthalt im menschlichen Ohre suche. *Ohröhrling* SCHWARZ Sudetendt. Wortatlas 3, 31. *Uhrhierlich* MITZKA Schles. 2, Karte. *Ohrröhrla, Uhrörla* ebda. *Oherierl* (Obersachsen) WERZ 76. *Ohrnierla, Uriehrl* MITZKA a. a. O. *Ohrehrla, Ohrrehla, Uhrehrlen, Urrerla* ebda. *Ohrährle, Ohrenährla, Uhrährle* ebda. *Oarennerl* (Österreich) WERZ 97. *Auaherla* (Bodenseegebiet) ebda 15. *Uhrörchel, Uhrörchl, Urorchel, Uhreuchel, Uhroichl* [Ohrörchlein] MITZKA a. a. O. *Ohrrochel* (Österreich) WERZ 108. *Uhrürdl* ZIMMERMANN Nordböhmen 147. *Auerierdel* MITZKA a. a. O. *Ohrgördl, Ohrgirdel* ebda. Dazu auch *Ohrwaschlnorrerl* WIEDER Südmähren 34.

Einzelne dieser Diminutiva nehmen anlautendes *n-* an. Aus den Komposita mit *Ohren-* (SCHWARZ) ? Oder Rest des unbestimmten Artikels? *Nöhrling* MITZKA Schles. 2, 935. *Nierling, Nierlich* ebda, Karte. *Nülich* ebda 935. *Njenla* ebda 934. *Nejdl* SCHWARZ Sudetendt. Wortatlas 3, 31. *Nörlje* (Franken) WERZ 46.

Ohrmöhrle (Hessen) WERZ 95. Zu *Ohröhrle* (s. oben) mit eingeschobenem *m* (etwa nach „Ohr im Öhrlein", wie WERZ annimmt?). Vielleicht in Anlehnung an diminuiertes *Mohr,* das verschiedentlich als Tier-N. und Eigen-N. für Tiere (s. BERTHOLD Hess.-Nass. 2, 354) begegnet. Dazu wohl auch *Ohrmerle, Oamealin* (b. Heidelberg) WERZ 93. Verkürzt *Mährle* Bad. Mitteil. 6 (1915) 336. Auch *Draschemörli* (b. Tauberbischofsheim) WERZ 19. Zu *dratschen* 'geschäftig und lärmend hin und herlaufen' (CRECELIUS Oberhessen 289)?

7. In reichem Maße geht zur Bezeichnung des Ohrwurms das Substantiv *Ohr* Verbindungen ein, die starken lautlichen Abwandlungen unterworfen und etymologisch nicht eindeutig erklärbar sind. Kontraktionen, spielerische Abwandlungen und Zersprechungen zeigen einen solchen Variationsreichtum, daß man den Lautfolgen, die sich mit dem Worte *Ohr* verbinden, suffixalen Charakter zusprechen möchte. Andrerseits hat Volksetymologie die einzelnen Varianten vielfältig beeinflußt, so

daß die N.n meist als Zusammensetzungen empfunden werden.

Eine Reihe von N.n sind offensichtlich *l*-Ableitungen zum Substantiv *Ohr,* die (wie spärliche Genusangaben vermuten lassen, s. unten) ursprünglich Feminina waren (ahd. *-ala, -ila*; zum Bildungstyp vgl. WILMANNS Gramm. 2, 265ff.). *Ohrellen* Pl. (1600) Arzneib. d. Herzogin ELEONORE, bei KEIL 195; LESSER Insecto-Theol. (1738) 268. *Ohrellen* (hier wohl als Sg. aufgefaßt) NEMNICH (1793) 1, 1639. In den Maa. haben diese Formen vielgestaltige Wandlungen erfahren. Als *l*-Ableitungen wurden sie oft für Diminutiva (s. oben 6) gehalten und von diesen beeinflußt. Außerdem deckt sich das Verbreitungsgebiet dieser N.n weithin mit dem von *Ohrenhöhler* (*-höller, -hüller* u. dgl., s. oben 5), dessen kontrahierte Formen sich leicht mit den *l*-Ableitungen mischen können. Auch Kontraktionen des Typs *Ohröhrlein* (etwa Varianten wie *Ohrehrla, Ohrrehla* u. dgl., s. oben) mögen auf die nachfolgenden N.n eingewirkt haben. Verschiedentlich werden die N.n noch um das Suffix *-er* der Nomina agentis erweitert. Die bei alledem entstandene Undurchsichtigkeit der Bildungsweise hat schließlich zu deutlich erkennbarer Unsicherheit in Genus- und Numerusgebrauch und wahrscheinlich auch zu Betonungsschwankungen geführt. (Ob — wie WERZ angibt — auch Vbb. wie hd. *rollen, reiben,* bayer. *rellen* 'zernagen, schroten', *rülen* 'brüllen, wiehern, schreien', hess. *rellen* 'schaukeln, geräuschvoll herumspielen' u. dgl. die Varianten veranlaßt haben, bleibt höchst zweifelhaft.) *Ohrelle* (Österreich) WERZ 55. *Ohrella* f. FRIEDLI Bärndütsch 2, 199. *Orellän* GUBLER Liquidsuff./Schweizerdt. 146. *Ohrellen* (Thüringen, Eichsfeld) WERZ 55. *Ohrrälln, Arällen* (Nordthüringen) ebda 105. *Ohrrölle* (Oberfranken), *Ohrrölln, Ohrrön* (Österreich), *Aornröller* (Unterfranken) ebda 109. *Ohreile* (b. Merseburg) ebda 55. *Ohrreil* (Nordthüringen), *Ohrreillen, Ohrrei, Ohrrein, Ohrreim* (Eichsfeld), *Ohrailn* (Österreich) ebda 104f. *Ohrroin* (Steiermark), *Ohrroilln* (Niederösterreich) ebda 109. *Ohrrilln, -rülln* (Österreich) ebda 107. *Ohrrülln* SCHWARZ Sudetendt. Wortatlas 3, 31. *Ohrenrüller* (Unterfranken), *Ohrrün* (Österreich) WERZ 110. *Ohrral, Oral* (Mähren) WERZ 101. *Ūraln* f. DÖRING Sondershausen (Schulprogr. 1904) 84. *Ohralle, Ohralln* (Thüringen, Eichsfeld) WERZ 55. *Ohrrolln* SCHWARZ a. a. O.; (Österreich) WERZ 109. *Ohrold, Ohrrolden, Harold* (Österreich) ebda. *Ohrallichen* (Thüringen) ebda 55. *Oahrrellichen, Aohrröllichen* (Südharz, Eichsfeld) ebda 105 und 109. *Ahreinl* (Nordthüringen) ebda 105.

Vielfach werden dem Ausgangswort *Ohr* Wortbildungselemente angefügt, die wohl in erster Linie als Ausdrucksformen einer affektischen Lautverschärfung zu gelten haben. Diesen N.n liegt die Beobachtung der raschen und krabbelnden Fortbewegung sowie der furchterregende Gedanke einer zerstörerischen Tätigkeit im Ohrinnern zugrunde. Lautähnlichkeit zu anderen Wörtern, deren Bedeutung die genannten Vorstellungen unterstützt, hat die Verbreitung der N.n begünstigt und zu volksetymologisch beeinflußten Weiterbildungen geführt. *Ouerīts* SCHWARZ Sudetendt. Wortatlas 3, 30. *Ohrritzer* (b. Frankfurt), *Ohrmritzer* (Pommern) WERZ 108. *Ohrriddsel* DANG Darmstadt 259. *Ouerītsl* SCHWARZ a. a. O. *Oharützel* (Böhmen) WERZ 111. *Öhrritzel* (Hessen) ebda 108. *Oreritzeler* FISCHER Schwäb. 5, 78. *Ohrritzke* (b. Sondershausen) WERZ 108. Hierher auch *Mauritzel, Maoritzel* FISCHER a. a. O. *Moritz(el), Mauritzler, Mauritzeler, Maurixl* (Schwaben) WERZ 42f. Dazu die Spielform *Maurochel* ebda. Anlehnung an den Personen-N. *Moritz* ist wahrscheinlich (WERZ a. a. O.); weniger überzeugend ist die Auffassung der N.n als Nomina agentis (WERZ) zu *marixle, maurixle, mauritzle* 'sterben, töten, (Sachen) zerstören' (FISCHER Schwäb. 4, 1476). Allen vorstehenden N.n aber ist gemeinsam die lautliche Nähe des Verbums *ritzen* 'durch Kratzen verletzen'. Als Varianten schließen sich an *Marutzele* FISCHER Schwäb. 5, 78. *Maurutzel* (Schwaben) WERZ 43. Aus *Ohrritzl* und benachbartem *Ohrhirl* (vgl. oben Sp. 662) entstehen Mischformen wie *Aua-, Ouahitzl, -hiezl* (Böhmen) WERZ 71. Vgl. ferner *Oahrhötzl, -hetzl* (Österreich) ebda 74. *Ohrhexl* (Steiermark) ebda 70. *Ouherixl* (Bergstraße) ebda 108.

Als *l*-Bildungen stehen daneben *Ohrlitz* m. BERTHOLD Hess.-Nass. 2, 515; (westl. Thüringen, b. Frankfurt, Darmstadt) WERZ 91. *Öhrlitz* (Unterfranken) ebda. *Ūeliz* f. DELLIT Kleinschmalkalden 189. *Ohrlütz* (Hessen) WERZ 92. *Uhrletz, Ohrlatz* BERTHOLD a. a. O. *Ohrlötz, Ullutz, Uelux* (Hessen) WERZ 92; 87 und 143. *Ohrlix* (b. Darmstadt) ebda 91. *Ohrlitze* SPANGENBERG Rhön-Eichsfeld 43; SPIESS Henneberg 177; f. BERTHOLD a. a. O.; (b. Aschaffenburg) WERZ 91. *Oujelitze* (b. Darmstadt) ebda. *Orleze* HERTEL Thüringen 176. *Örledse* BERTHOLD a. a. O. *Örletse* Rhein. Wb. 6, 377. *Ūrledze* f. CRECELIUS Oberhess. 639. *Uirletze* (Hessen) PFISTER Nachtr. 354. *Öhrlesse* (Unterfranken), *Uhrlötze* (Thüringen) WERZ 89 und 92. *Ohrlatsche* (Hessen) ebda 87. *Ohrlitzen* (Thüringen) ebda 90. *Ūrelezen* HERTEL a. a. O. *Uirletzen* f. REGEL Ruhla 275. *Ūrledsn* SPANGENBERG Rhön-Eichsfeld 9. *Ohrlitzer* BERTHOLD a. a. O.; m. ASKENASY Frankfurt 174; (Darmstadt, Aschaffenburg) WERZ 91; Rhein. Wb. 6, 377. *Ohr-, Ehrlitzer* SCHWARZ Sudetendt. Wortatlas 3, 30. *Erlitzer* MITZKA Schles. 2, Karte. *Ūhrlitzer* (Thüringen) WERZ 143. *Urlätzer* BERTHOLD a. a. O. *Urletser* Rhein. Wb. 6, 377. *Ohrlitzel, -lidsel, -lixel, -letzel* (b. Darmstadt) WERZ 91. *Uirletzche* (Hessen) PFISTER Nachtr. 354. Zum Bildungstyp vgl. hess.

Käferletz, -latz '(Mai-)Käfer', auch 'Ohrwurm' (s. oben Sp. 634), *Mailatz* 'Maikäfer', s. oben Sp. 518 und 516; *Horlitz, Hörrletz, Hürletz, Hoaletz, Hirlitze* 'Hornisse' KEHREIN Nassau 201. SCHWARZ a. a. O. verweist auf mhd. *litzen* 'schädigen', wozu auch *(ver-)letzen.*

Als Varianten zum vorigen Typ können gelten *Ohrlips* (Thüringen), *Uirlips* (Oberhessen) WERZ 90. *Ihrlips, -lipse* (Thüringen) ebda 34. *Ohrlips(e), -leps(e)* Rhein. Wb. 6, 377. *Uhrleppse* (Oberhessen, Thüringen), *Uhrlöpps* (Oberhessen) WERZ 88 und 91. Volksetymologisch wurde die unverstandene Lautform zu *-lippe* weitergebildet: *Ohrlippe, Uhrleppe* (Thüringen) WERZ 90 und 88. Wenig überzeugend ist eine von WERZ 90 vermutete Anknüpfung an *Lips* 'Philipp', auch 'Einfaltspinsel, ungeschickter, dummer Mensch' (s. KEHREIN Nassau 265).

Wahrscheinlich sind auch die folgenden N.n hier anzuschließen. Zwar werden sie von SCHWARZ Sudetendt. Wortatlas 3, 31 und von WERZ 88 auf *linzen, linsen* 'seitlich, verstohlen blicken, nach etwas hinschielen, scheel sehen' (s. MÜLLER-FRAUREUTH Obersächs. 2, 191) zurückgeführt (auch mhd. *lunzen* 'schlummernd verweilen' hält SCHWARZ als Ausgangsverb für möglich), doch scheinen sie eher zu *Ohrlitz, -letz* u. dgl. (s. oben) zu gehören, die hier um *-n-* erweitert sind. Auszugehen wäre von *Ohrenlentzer* (Hessen), *Ouerlenzel* (Bergstraße), *Oarlenzl* (b. Mannheim) WERZ 88. *Ir-, Erlentzer* SCHWARZ a. a. O. 30. Eine volksetymologische Angleichung dieser Formen an *Linse* lag danach nahe: *Ohrlinse* SPANGENBERG Rhön-Eichsfeld 44; STREITBERG Ostsachsen 90; SCHWARZ a. a. O. 31. *Uhrlense* (Hessen) WERZ 88. *Ohrlinsen, Ührlensen, Uhrlönsen, Öhrenlensen* (Thüringen) ebda 88; 91 und 143.

In der Nachbarschaft von *Ohritz* und *Ohrletz* begegnen *Ohrretz(e)* (Hessen) WERZ 106. *Ohretzel* f. BERTHOLD Hess.-Nass. 2, 514; DAMKÖHLER Nordharz 142. *Ohrrezzel* (Lahn) WERZ 103. *Horätzel* (Oberharz) Zs. f. dt. Maa. (1910) 240. *Ohrrätsel* (b. Aschersleben), *Ohrrätsen* (Quedlinburg) WERZ 103. *Ohrätzel* UNGER-KHULL Steir. 483. Lautlich nahestehendes *Ratz* 'Ratte', 'Mensch von rastloser Tätigkeit', Pl. *Redz* (CRECELIUS Oberhess. 679) wird auf die N.n nicht ohne Einfluß gewesen sein; vgl. auch die folgenden Bildungen.

Oratzel (16. Jh.) DWb 7, 1252; (16. Jh.) FISCHER Schwäb. 5, 72. *Ohratzel* (1620) Alemannia 18 (1890) 34; ROSENKRANZ Thüring. Sprachraum 42; (südl. Harzvorland) WERZ 103; (Saalekreis) Wortatlas. *Ohrratzeln, -razeln* Pl. (Südharz, Querfurt, Weimar) WERZ 103. *Ohrrazzele* (b. Goarshausen) ebda 104. *Ohratzl* (Tirol) MILLER handschriftl. *Uhrratzel* (Anhalt) Wortatlas. *Ohrasel, Ohrhargsel, Urahxel* (Sondershausen) WERZ 104. *Ohrratz* (Niederrhein) WERZ 103. *Ohrraze* (Sangerhausen, Merseburg, Weißenfels) ebda 104. *Ohrazke, Ohrratzke, Oraazke* (Nordharz, b. Merseburg) ebda. Volksetymologische Bindungen bestehen zu *Rats* 'rascher Schnitt, Riss' WOESTE Westfalen 211, *Raaz* 'Riß, Ritz; durch Krallen, Kratzen entstandene striemenartige Hautverletzung, Kritz' MÜLLER-FRAUREUTH Obersächs. 2, 339, *ratzen, rätzen* 'kratzen, schaben' DWb 8, 210, *räzen* 'Risse, Kritze machen' ALBRECHT Leipzig 191; ferner zu *Ratz(e)* 'Ratte'. Oft wird der N. auch als *Ohr-Atzel* 'Ohrassel' aufgefaßt, s. HÖFLER Krankheitsnamen 19. Dazu mundartliches *Ohrassel* ROSENKRANZ Thüring. Sprachraum 42; (Anhalt) Wortatlas. *Ohrnassel* (Bayern) WERZ 49. *Ohresel* (Rheingau) ebda 56; „Scherzname", doch vgl. auch *Kelleresel* 'Kellerassel'. *Ohrrassel* (um Querfurt) ebda 102; möglicherweise an *rasseln* angelehnt.

Ohrratscher (Harz) WERZ 103. *Uhrratsche* (Quedlinburg) HEINZERLING Naturwiss. Irrtümer 51. *Öratschke* f. DAMKÖHLER Nordharz 142; (Blankenburg) Nd. Jb. 32 (1906) 132. *Örratschke* (Quedlinburg) Nd. Jb. 30 (1904) 14. *Uratschke* (Harz) Wortatlas. *Ohrrätschke* (nördl. Harzvorland), *Uratschel* (b. Bernburg) WERZ 103. Dazu vgl. lautnachahmende *Ratsch* 'Riß', *ratschen* 'zerreißen' DAMKÖHLER Nordharz 153.

Ohrreißel, Areissl (südl. Harzvorland), *Horeisl* (Ellwangen) WERZ 30. *Aarreissel* (Nordthüringen) Zs. f. hd. Maa. 3 (1902) 354. *Ohrreitschke, Ohrreizke, Ohrreitzel, Ohrreitzker* (Harz) ebda 105. Weiterbildungen von *Ohratzel, Ohratschke*, teilweise an *reißen* angelehnt (vgl. *Ohrenreißer* u. dgl., s. oben Sp. 656).

Ohrrätel, -rädel Rhein. Wb. 6, 379. *Örrattel* LEITHAEUSER Berg. Land 26. *Ohrrädler, -rätler* Rhein. Wb. 6, 379. *Ohrratelter* (Krefeld) WERZ 102. *Ohrräter, Ohrrat* Rhein. Wb. 6, 379. *Ohrraten* Pl. OTTO Niederrhein 137. *Ohrratte* (Niederrhein) WERZ 102. Vgl. nl. *oorratte* KILIAN Dict. (1605) 373, nl. dial. *oorratte, -rattel, -rateler* HEEROMA Taalatlas Oost-Nederland 3, 89. Nordwestdt. Varianten zum Typ *Ohratzel* u. dgl. (s. oben)? Auch hier ist volksetymologischer Einfluß verschiedener Art anzunehmen; in der Nähe stehen *Ratte* f., ferner mnd. *rat, rade* 'rasch, schnell' SCHILLER-LÜBBEN Mnd. Wb. 3, 425, rhein. *ratelig* 'erregt, flink, wibbelig' Rhein. Wb. 7, 136, aber auch *räteln* 'rasseln', *Rätel* 'Rassel' ebda 135. Vgl. auch *Ohrrot, Ohröteln* (Niederrhein) WERZ 110, neben *röteln* 'rasseln' STÜRENBURG Ostfries. 201. Ob das ehemals in Schlesien und Nordböhmen vertretene *Ohrratel, Uhrrattel, Ohnradel* (MITZKA Schles. 2, Karte) „auf die Herkunft der dortigen Siedler schließen" läßt (WERZ 103), bleibe dahingestellt. Die Deutung von SCHWARZ, der *Uōrädl* (Sudetendt. Wortatlas 3, 32) als diminutives „Ohrerl" auffaßt, ist jedenfalls erwägenswert.

Ebenfalls im Rheinischen ist verbreitet *Ohr-, Uhrräkel, -räk, -raker, -räkelter* Rhein. Wb.

6, 379. *Urakel* TILGENKAMP Jülich 58. *Ōräkel, Ūräkel, Ūraukel, Ūrhäk* LEITHAEUSER Berg. Land 26. *Ohrrack, Ohrrakelte* (Ruhr) WERZ 101. Vgl. nl. dial. *oorrake, oorrakel(er), -rakelter* HEEROMA Taalatlas Oost-Nederland 3, 90. Die N.n stehen neben Vbb. wie mnd. *raken* 'zusammenscharren' SCHILLER-LÜBBEN Mnd. Wb. 3, 415, *rakeln* 'scharren, kratzen, harken' DOORNKAAT KOOLMAN Ostfries. 3, 7, *räkeln* 'in etwas wühlen' Rhein. Wb. 7, 38; vgl. ferner *Rakel* 'Raspel, Schnarre' Rhein. Wb. 7, 37 sowie vereinzeltes *Räkel* 'Kellerassel' ebda 7, 38. Anders RIEGLER (Hwb. Abgl. 6, 1220), der diese N.n aus lat. *auricula* erklären möchte.

Ohrrande, Ohrrante, -rantel, Uhranke WERZ 102. *Ohrente, Ohrrente, -ränte* ebda 105. *Ohrranze* ebda 102. *Uurantse* (Zeitz, Weißenfels) Zs. f. hd. Maa. 2 (1901) 360. *Ohrrenze, -renzel, Orenzel* WERZ 106. Diminuiert *Ohranzche, Uhrranzige* ebda 102. Alle N.n in Thüringen, ohne sichere Anknüpfungsmöglichkeit. WERZ zieht zur Erklärung des zweiten Wortteils teils nd. *Ante, Ente* 'Ameise' bzw. eine „Kreuzform" von *Ante* mit md. *Amse(l)* 'Ameise' heran (102), teils verweist sie auf das Vb. bayer. *ranten* 'lustige und mutwillige Streiche treiben oder erzählen', auch 'sich großtun, den Großen spielen' (20). Beide Erklärungen überzeugen nicht. Auch hier dürften, wie in den vorgenannten N.n, die Bildungen eher als suffixal erweiterte Formen von *Ohr* anzusehen sein, teilweise beeinflußt von lautähnlichen *Wanze, Wanzche* 'Wanze', *Faarantse, Faaranzche* 'Hornisse' u. dgl. Dazu die N.n mit anlautendem *d-* (aus dem Artikel?): *Dorant* m. HERTEL Thüringen 83. *Dūrande* GLÜCK Thüring.-Vogtländ. 58. *Durante, Turande* (Thüringen) WERZ 20. (Vgl. dazu auch thüring., vogtländ. *Dūrichel, Duramsel,* s. unten Sp. 675.)

8. Gestalt und Aussehen. Die auffälligen Hinterleibsanhänge der Tiere werden als Zange, Gabel, Schere u. dgl. aufgefaßt und bilden mit diesem Vergleichsmoment entsprechende N.n. Sie werden meist von der Vorstellung begleitet, daß mit diesen „Zangen" Ohr und Gehörgang schmerzhaft geschädigt werden (vgl. oben Sp. 629ff.). *artange* [Ohr-] (Frenswegener Glossar von etwa 1420) bei FOERSTE in: Der Raum Westfalen 4, 1 (1958) 61. *Ohrzange* MITZKA Schles. 2, Karte. *Ohrazanga* (b. Freiburg i. Br.) WERZ 134. *Ūretsang, Ūrtang* Rhein. Wb. 6, 383. *Ohrtange* (Ruhr) WERZ 122; SCHMOECKEL-BLESKEN Soest 206. *Årtange* WOESTE Westfalen 12. *Äahertangen* HARTWIG in: Jahresber. Ravensberg 40 (1926) 48. Dazu die Ableitung *Ohrenzängler* (b. Karlsruhe) WERZ 134. Auch *Ohrzingeler* MITZKA a. a. O. Vgl. nl. dial. *oorentange* HEEROMA Taalatlas Oost-Nederland 3, 88.

Kneipzange (Sachsen) Wortatlas; SCHWARZ Sudetendt. Wortatlas 3, 32. *Kneifzange* MITZKA Schles. 2, Karte. *Knieptang(e)* (Emsland, Oldenburg), *Knieptann, -tan(e)* (Oldenburg) WERZ 39f. Vgl. nl. dial. *knieptange* HEEROMA Taalatlas Oost-Nederland 3, 85. *Tangeknieper* (Ostpreußen, Westfalen) WERZ 142. Dazu die Weiterbildung *Tenneknieper* (Emsland) ebda; d. i. „Zähnekneifer". *Zangenchlüber* (Schweiz) THURNHERR Benennungsmotive 84; zu *chlübe* 'kneifen' Schweiz. Id. 3, 616. Vgl. auch *Ohrenknieper, -kneiper, -kneifer,* s. oben Sp. 651, sowie *Orenchlüber,* s. oben Sp. 654.

Pitschzange Rhein. Wb. 6, 898; eigentl. 'Kneifzange', dann auch 'Hirschkäfer' (s. oben Sp. 383). *Petschzange, Petschang* (Rheinland) WERZ 136. *Zangenpitscher* Rhein. Wb. 9, 708. Zu *pfetzen, petzen, pitzen* 'klemmen, zwicken, kneifen' (s. Rhein. Wb. 6, 642), vgl. *Ohrenpetzer, -petscher* u. dgl., s. oben Sp. 652. *Schmeedszange* [Schmieds-] (Wollbach) WERZ 141. *Klebzange* Rhein. Wb. 4, 678. *Zange* MITZKA Schles. 2, Karte. Vgl. nl. dial. *tange* HEEROMA Taalatlas Oost-Nederland 3, 96; ital. dial. *tanaglia* GARBINI 1269. *Zängler* SCHMITT Hecke ([3]1953) 22.

Zangenwurm MITZKA Schles. 2, Karte; (Pommern) WERZ 145. *Tangenworm* (Braunschweig, Hannover) ebda. *Zangedier* (Rheinland) Wortatlas. *Zangenkriecher* BLUMENTHAL Kleines Getier (1954) 26, in Anlehnung an *Ohrenkriecher* (Sp. 640f.). *Zangemützer* KUMMER Schaffhausen 2, 68; vgl. *Ohrenmützel* u. dgl., s. oben Sp. 638.

Die dt. zoolog. Fachsprache, die anfangs den Ohrwurm zu den Käfern rechnet (vgl. oben *Ohrenkäfer,* Sp. 634), bildet den N. *Zangenkäfer* BECKMANN Anfangsgründe (1767) 99; ADELUNG 3 (1777) 911; TASCHENBERG Prakt. Insektenkde 4 (1880) 187. Danach mit absichtlicher Vermeidung des Wortes *-käfer* (doch ohne nennenswerte Nachfolge): *Zangenschabe* ILLIGER in: Magaz. f. Insektenkde 1 (1801) 137. *Zangenafter* BERTHOLD-LATREILLE Thierreich (1827) 406. *Zangenschwänze* KARSCH Insektenwelt ([2]1883) 591.

Gabele-, Gabilikäfer (Österreich) WERZ 27. *Gaffeltiek* [-zecke, im Sinne von 'Insekt'] (Oldenburg, Ostfriesland) Wortatlas. Vgl. nl. dial. *gaffeltieke* HEEROMA Taalatlas Oost-Nederland 3, 84; ital. dial. *bòja-furtìja* [insetto forcuto] GARBINI 1268. *Gäbelitier* (Schweiz) THURNHERR Benennungsmotive 84. *Gäbelimützger* ebda; vgl. *Ohrenmützel* u. dgl., s. oben Sp. 638f. *Gäbeligīgger* Schweiz. Id. 2, 176; vgl. *Gīgger* 'Grille' ebda. *Gabelesbu, -bue* FISCHER Schwäb. 3, 5. *Gäbelesma* [-mann], *Gäbelsknecht* (Schwaben) WERZ 28.

Ohr-, Ohrengabel UNGER-KHULL Steir. 483. *Oargabel, -ghebele* DALLA TORRE Tirol 124. *Oargabl* BACHER Lusern 333. *Ohrngabei* [-gabel] (Österreich) WERZ 57. Vgl. frz. *fourchette,* dial. *fourcha* (in mehreren Varianten), s. v. WARTBURG FeW 3, 891, ROLLAND 3, 303.

Gaffeltange f. [Gabelzange] LASCH-BORCHLING Mnd. Hwb. 2, 3; ADELUNG 3 (1777) 911. Vgl. nl. *gaffeltanghe* KILIAN Dict. (1605) 122. Die ebda verzeichnete zweite Form *gaffellangh* (von HENISCH Thes. [1616] 1330 und STIELER Stammbaum [1691] 603 als hd. *Gabellang* übernommen) ist vielleicht als Druckfehler für *gaffeltand* (s. unten) anzusehen? *Gaffeltang(e)* verbreitet im Nd., der N. „bedeckt ein großes Gebiet vom Unter- und Mittellauf der Lippe über Münster, bei Bentheim, ... Osnabrück, Minden, Bremen, Oldenburg bis zum Jadebusen und zur Wesermündung; ein zweites Gebiet an der Vechta und ein drittes um Bocholt, Borken" (WERZ 28f.), s. BERGHAUS Sprachschatz d. Sassen 1, 527; SCHMOECKEL-BLESKEN Soest 79; STRODTMANN Osnabrück 316; (Wiedenbrück) Nd. Wort 3 (1963) 92; JELLINGHAUS Ravensberg 127; BÖNING Oldenburg 35; (Recklinghausen) Korr.-Bl. d. Vereins f. nd. Sprachforsch. 17 (1893) 54. *Gaffeltangen* f. FREDERKING Hahlen b. Minden 40; HARTWIG in: Jahresber. Ravensberg 40 (1926) 48. Vgl. nl. dial. *gaffeltange* HEEROMA Taalatlas Oost-Nederland 3, 83. Dazu die durch Volksetymologie beeinflußten Weiterbildungen *Gaffeltahn, -tand* [-zahn] (bei Münster und Detmold) WERZ 28. Vgl. nl. dial. *gaffeltaan, -tand, graffeltand* HEEROMA a. a. O. 83f. FOERSTE hält den N. *gaffeltange* für sehr alt und sieht in dem (bereits 1420 bezeugten) *artange* (s. oben) eine Kreuzung aus *ōrworm* und *gaffeltange* (in: Der Raum Westfalen 4, 1 [1958] 61f.).

Ohrschiere [-schere] (Mecklenb.) WERZ 112. *Ohrscheer* (b. Braunschweig) ebda 111. *Ohrenscherer, -schera, -scheara* (Kärnten) ebda. *Schere* Rhein. Wb. 7, 1057; LESSIAK Zarz/Oberkrain 77 („dem Sinne nach aus dem Slow. entlehnt"); (Kärnten) WERZ 139. *Scheer* (Altmark) ebda. *Scharling* SATTER Gottschee 11. *Schierling* (Thüringen) WERZ 139. *Scherer* (Kärnten) ebda. Vgl. den alten N. lat. *forficula* (eigentl. 'kleine Schere'), s. oben Sp. 631, dazu ital. *forfecchia*; vgl. ferner engl. dial. *clip-shears* ROLLAND 13, 119.

Scherwurm MITZKA Schles. 2, Karte. *Scherwurm, -worm, -wörm* („streuen im nd. Sprachgebiet") WERZ 139. *Schierwurm* Rhein. Wb. 7, 1059. *Scherenkäfer* MITZKA a. a. O. *Schaköifa, Scharköfa, Scharke(i)fa* (Österreich) WERZ 138. Die N.n gelten auch für Hirschkäfer, s. oben Sp. 379. *Schermeisla* [-mäuslein] SCHWARZ Sudetendt. Wortatlas 3, 31; vgl. *Ohrmäusle* u. dgl., s. unten Sp. 676. Daneben die Spielform *Scherwaisla* STRICHHIRTSCH Sudeten 376.

Scherenknieper (Altmark), *Schernknieper* (Holstein) WERZ 139. *Kniepschere* (Mansfeld/Könnern) ebda 39. Vgl. oben *Kneipzange* und *Ohrenknieper*. *Schierratt, Schierratel* (Rheinland) Wortatlas, neben benachbartem *Ohrrat(el)*, s. oben Sp. 666.

Schereschliffer (Saar), *Schareschliffer* (Elsaß), *Scheierschleffer* (Luxemburg), *Scherenschleffa, Schierenschliffa* (Mosel) WERZ 138ff. *Scherenschlīfer, -schliper* Rhein. Wb. 7, 1059. *Schierenschleifer* (Mosel) WERZ 140. *Scherenschlieper* (Altmark, Rheinland, Ostpreußen) ebda 139. Die N.n stehen neben benachbartem *Ohrenschleifer, -schlīper* (das sich seinerseits an *Ohrenschlüpfer, -schliefer* u. dgl. anlehnt, s. oben Sp. 646). Sie werden in Verbindung mit dem Bestimmungswort *Schere(n)*- der Tätigkeits- und Berufsbezeichnung angeglichen. Überdies gilt der N. *Scherenschleifer* gern für flinke, bewegliche Insekten, z. B. für Käfer (→ *Cantharidae*, Sp. 104), für Libellen (→ *Odonata*), für Heuschrecken (→ *Saltatoria*).

Ohrhaken SCHWARZ Sudetendt. Wortatlas 3, 31; „die große Zange am Hinterleib des Insektes wird mit einem Haken verglichen worden sein; doch kann der Anstoß dazu von einer durch lat. *auricula* angeregten Umdeutung ausgegangen sein" (ebda). *Ohrhogn, -hokn* (Niederösterreich) WERZ 71. *Schnorhökn* [Schnarr-] SCHWARZ a. a. O. *Schnorrhogn* WIEDER Südmähren 34. *Schürrhogn* ebda. *Glammhagge* (Baden) WERZ 29. *Klemm-, Klammhake* FISCHER Schwäb. 4, 443; eigentl. 'eiserner Haken, Klammer', auch 'große Waldameise'. Vgl. benachbartes *Ohrenklemmer*, s. oben Sp. 650.

Ohrkrappen (Hessen) WERZ 82. Vgl. hess. *Krappe* 'Haken' VILMAR Kurhessen 223. Oder besser an *krabbeln, krappeln* (vgl. *Ohrenkrabbler*, s. oben Sp. 647) anzuschließen? *Ohrhorn* (Norderdithmarschen) WERZ 65. Deutung der Hinterleibsanhänge als Gehörn?

Im Vergleich mit einer zweigabeligen Wagendeichsel *Oahradeixl* (Schwaben) WERZ 54. Dazu wohl auch *Ohrdechsel* (b. Heidelberg) ebda; vgl. auch *Deichsel, Teksl* 'kurzstielige Axt' LENZ Handschuhsheim 16 (im N. mit WERZ ein diminuiertes „Ohrdachs" zu sehen, ist wenig wahrscheinlich). *Ohrense, Ohrenenseler* (Baden, Schwaben) WERZ 55; vielleicht zu *Enz, Ens* f. 'Gabeldeichsel' FISCHER Schwäb. 2, 745, *Änz, Änzen* SCHMELLER Bayer. 1, 117. Vgl. auch dän. *ørentvist* DO 27, 1675, zu dän. *tvist* '(etwas Gegabeltes), Zweig'. *Wage* MITZKA Schles. 3, 1452. Als „Wagen" aufzufassen und daher von derselben Vorstellung getragen wie die vorgenannten N.n? Oder als „Waage" zu verstehen, deren Arme mit der Hinterleibszange verglichen werden?

Kutscher (Pommern, Prignitz, b. Würzburg, Kärnten) WERZ 27; SCHWARZ Sudetendt. Wortatlas 3, 31; MITZKA Schles. 2, Karte. *Fuhrmann* (b. Braunschweig), *Fuhrwerker* (Kärnten) WERZ 27. *Wagenlenker* (Bayern), *Wognlenga* (Böhmen) ebda. Wohl in der Kindersprache; „offensichtlich hat die gekrümmte Zange unseres Tieres die kindliche Phantasie zum Vergleich mit der doppelten Wagendeichsel angeregt" (WERZ) und von daher zu den vorstehenden N.n geführt. Vgl. engl. dial. *devil's coachman* ROLLAND 13, 119.

Ohrenschwanz (Trier) mündl. *Orewedel* FISCHER Schwäb. 5, 79; zu *Wadel, Wedel* 'Schwanz' ebda 6, 333. *Steertrup* [-raupe] (b. Wesermünde) WERZ 138; zu nd. *Steert* 'Schwanz'. Vgl. schwed. dial. *örnastörta* RIETZ Sv. Dial. Lex. 854. *Kniepsteert* (Bremen, Oldenburg) ebda 40. Vgl. *Kniepworm* u. dgl. (s. oben Sp. 652) sowie nl. dial. *kniepsteert* HEEROMA Taalatlas Oost-Nederland 3, 92.

Zwieschwanz (Österreich) WERZ 146. *Zweischwänzli* (Schweiz) THURNHERR Benennungsmotive 85. *Zwiezogl* (Österreich) WERZ 146. *Zwäske-, Zweskezagel* FRISCHBIER Preuß. 2, 502. Vgl. mhd. *zagel*, daher noch ostpreuß. *Zagel* 'Schwanz' (FRISCHBIER 2, 485). *Zweeske* (Ostpreußen) WERZ 145. Vgl. dän. *tvestjært*, dän. dial. *tvehale* DO 24, 1144; schwed. *twestiert* LINNÉ Fauna Svec. ([2]1761) 234, *tvestjärt* HELLQUIST Sv. etym. Ob. ([3]1948) 1250, schwed. dial. *tvestyrta* RIETZ Sv. Dial. Lex. 693; engl. dial. *cat with two tails*, auch *cat of nine tails* ROLLAND 13, 119; frz. *cu* [cul] *fourché* v. WARTBURG FeW 3, 891.

Fächelflügler LEUNIS ([2]1860) 648; „Flügel von einem Gelénke aus fächelförmig faltbar und dann auf $^1/_3$ ihrer Länge zurückschlagbar" (vgl. oben Sp. 629).

9. Da der Ohrwurm seit jeher als Erreger von Ohrenschmerzen und Ohrenkrankheiten gedacht wird, sind Krankheitsbezeichnungen mit den N.n des Tieres oft identisch; s. dazu oben Sp. 630 u. vgl. *Ohrenklemmer, Ohrenniggeli* beide 'Ohrwurm' (s. Sp. 650 und 640), aber auch 'Ohrenweh, Ohrenzwang' STALDER Schweiz. 2, 250; *Ohrklammer* 'Ohrwurm' (s. Sp. 650), im Pl. 'Entzündung der Ohrspeicheldrüse' [d. i. Mumps, Ziegenpeter] BERTHOLD Hess.-Nass. 2, 514; *Ohrenzwang* 'heftiger Ohrenschmerz' DWb 7, 1261. Dazu die Tier-N.n *Ohrzwang* (Franken), *Ohrazwanger, Ohrezwenger* (b. Tauberbischofsheim), *Ohrnzwanger* (b. Merseburg) WERZ 134f. *Ohroibel* [-übel?] BERTHOLD Hess.-Nass. 2, 516. *Ohrnweh* (Schwaben), *Oarnwea* (Tirol) WERZ 126. *Öhrlweh* (Böhmerwald) ebda 92. *Schlemmohr* [schlimmes Ohr] (Hessen) ebda 140; vgl. *schlem* 'schlimm' HOFMANN Niederhess. 210. *Ohrengeschwer, -geschwär, -geschwör* (Salzkammergut) WERZ 58. Hierher vielleicht auch *Uhrnpinger* (Oberhessen) ebda 99, wenn zu *pengen* 'zünden' (CRECELIUS Oberhessen 651), das hier dann im Sinne von 'entzünden' zu verstehen wäre.

Ohrekrint (b. Kleve) WERZ 85; d. i. wohl „Ohrengrind", also eigentl. 'Schorf, Ausschlag'. Vgl. nl. dial. *ohrekrint* HEEROMA Taalatlas Oost-Nederland 3, 96. *Kräudier* [-tier] Rhein. Wb. 4, 1416; zu *Krau, Kräu* 'Krätze, Grind' ebda 1414. *Ohrkrüster* ebda 6, 376; falls zu *Kruste* im Sinne von 'Schorf, Ausschlag'. Vielleicht hierher auch *Plätz* (Schwaben) WERZ 137; vgl. *Bletz* 'Schorf, Hautausschlag' FISCHER Schwäb. 1, 1197, OCHS Baden 1, 262.

Da der Ohrwurm auch als Urheber subjektiver Gehörsempfindungen gelten kann (Rauschen, Sausen, Klingen, s. oben Sp. 630), begegnen als N.n des Tieres *Ohrasausa* (Schwaben), *Uhrnsausen* (Sachsen) WERZ 111. *Ūreklinger* Rhein. Wb. 6, 376.

10. Für gefährliche, die Ohren schädigende Ohrwürmer werden auch die häufigsten Arten der Hundertfüßler (*Chilopoda*) gehalten (s. oben Sp. 630f.), deren N.n auf den Ohrwurm übergehen können; die auffällige krabbelnde Beweglichkeit, die beiden Tiergruppen gemeinsam ist, hat die N.s-Gemeinschaft gewiß begünstigt. *Tausendfüßler* (überall „einzeln verstreut") WERZ 142; MITZKA Schles. 2, Karte. *Tausigfoisler* (Hessen) WERZ 142. *Dusendfeetler* (Elchniederung) ebda. *Tausendfüßlein* SCHWARZ Sudetendt. Wortatlas 3, 32. *Tausefüßl* (Oberfranken) WERZ a. a. O. *Tausendfüßlich* MITZKA a. a. O. *Tausendfuß* ebda; (Oberfranken) WERZ a. a. O. *Diusendfeot* (b. Herford), *Dusend-, Tusendfoot, Dausendfeetkes* (Ostpreußen) WERZ 21 und 18. Vgl. nl. dial. *dusendfoet* HEEROMA Taalatlas Oost-Nederland 3, 97. *Hundertfüßler* (Brandenburg) WERZ 33. *Ohrenfüßler* MITZKA Schles. 2, Karte.

Tausendbein (Schlesw.-Holst., Rheinland, Saar, Ostpreußen) WERZ 20. *Tausichbeen* (Saar), *Dusendbain* (b. Papenburg), *Dusendbeen* (Schleswig) ebda. *Tausendbeiner, -beinert* Rhein. Wb. 8, 1113. Vgl. nl. dial. *dusendbeen, -bain* HEEROMA Taalatlas Oost-Nederland 3, 97. *Tausendhaxler* (Steiermark) WERZ 142; zu *Hackse, Haxe* f. 'Bein' LEXER Kärnten 130, *Hacksen* SCHMELLER Bayer. 1, 1046.

Genauer unterscheidet *Sechsbeenla* MITZKA Schles. 2, Karte.

11. Schädlichkeit; Gemeinschaftsnamen und Übertragungen. Schädlich wird der Ohrwurm durch Blütenfraß, durch Benagen und Verschmutzen von Obst und Gemüse. *Obstwurm* (Netze) WERZ 47. *Bireschelm* [Birnen-] (Schweiz) THURNHERR Benennungsmotive 81. *Drīwlfresser* [Träubel-] OCHS Baden 1, 534. *Lecherstecher* (Warthe) WERZ 41. *Nägelistecher* [Nelken-] (Schweiz) THURNHERR a. a. O. *Naglhöhln* (Österreich) WERZ 45; neben *Ohrenhöhler, Ohrenhöhln* (Sp. 657f.) zu *Nagel* 'Nelke' SCHMELLER Bayer. 1, 1732. Vielleicht hierher auch *Nalwurm* (Vogtland) WERZ 45, das zwar der „Gewährsmann als 'Nagelwurm' definiert", jedoch auf *Nalg* 'Nelke' (GERBET Vogtland 85) zurückgeführt werden kann.

In der wissenschaftlichen Zoologie werden die Ohrwürmer zunächst als Käfer angesehen (s. oben Sp. 634); später werden sie dem Verbande der Geradflügler (*Orthoptera*) zugeordnet und von

OKEN mit den Schaben zu einer „Zunft" unter dem N. *Plattschrecken* vereinigt, da bei beiden der „Leib platt" sei (5, 3 [1836] 1501). Bald danach gelten sie als selbständige Familie und tragen bei einigen den dt. N. *Käfergrillen*, s. KIRCHHOF Conv. Lex. 5 (1842) 110; GRAVENHORST Thierreich (1845) 39.

Gelegentlich werden die N.n anderer Schädlinge auf den Ohrwurm übertragen. *Troadkäfer* [Getreide-] (Österreich) WERZ 143. *Kurnwurm* [Korn-] (Schles.) ebda 41; eigentl. → *Calandra granaria* L. (Sp. 246), aber auch N. für andere Getreideschädlinge. *Melwurm* MITZKA Schles. 2, Karte, eigentl. → *Tenebrio molitor* L. (Sp. 613f.), aber auch N. für 'Engerling' (Sp. 548) und andere Schädlinge an Getreide und Mehlprodukten.

Engerling MITZKA Schles. 2, Karte; (Thüringen) WERZ 23. *Engüerle* [Engöhrlein] SPIESS Henneberg 54. *Engührle* (b. Meiningen) WERZ 23. Weiterbildung von *Engerling* unter Angleichung an *Ohr*? Aber auch *Engöhrlein* kann als Ausgangsform (mit nachfolgender, angleichender Weiterentwickling zu *Engerling*) und — ähnlich *Ohrenzwang* (s. oben) — als eine Art Krankheits-N. (schmerzhafte 'Enge im Ohr') angesehen werden. Doch vgl. auch N.n wie *Ohrangel*, *-angelte* Rhein. Wb. 6, 372. *Ohrangel* BERTHOLD Hess.-Nass. 2, 513. *Ohrengelte* (Ruhr) WERZ 49. Zu *Angel* 'Made', 'Engerling', s. Rhein. Wb. 1, 189 sowie oben Sp. 535. *Broochwurm* [Brach-] (Elsaß) WERZ 18; eigentl. 'Engerling' (Sp. 551). *Uhrpurrick* (Mecklenb.) WERZ 99; vgl. *Ackerpurrick* 'Engerling' (Sp. 549) sowie *Purrick* 'Made, Wurm' (MI Mecklenb.-Vorpomm. 66). *Puttwurm* (Oldenburg) WERZ 37; auch 'Engerling' (Sp. 539); vgl. auch nl. dial. *puttwurm* HEEROMA Taalatlas Oost-Nederland 3, 97.

Ohrnkotte, *Oekodde* (Pommern) WERZ 81. *Eouekaute* (Pommern) ebda 23. *Ohrenkotter*, *-koter* (Ostpreußen) ebda 76. Zu *Kott*, *Kotten*, *Kodden* 'Engerling' (Sp. 544), *Kadde* 'Maiwurm' (Sp. 412), *Landkadden* 'Engerlinge' (Sp. 549), die wahrscheinlich (mit *Quadde* 'Engerling', *Quadder* 'schmutzige Feuchtigkeit, Schleim') an mhd. *quât*, *kât*, *kôt* 'Kot, Dung' anzuschließen sind (dazu vgl. oben Sp. 544). Volksetymologie verbindet dann vorstehende N.n mit nd. *Katt* 'Katze', bzw. *Kater* in *Ohrenkater* (Ostpreußen) WERZ 76. *Ohrkatt* MENSING Schlesw.-Holst. 5, 859. Vgl. nl. dial. *ohr(en)katje* HEEROMA Taalatlas Oost-Nederland 3, 96.

Schmied MITZKA Schles. 2, Karte; eigentl. N. der Schnellkäfer (→ *Elateridae*, Sp. 291). *Drahtwurm* (Schles.), *Drehtwurm* (Ostpreußen) WERZ 19. *Drohtwurm* MITZKA a. a. O. Eigentl. Larve der Schnellkäfer (Sp. 291f.), aber auch N. für verschiedene andere Käferlarven (s. Sp. 192, 364 und 553). *Ūreschmek* [Ohr-] Rhein. Wb. 6, 382; vgl. *Goldschmik* 'Goldschmied' (→ *Cetonia aurata* L., s. oben Sp. 115).

Die Tiere verbergen sich gern unter losen Holzstücken, in Holzritzen u. dgl. Daher *Holzwurm*, *Holtworm* („einzeln verstreut ... im gesamtdeutschen Gebiet") WERZ 30. Vgl. nl. dial. *holtwurm* HEEROMA Taalatlas Oost-Nederland 3, 97. *Holzbock* MITZKA Schles. 2, Karte. *Hultbuck* (Pommern) WERZ 33. Vgl. nl. dial. *hultbuck* HEEROMA a. a. O. *Holtmännken* (b. Dortmund) WERZ 29. Diese N.n gelten sonst für alle jene Insekten, die ihre Entwicklung in (oder an) Holz durchmachen, s. oben Sp. 75ff. und Beiheft 2, S. 10.

Braune Färbung und Lichtscheu teilen die Ohrwürmer mit den Schaben (→ *Blattodea*, Sp. 49ff.); sie übernehmen daher zuweilen deren N.n. *Kakelatsche*, *Katjelatjes* (Hamburg, Cuxhaven) WERZ 36. S. oben *Kakerlak* (Sp. 54). Vgl. nl. dial. *kackeladsche*, *katjelatjes*, verdeutlichend *ohrkakerladje* HEEROMA Taalatlas Oost-Nederland 3, 96f. *Franzose* (Pommern) WERZ 27. Vgl. oben Sp. 56. *Russe* MITZKA Schles. 2, Karte. Vgl. oben Sp. 55. Dazu vielleicht auch *Ohrnruss* (Bayern) WERZ 111.

Lichtscheu verbergen sich unter Holzstücken, unter Steinen, in Ritzen auch die Asseln, deren N.n auf den Ohrwurm übergehen können. *Nassel* Samml. Nat.- u. Med.-Gesch. (Herbst 1721) 493. *Nossel* (Schweiz) FULDA Allg. Id. (1788) 228; Schweiz. Id. 4, 825. Verdeutlichend *Scherenassel* Rhein. Wb. 7, 1057; vgl. *Ohrschere*, *Scherenwurm* u. dgl., s. oben Sp. 669. *Astlkäfa* [Asselkäfer] (Österreich) WERZ 14; vgl. *Astel* 'Assel' SCHMELLER Bayer. 1, 168, UNGER-KHULL Steir. 30. *Kellerwurm* (Ostpreußen) WERZ 37. *Kellerleise* Pl. [-läuse] (Thüringen) ebda 36; neben benachbartem *Ohrlaus*, s. oben Sp. 635. Vielleicht daraus weitergebildet *Kellermeis* Pl. [-mäuse] (östl. Thüringen) ebda 37. Dazu vgl. auch *Ohratzel*, *Ohrassel* usw., s. oben Sp. 666.

Ohr(en)gri, *-grill*, *-grille*, *-grilln* (Bayern) WERZ 62. *Ohrkricksel*, *-gricksel* (Odenwald) ebda 84. *Ouergrigsel* FREILING Hess. Odenwald 78. *Ohrkrixel* (Odenwald, Spessart) Zs. f. Maforsch. 30 (1963/64) 179. Auch *Ohrrixel* ebda. *Ouer-*, *Öarriksl* (Odenwald) Zs. f. dt. Maa. 1 (1909) 349. Zu *Grickse*, *Krikse*, *Grigsel* u. dgl. 'Grille, Heimchen' (anders WERZ a. a. O., die in diesen N.n „eine Lautvariante zu *Ohrkritzl*" [s. oben Sp. 648] sehen will). *Schörk* (Ostpreußen) WERZ 141; vgl. *Schirk*, *Schörke* 'Hausgrille, Heimchen' FRISCHBIER Preuß. 2, 275.

Ohrengeiger, *-gieger*, *-giger*, *-gicker* (Elsaß) WERZ 58. *Ohragiegser* (Elsaß) ebda. Zu *Giger*, N. verschiedener Insekten, die Töne hervorbringen, s. SZADROWSKI Nom. agentis d. Schweizerdt. (1918) 18; vgl. schweiz. *Gigger* 'Grille' und die Angaben zu *Mistgiger*, s. oben Sp. 499. Oder eher zu *giggen* 'stechen' (Schweiz. Id. 2,176), *gixe* in der Bedeutung 'stechen, schneiden' (MARTIN-LIENHART Elsäss. 1,252)?

Ohramese [-ameise] (Ochsenfurt) WERZ 48. *Ohrhamse, Uhramse, -amsel* (Weißenfels, Zeitz) ebda 20, 48 und 67. *Duramsel* (Thüringen) ebda 19. Vgl. thüring. *Durande* (Sp. 667) und thüring.-sächs. *Sēchamsel* 'Ameise'.

Uhrhernsen, -hörnsen [-hornisse] (Thüringen) WERZ 69.

Biswurm, -worm (Pommern, Ostpreußen) WERZ 17; vgl. *Bieswurm* (ahd. *biseuurm*), *Biese, Biesfliege* 'Pferde-, Rinderbremse' (→ *Hypodermatidae*, → *Tabanidae*), zu *biesen* '(vom Rindvieh, das von Bremsen geplagt wird) mit hochgestelltem Schwanz wild hin- und herrennen', s. DWb 2, 3. *Drehwurm* (Pfalz, Oberlahnkreis) WERZ 19; MITZKA Schles. 2, Karte. *Goldfisch* Rhein. Wb. 2, 1298. *Goldwermche* [-würmchen] ebda 1301. *Krenndīer* [-tier] ebda 4, 1522; zu *Krinn, Krinne, Krenn* 'Spinne' ebda. *Maiworm* (untere Ems) WERZ 42; eigentl. → *Meloe* L. (Sp. 409f.), aber auch 'Maikäfer' (Sp. 516) und 'Engerling' (Sp. 551). Vgl. angrenzendes nl. dial. *maiworm* HEEROMA Taalatlas Oost-Nederland 3, 97. *Sprocke* (Ostpreußen) WERZ 138; vgl. *Sprockwürmer* 'Köcherfliegen' (→ *Trichoptera*). *Spulwurm* (Ostpreußen) WERZ 138. *Totenwurm* (Sachsen), *Totenuhr* (Ostpreußen) ebda 142; eigentl. N.n für die Klopfkäfer (→ *Anobiidae*, Sp. 79) und die Bücherläuse (→ *Corrodentia*, Sp. 625 und 627). *Zech* (Rheinland), *Zäche* (Baden) WERZ 145; d. i. eigentl. „Zecke", vgl. oben *Ohrtiek* (Sp. 635). Zur hd. Form s. Rhein. Wb. 9, 730, FISCHER Schwäb. 6, 1075.

Ohrewanza, Ohrenwanzler (b. Mergentheim), *Ohrenwanzele* (Breisgau) WERZ 124; zu *Wanze*, vgl. auch *Ohrenlaus*, s. oben Sp. 635.

Ohregel (1630) lt. DWb 7, 1258; HÖFLER Krankheitsn. (1899) 109; ROSENKRANZ Obere Saale 42; GLÜCK Thüring.-Vogtländ. 58. *Ohrriegel, -riechel, Ohrigel* (östl. Thüringen, Vogtland) WERZ 76. *Ūerichl* (Vogtland) GERBET in: Zs. f. dt. Maa. (1913) 261. *Auerichele, Ahrricheli* (Franken) WERZ 106. *Uhrreichel, Uhraichl* (obere Saale) ebda 104. Wohl zu (*Blut-*)*Egel, Igel*, doch meist (volksetymologisch) als *Ohr-Riegel* aufgefaßt (s. GERBET a. a. O., der die dadurch verdunkelte Form aus *Ohringel* [Sp. 661] entstanden sehen möchte). In einem „Übergangsgebiet die Kreuzungsform" *Dūrichel* GLÜCK a. a. O. 60; aus *Ohregel* und *Dūrande* (s. oben Sp. 667). Hierzu vielleicht auch als Weiterbildung *Ohrenrechen* (Hessen) WERZ 104, das ebda freilich als hd. Form zu *Ohrrakel* (s. oben Sp. 666f.) angesehen wird.

Blootsuger [Blutsauger] (Schlesw.-Holst.) WERZ 18. Vgl. nl. dial. *bloedzoeger, -zuiger, bloodzuger* HEEROMA Taalatlas Oost-Nederland 3, 97, nl. *oorzuiper* Nl. Wb. 11, 201. *Ohrnzuzla* (Bayern) WERZ 135; vgl. *zuzeln* 'saugen' SCHMELLER Bayer. 2, 1168. *Ōraikske* [-eidechse] HERTEL Thüringen 176.

Rächewurm (Hessen), *Renworm* [Regen-] (Sudeten) WERZ 137. *Ohrenpering, -pereng* (Rheinland) ebda 98. *Ūore-, Ūrpereng, -pireng, -pirm, -permel, Ūerereng, Ūreperker* Rhein. Wb. 6, 378. *Uhrepenn* (Rheinland) WERZ 98. *Pieräser* Pl. (Niederbarnim) ebda 136. Vgl. *Pier, Pering, -eng, Perk, Perm* 'Regenwurm' Rhein. Wb. 6, 826f., *Pier, Piermade, Pierās* 'Regenwurm', dazu besonders TEUCHERT Sprachreste (1944) 363ff. *Tauwürm* (Bayern), *Dauwörm* (Bentheim) WERZ 18; verschiedentlich gilt *Tauwurm* für Insekten und deren Larven (vgl. oben Sp. 219 und 365), aber auch für 'Regenwurm'. Vgl. nl. dial. *dauwpier* HEEROMA Taalatlas Oost-Nederland 3, 97.

Pätzgäul (Unterfranken) WERZ 136; zu *pfetzen, pätzen* 'zwicken, kneipen' (vgl. *Ohrpetzer* u. dgl., s. oben Sp. 652), eigentl. N. des mit Geweihzangen bewehrten Hirschkäfers (→ *Lucanus cervus* L., Sp. 383). *Uhrngaul* [Ohren-] (Unterfranken) WERZ 58. *Uhrepähd* [-pferd?] (Rheinland) ebda 98. *Uhrehengst* Rhein. Wb. 6, 375; neben *Hengst* 'Hirschkäfer' (s. oben Sp. 387), 'Mistkäfer' (s. oben Sp. 465).

Mutwurm (Schles.) WERZ 45; eigentl. wohl 'Maulwurf', vgl. *Muttwurf* MITZKA Schles. 2, 911, zu *Muld, Mold* 'Staub, Erde'. Dazu auch *Modjwurm* (Österreich) WERZ 44.

Mötfreäter (Rheinland) WERZ 44; vielleicht zu *Mudd, Mott* 'Schlamm, Schmutz' Rhein. Wb. 5, 1339. Vgl. auch nl. dial. *mötfreäter* HEEROMA Taalatlas Oost-Nederland 3, 96. Davon volksetymologisch weitergebildet *Mittfresser* (Saar) WERZ 44; doch kann dieser N. auch als selbständige Form angesehen werden („weil er Obst nascht" WERZ). *Mittasser* (Elsaß, Westfalen), *Miedesser* (Franken), *Miteter* (Emsland) ebda. Daran anknüpfend zur Verdeutlichung *Ohresser* (Elsaß) ebda 56. Von den vorstehenden N.n vielleicht beeinflußt *Zehr-, Zerwurm* (b. Koblenz) WERZ 145; d. i. eigentl. 'Mitesser im Gesicht', s. Rhein. Wb. 9, 737. (Mitesser in der Haut gelten im Volksglauben als schädliche Würmer, s. Hwb. Abgl. 6, 397 und Beiheft 1, S. 15.)

12. Sonstige Namen. *Uhrmaus* (südl. Thüringen) WERZ 92. *Ohrmäuslein* SCHWARZ Sudetendt. Wortatlas 3, 31. *Ohrmeisle* MITZKA Schles. 2, Karte. *Ūermäusle* SPIESS Henneberg 177. *Ohr-, Öhr-, Uhrmäusle, -la, Ohrmäuslich* (südl. Thüringen) WERZ 93. *Mäuseöhr* MITZKA a. a. O. *Moiseörla* ebda. *Moüsöörle* (Meiningen) Zs. f. hd. Maa. 3 (1902) 117. *Moisērla* SCHWARZ a. a. O. *Mäuserla* (südl. Thüringen) WERZ 43. *Mäusührl* ebda. *Meusürdel, Mäuseührdl* MITZKA a. a. O. *Moisirl* SCHWARZ a. a. O. *Moisirl, -ierl, Mausierle* MITZKA a. a. O. *Maisirchl* ebda. *Moisöhrlich* (Unterfranken), *Mäusührlich* (südl. Thüringen) WERZ 43.

Hasenöhrl MITZKA Schles. 2, Karte. *Hosaöhrla* KNOTHE Nordböhmen 287. *Hos-, Hosn-*

öhrla MITZKA a. a. O. *Hōsn-*, *Hōsaērla*, *Hoserla* SCHWARZ Sudetendt. Wortatlas 3, 31. *Hosn-*, *Hosa-*, *Hosehrla*, *-ährla* MITZKA a. a. O. *Housa-aerlan*, *Hosnärdl* ebda. *Hosuhrla* ebda. *Hoasel-ährla* ebda. *Hoslerla* SCHWARZ a. a. O. *Hosa-hürla*, *Housahiehrla* MITZKA a. a. O. *Hosa-härla* KNOTHE a. a. O.

Hosnzwicker [Hasen-] (Bayern) WERZ 32. *Hosen-*, *Houseklemmer* (b. Heidelberg) ebda. Vgl. oben *Ohrenzwicker*, *-klemmer* u. dgl.

Hundsöhrlein SCHWARZ Sudetendt. Wortatlas 3, 31. *Hundsöhrla*, *Honts-*, *Hunsehrla*, *Honts-irla* MITZKA Schles. 2, Karte. *Hundskranket* [-krankheit?] (südl. Thüringen) WERZ 33. *Honds-riesla* MITZKA a. a. O. Als „Hundsröslein" aufzufassen, da die Tiere zuweilen in Blüten angetroffen werden? Wenig wahrscheinlich ist die Deutung des Grundworts als *Riessl* 'Rüssel' (WERZ 30).

Katzeöhre (südl. Thüringen) WERZ 36; ein unmittelbarer Einfluß durch nd. *Ohrkatt* (s. oben Sp. 673), wie ihn WERZ a. a. O. vermutet, ist unwahrscheinlich. *Homlsirla* (Altvatergeb.) WERZ 30; ebda als „Hummelsöhrlein", dagegen von SCHWARZ Sudetendt. Wortatlas 3, 31 als „Hammelsöhrlein" erklärt.

Ournluser (Bayern) WERZ 92; zu *Loser*, *Luser* 'das Ohr vom Wilde, im Scherz auch vom Menschen', von *losen* 'horchen', s. SCHMELLER Bayer. 1, 1515; vgl. *Luserkriecher*, s. oben Sp. 641.

Da sich der Ohrwurm oft unter Steinen verbirgt, wird der N. *Ohrhöhler* (s. oben Sp. 657) weitergebildet zu *Stoanhöln*, *Stoahöln*, *-hölla*, *-hön* [Stein-] (Steiermark) WERZ 138.

Den Bildungen *Ohrring*, *Ohrringel* u. dgl. (s. oben Sp. 661) folgen N.n wie *Ohrhenger* (Bayern) WERZ 69. *Öarenklunker* SIEBS Helgoland 259; vgl. *klunkern* 'baumeln' MENSING Schlesw.-Holst. 3, 186, *Ohrklunker* 'Ohrgehänge, -ring' ebda 832. *Ohrklenkerli* (b. Mannheim) WERZ 79; vgl. *klankle* 'baumeln', *Klänker* 'Ohrgehänge' FISCHER Schwäb. 4, 445f. Vielleicht hierher auch *Ore-klangler* (Elsaß) WERZ 78, wenn nicht besser zu verstehen als 'einer, der das Ohr zum Klingen bringt', vgl. *Ohrensausen* u. ähnliche Bildungen, s. oben Sp. 672. Hierher auch *Ūreklink* Rhein. Wb. 6, 376?

Ohrtriekel (b. Elberfeld), *Ohrtrackelte*, *Ohr-tirkel* (Westfalen) WERZ 123. Vgl. nl. dial. *ohr-triekel*, *-treckelte* HEEROMA Taalatlas Oost-Nederland 3, 96. Herkunft unsicher; WERZ verweist auf *Trija-kel* 'Vagabund' WOESTE Westfalen 274, doch sind wohl besser Vbb. heranzuziehen wie *triken* 'schlüpfen' (Rhein. Wb. 8, 1363), *turkeln*, *törkeln*, *tirkeln* 'taumelnd, unsicher, stolpernd gehen', *sich t.* 'sich im hastigen Lauf überschlagen' (ebda 1485).

Ohrbeckel (Ostpreußen) WERZ 51; zu *Backel* 'Käfer', s. oben Sp. 71; vgl. auch *Backelkäfer* Sp. 634. *Ohrklatje* (Hadeln) WERZ 78; vgl. *klatern* 'klappern, rasseln' STÜRENBURG Ostfries. 109. Oder eher geringschätzig zu *Klatje* 'Fetzchen, Stückchen' (DOORNKAAT KOOLMAN Ostfries. 2, 241)? Vgl. auch nl. dial. *ohrklatje* HEEROMA Taalatlas Oost-Nederland 3, 96. *Ohrklätzer* Rhein. Wb. 6, 376. *Ohrkluck*, *-kluk* (Schlesw.-Holst.) WERZ 79. Zu *klukken* 'kluck machen', daher auch 'klopfen, schlagen, hämmern' (DOORNKAAT KOOLMAN Ostfries. 2, 285)? *Uhrmeicher* (b. Köln) WERZ 93. *Schomeiche* (b. Bonn) ebda 141. WERZ verweist, wenig überzeugend, auf *meichen* 'wehleidig klagen, weinen' (Rhein. Wb. 5, 1037). Ist diminuiertes *Mäu* 'Klicker' (5, 955) zu erwägen? *Ohrpringel* Rhein. Wb. 6, 378. *Ohraschloader* (Schwaben) WERZ 117; vgl. ähnliches *Hoara-schloader* 'Hirschkäfer' (s. oben Sp. 381), dem der vorstehende N. nachgebildet sein kann. *Ohr-schnuter* (Uckermark) WERZ 121; neben *Ohren-schluter* (s. oben Sp. 655) im gleichen Gebiet, Weiterbildung in Anlehnung an *Schnut*, *Snūt* 'Schnauze'. *Oantipla* SCHWARZ Sudetendt. Wortatlas 3, 31; „wird als *-tübler* zu verhochdeutschen sein (mhd. *tübel* 'Dübel, Stößer')". *Ohrwachs* (Lausitz) WERZ 123. Eigentl. 'Ohrenschmalz', s. MITZKA Schles. 2, 949.

An Personen-N.n sind angeschlossen *Uhrhänsel* (Hessen) WERZ 67. *Heinzatier*, *Hänzadiere* (Schwaben) ebda 29. *Tommes-im-Oare* [Thomas im Ohr] (b. Iserlohn) FROMMANN Dt. Maa. 3, 263.

Fitslērö [Fitzelöhrl], *Wizelēere* („wohl in der Bedeutung Reißöhrl") SCHWARZ Sudetendt. Wortatlas 3, 31; doch auch das Vb. *witschen* 'sich rasch, eilig bewegen, huschen' (SCHMELLER Bayer. 2, 1058) steht nahe. *Gacköhrle* (Franken) WERZ 28. *Hüttenkrücher* Rhein. Wb. 3, 1049; ebda auch 'Stubenhocker'. *Königkäwer* (Anhalt) WERZ 81. *Läidl* n. SCHWARZ Sudetendt. Wortatlas 3, 32. Dazu auch *Lerdl* n., *Lerdja* n. STRICHHIRTSCH Sudeten 376. Aus dem Slawischen? Oder „sollte hier an eine unrichtige Abtrennung von *Fitze-löhrlein* [s. oben] (mit *d*-Einschub zwischen *r* und *l*) zu denken sein?" (SCHWARZ a. a. O.). *Meros* (b. Frankfurt/M.) WERZ 44. *Ouzlkēfr* SCHATZ Tirol 464. *Pitsch*, *Peitsch* (Ostpreußen) WERZ 136; als „Peitsche" aufgefaßt, „gedacht ist an das Hin- und Herpendeln der Zangen ... bei seinem eiligen Laufen" [?]. *Raude* (Unterfranken) WERZ 137. *Rewe* (Siegerland) ebda 137. An *rippen* 'sich rühren, mucksen' (Rhein. Wb. 7, 453), *ribln* 'an etwas herumstochern, herumbohren' (HEINZERLING-REUTER Siegerland 214) anzuschließen? *Schipke* MITZKA Schles. 2, Karte; eigentl. 'Hagebutte' ebda 3, 1196. *Schlaggohrn* (Odenwald) WERZ 140. Sinnlose Übernahme von *Schlackohr* 'herabhängendes, abstehendes Ohr' (FISCHER Schwäb. 5, 864)? *Thedel* MITZKA Schles. 2, Karte. *Hubaleal*, *Lürikä*, *Schiglitze* („unklar") SCHWARZ Sudetendt. Wortatlas 3, 32.

Meidlfrasser [Mädel-] (Elsaß) Werz 44. *Dokter* Mitzka Schles. 2, Karte. Beide N.n gelten auch für die schlanken und beweglichen → *Cantharidae* (s. oben Sp. 104).

Huschak Schwarz Sudetendt. Wortatlas 3, 32; entlehnt aus tschech. *ušák* (dial. *hušák*) 'Ohrwurm' (s. Kott 4, 455), vgl. auch tschech. *úško* 'Öhrchen' (Kott 4, 458). Dazu vielleicht auch *Mauschuk* Mitzka Schles. 2, 859. Durch „Umdeutung im Kindermund" weitergebildet zu *Mausschuh* Schwarz 3, 31. *Huschnick, Wuschnick* (Pommern) Werz 33 und 144; vgl. gemeinpomoran. *u̯ušńik* 'Ohrwurm' Lorentz Slovinz. Wb. 1376.

Eine Reihe von Bildungen sind deutlich von Abneigung und Widerwillen gegen den Ohrwurm begleitet. *Ohraap* [-affe] (Emsland) Werz 48. Vgl. nl. dial. *ohraap* Heeroma Taalatlas Oost-Nederland 3, 96. *Ohrenbengel* Berthold Hess.-Nass. 2, 513; (Westerwald) Werz 51. *Ūrebengel* Rhein. Wb. 6, 373. Zu *Bengel* 'Prügel, Knüttel; flegelhafter Mensch' ebda 1, 613. *Ūrefister* Rhein. Wb. 6, 374; zu *feisten, fisten* 'leise furzen' ebda 2, 372. *Ūreknökel* ebda 4, 1021; zu *Knüchel, Knökel* 'starkknochiger, plumper, ungefälliger Mensch' ebda. *Ūreschek* Rhein. Wb. 6, 380; ebda zu *Scheit, Schek* 'Stück Holz', auch verächtlich 'liederliches Weib', 'magere Kuh' (7, 1025) gestellt. Oder ist eher an rhein. *schäcken* 'weit ausgreifend schreiten', *schäkern* 'schnell gehen' (7, 837) zu denken? *Ohrschwengel* Rhein. Wb. 6, 382.

Alderwurm [„alter W."?] (Braunschweig) Werz 10. *Knecht* (Ostpreußen) ebda 37. *Mops* (Hessen) ebda 45. Vgl. *Mops* 'dickes kleines Kind', 'kleine verkümmerte Frucht' Berthold Hess.-Nass. 2, 365. Doch begegnet *Mops* auch als Entstellung von *Mumps* (Berthold a. a. O.), d. i. 'Ziegenpeter' (Erkrankung und Schwellung der Ohrspeicheldrüse), so daß der N. sich dann den Krankheitsbezeichnungen anschließen würde (s. oben 9). *Schraköfa* [-käfer] (Kärnten) Werz 142; ebda an *schrah, schroh* 'mager, dürr, garstig, häßlich' (Schmeller Bayer. 2, 600) angeschlossen, doch könnte auch *Schrattelkäfer* u. dgl. (vgl. oben Sp. 80 und 502) zugrundeliegen.

Hornteufel [wohl < Ohren-] Jutz Vorarlberg 1, 1446. *Teifel sei Muota* [Teufel seine Mutter] Strichhirtsch Sudeten 376.

Familie **Forficúlidae**

Glänzendbraun, mit helleren Beinen. Fühler 12 bis 15 gliedrig. Halsschild quadratisch oder quer. Flügel teils voll ausgebildet, teils fehlend. Die Nahrung besteht vorwiegend aus pflanzlicher Kost (Flechten, Blüten, Blättern, Früchten u. a.), aber auch aus toten sowie lebenden kleinen oder geschwächten Insekten und Spinnen. Die Hinterleibsanhänge („Zangen") werden bei der Nahrungsaufnahme nicht benutzt (im Gegensatz zu den Arten der → *Labiduridae*). Die Forficuliden sind in allen Regionen verbreitet; zu ihnen zählt → *Forficula auricularia* L., die weitaus häufigste deutsche Art.

In der dt. zoologischen Fachsprache gelten die aus der Volkssprache übernommenen N.n. *Ohrwürmer* Linné-Müller 5, 1 (1774) 396; Oken 5, 3 (1836) 1501; v. Kéler Entomol. Wb. (1956) 206. Vgl. oben Sp. 632f. *Oehrlinge* Oken a. a. O.; Brehm-Rossmässler Thiere d. Waldes 2 (1867) 371. Vgl. oben Sp. 660. *Ohrenkriecher* Schlechtendal-Wünsche Insecten (1879) 594; Brehm-Rammner 1 (1955) 227. Vgl. oben Sp. 640f.

Gemäß der anfänglichen Zuordnung der Tiere zu den Käfern (*Coleoptera*) bildet die Fachsprache *Ohrkäfer* Schrank Enumeratio (1781) 239; Schinz-Cuvier Thierreich 3 (1823) 538. Vgl. oben Sp. 634. *Zangenkäfer*, s. oben Sp. 668. Danach mit bewußter Vermeidung des Wortes *-käfer*: *Zangenafter*, s. oben Sp. 668.

Anechúra bipunctáta (Fabricius 1781). — Dunkelbraun. Flügeldecken mit je 1 hellen Fleck in der Mitte. An trockenen, sonnigen Orten. In Deutschland (Thüringen, Sachsen, bis zur Oder) sehr selten. Zoolog. N. *Anechūra* Scudder 1876, zu griech. ἀνέχω 'halte empor' und griech. οὐρά 'Schwanz'; *bipūnctāta* zu lat. *bi-* Kompositionsform von lat. *bis* 'zweimal, doppelt' und neulat. *pūnctātus* 'punktiert' („elytris macula alba").

Zweipunktiger Ohrwurm Thon-Reichenbach Naturgesch. Ins. (1838) 250. *Zweipunkt-Ohrwurm* Harz Geradflügler (1957) 455. *Gefleckter Ohrwurm* Schlechtendal-Wünsche Insecten (1879) 594.

Chelidurélla acanthopýgia (Géné 1832). — Hell rötlichgelbbraun. Flügellos; Flügeldecken verkümmert, mit dem Rücken verwachsen. In Wäldern; im Frühjahr unter Laub und Steinen, später auch Sträuchern und Gebüsch. Zoolog. N. *Chēlidūrella* Verhoeff 1902, diminutive Weiterbildung von *Chēlidūra* Berthold 1827 (nach frz. *Chélidoure* Latreille 1826), zu griech. χηλή 'Gegabeltes, Zweispaltiges' und griech. οὐρά 'Schwanz'; *acanthopȳgia* zu griech. ἄκανθα 'Dorn, Stachel' und griech. πύγιον, Dimin. zu πυγή 'Hinterteil, Steiß' (Subanalplatte des Männchens dornenartig nach oben gebogen).

Hauptsächlich in Wäldern. *Waldohrwurm* Brehm 2 ([4]1922) 104; Brauns Waldins. (1964) 33. *Glattzangiger Ohrwurm* („Zange ... ungezähnt") Schlechtendal-Wünsche Insecten (1879) 594.

Forfícula auriculária Linné 1758

Glänzend dunkelbraun, mit helleren Beinen. 9 bis 16 mm. Flügel gut entwickelt, doch wird nur selten vom Flugvermögen Gebrauch gemacht. Zangen leicht gekrümmt, hinten geschlossen, am Innenrand fein gekerbt. Kosmopolit, Kulturfolger; die weitaus häufigste Art in Deutschland. Die Nahrung besteht aus Blütenblättern, Staubgefäßen, Blättern, reifem Obst, aus Blattläusen, Insektenlarven, auch aus geschwächten Insekten. Vorwiegend Dämmerungs- und Nachttiere; tagsüber in Verstecken (unter Baumrinde, Holz, Steinen u. dgl.).

Zoolog. N. *Forficula* LINNÉ 1758, lat. *forficula* 'kleine Schere' (Dimin. von lat. *forfex* 'Schere', bereits bei PLINIUS 11, 97 als Lesart [neben *forceps* 'Zange'] für die geweihähnlich ausgebildeten Mandibeln der Hirschkäfer, s. oben Sp. 375), als N. des Ohrwurms schon bei MOUFETUS Ins. Theatr. (1634) 171 (s. oben Sp. 631); lat. *auriculārius* 'zu den Ohren gehörig', *auriculāria* als N. des Ohrwurms ebenfalls bei MOUFETUS a. a. O. („cauda duobus unguibus arcuatis, apice conniventibus, corneis forcipata" LINNÉ Fauna Svec. [²1761] 234).

Grosser Ohrwurm LINNÉ-MÜLLER 5, 1 (1774) 396; „groß" im Gegensatz zu dem damals als einzige weitere Art bekannten „Kleinen Ohrwurm" (→ *Labia minor* L.); SCHMIEDLEIN Insectenlehre (1786) 253; LENZ Naturgesch. 3 (1836) 277.

Gemeiner Ohrwurm BRAHM Insektenkal. 1 (1790) 127; LEUNIS (1844) 310; BREHM 6 (¹1869) 497; BRAUNS Waldins. (1964) 33. *Gemeiner Oehrling* OKEN 5, 3 (1836) 1502. Vgl. bereits *Auricularia vulgaris* MOUFETUS Ins. Theatr. (1634) 171. *Europäischer Ohrwurm* ZACHER Vorratsschädl. (1927) 40. Vgl. engl. *Common European Earwig* BUSVINE Insects 422.

Oft abgekürzt *Oehrling* SCHMIEDLEIN Insectenlehre (1786) 254; THON-REICHENBACH Naturgesch. Ins. (1838) 249. *Ohrwurm* BOUCHÉ Garten-Ins. (1833) 34; LOHRENZ Garten u. Feld (1905) 68; AMANN Kerfe d. Waldes (1941) 44. *Ohrenkriecher* SCHMIDT-GÖBEL Ins. 3 (1881) 41.

In der Auffassung der Ohrwürmer als Käfer (vgl. oben Sp. 634 und 668) *Gemeiner Ohrkäfer* SCHRANK Enumeratio (1781) 239; PANZER Syst. Nomencl. (1804) 138. *Grösserer Zangenkäfer* LESKE Anfangsgr. 1 (1779) 436. *Ohrenzangenkäfer* MEIDINGER Nomenkl. (1787) 143. *Gemeiner Klammerkäfer* BEHLEN Forst- u. Jagdkde 3 (1842) 217.

Familie **Labidúridae.** — Teils geflügelte, teils ungeflügelte Arten mit schwach gekrümmten (Männchen) oder fast geraden Zangen (Weibchen), die sehr beweglich sind und zum Ergreifen kleinerer Beutetiere (Insektenlarven, Asseln, Spinnen) benutzt werden. Überall verbreitet, doch oft nur in kleinen, begrenzten Gebieten.

Anisólabis marítima (BONELLI 1832). — Glänzend braun, Fühler und Beine gelblich. Ohne Flügel und Flügeldecken. In den wärmeren Gebieten der Erde am Meeresufer, unter Tang und Steinen; dabei häufig vom Meerwasser ohne Schaden überspült. Besitzt wahrscheinlich sogar Schwimmvermögen. Zoolog. N. *Anisolabis* FIEBER 1953, zu griech. ἄνισος 'ungleich' und griech. λαβίς 'Griff, Zange, Pinzette' (die rechte Zange des Männchens stärker als die linke gebogen); lat. *maritimus* 'zum Meere, zur See gehörig'.

Meerstrand-Ohrwurm HARZ Geradflügler (1957) 449. *Strandohrwurm* BEIER Ohrwürmer (1959) 27. *Küstenohrwurm* KLOTS-FORSTER Insekten (1959) 51.

Labidúra ripária (PALLAS 1773). — Gelblich mit dunkelbraunen Zeichnungen. Flügeldecken und Flügel vorhanden. Zangen des Männchens schwach gekrümmt, des Weibchens fast gerade. Besonders auf feuchten Sandböden, an Küsten und sandigen Ufern, wo er im Sande Röhren anlegt. Die Nahrung besteht vorwiegend aus tierischen Stoffen (besonders aus toten oder geschwächten lebenden Insekten). Kosmopolit, doch vornehmlich in den wärmeren Gebieten. Zoolog. N. *Labidūra* LEACH 1815, zu griech. λαβίς, Gen. λαβίδος 'Griff, Zange, Pinzette' und griech. οὐρά 'Schwanz'; lat. *rīpārius* 'am Ufer befindlich' („in ripis arenosis").

Strandöhrling GOEZE Entomol. Beytr. 1 (1777) 735. *Uferohrwurm* Schauplatz 6 (1778) 234; BREHM 2 (⁴1922) 104. *Uferzangenkäfer* MEIDINGER Nomenkl. (1787) 143. *Sandohrwurm* BROHMER Fauna (⁶1949) 166; STRESEMANN Exkursionsfauna (1964) 2, 1, 91.

Familie **Labíidae**

Fadenförmige, 10 bis 12gliedrige Fühler. Flugorgane vollkommen entwickelt. In Deutschland nur eine heimische Art.

Lábia mínor (LINNÉ 1758)

Mattbraun; Körper fein behaart, daher gelblich schimmernd; Kopf dunkelbraun bis schwarz, Fühler braun mit heller Spitze. 4 bis 6 mm, also höchstens halb so lang wie → *Forficula auricularia* L. Auf Ebenen, auf Gebüsch, in Wäldern, in Ortschaften an Mist- und Komposthaufen, an warmen Tagen oft fliegend anzutreffen. Wärmeliebend. Nahrung besteht aus tierischen und pflanzlichen Stoffen. In ganz Europa.

Zoolog. N. *Labia* LEACH 1815, zu griech. λαβή 'Griff, Henkel, Handhabe', Dimin. λάβιον; lat. *minor*, Komparativ von *parvus* 'klein' („dimidio minor est haec species" [d. h. kleiner als → *Forficula auricularia* L.] LINNÉ Fauna Svec. [²1761] 234).

Kleiner Ohrwurm („ist nur halb so lang als der große") LINNÉ-MÜLLER 5, 1 (1774) 398; LENZ Naturgesch. 3 (1836) 277; BREHM 6 (¹1869) 498; STRESEMANN Exkursionsfauna 2, 1 (1964) 91. *Klengen Oureschlöffer* [kleiner O.] Wb. d. luxemb. Ma. 324; zur Form vgl. oben Sp. 645. *Zwergohrwurm* („die kleinste deutsche Ohrwurmform") BREHM 2 (⁴1922) 107; BEIER Ohrwürmer (1959) 27.

Kleinerer Ohrkäfer SCHRANK Enumeratio (1781) 239. *Kleiner Ohrenkäfer* PANZER Syst. Nomencl. (1804) 59. *Kleinerer Zangenkäfer* LESKE Anfangsgr. 1 (1779) 436. *Kleiner Zangenträger* HARZ Geradflügler (1957) 453.

Ordnung Diplúra (BÖRNER 1904) — Doppelschwänze

Kleine bis mittelgroße (2 bis 40 mm), langgestreckte, weißliche Ur-Insekten (→ *Apterygota*, Sp. 617). Augen- und flügellos. Sie besitzen lange, vielgliedrige Fühler und am letzten Hinterleibssegment gegliederte oder zangenartige Cerci.

Zoolog. N. *Diplūra* zu griech. διπλόος 'zweifach, doppelt' und griech. οὐρά 'Schwanz' (mit zwei schwanzähnlichen Hinterleibsanhängen).

Dipluren sind feuchtliebende, lichtscheue Tiere. Sie leben in feuchter Umgebung, im Boden, in Höhlen, unter Moos, Steinen und Laub, im Mulm morscher Bäume, unter der Rinde und ernähren sich von pflanzlichen Abfallstoffen, von Pilzmycelien oder von kleinen Insekten. Die meisten bekannten Arten (ca. 500) sind in warmen, tropischen und subtropischen Gebieten beheimatet. In Deutschland sind nur wenige Arten (ca. 10) in Wald- und Ackerböden beobachtet worden.

Doppelschwänze BREHM 2 ([4]1922) 45; PALISSA in: Tierwelt Mitteleuropas 4, 1a (1964) 324; Übersetzung des zoolog. N.s.

Ordnung Díptera (LINNÉ 1758) — Zweiflügler

Sehr kleine bis mittelgroße (etwa von 1 mm bis 55 mm), mit einem teils glashellen, teils getrübten, geäderten Flügelpaar versehene, selten flügellose Insekten. Das Hinterflügelpaar ist bei Dipteren zu sog. Schwingkölbchen (Halteren) umgewandelt, bestehend aus einem mehr oder weniger langen Stiel mit einer keulenförmigen Verdickung am Ende. (Sie werden während des Fluges mit den Vorderflügeln bewegt und dienen als Stimulations-, Gleichgewichts- und Orientierungsorgane.) Der Kopf ist nur durch eine dünne, halsartige Verbindung mit dem Prothorax artikuliert und darum frei beweglich. Die Mundteile sind entweder stechend- oder leckend-saugend. Der Rumpf ist meistens nicht sehr stark gepanzert, in der Färbung gelblich oder grünlich bis bräunlich oder schwarz. Der Hinterleib ist oft von Querbinden gezeichnet. Die Dipteren sind über die ganze Erde verbreitet. Imagines leben teils von Pflanzensäften, teils als Räuber oder Blutsauger.

Zoolog. N. *Diptera* ['Zweiflügler'], griech. δίπτερα (ARISTOTELES Hist. Anim. 1, 29) zu griech. δίπτερος 'zweiflügelig'. Danach von LINNÉ zur Bezeichnung der Ordnung (zuerst [6]1748) übernommen („alae duae").

Der Gestalt nach sind die Dipteren entweder „Fliegen" mit gedrungenem, behaartem Körper und mäßig langen Beinen (Unterordnung *Brachycera*) oder schlanke und langbeinige „Mücken" (Unterordnung *Nematocera*).

Die Verwandlung ist vollkommen, mit ruhender Puppe. Zwischen Larve und Imago bestehen extreme morphologische Gegensätze, auch die Lebensweisen sind meistens verschieden. Die Larven (Maden) sind fußlos und besitzen zangenartig beißende Mundteile. Sie leben nur selten auf dem Trokkenen, weitaus häufiger in der Erde, in faulender pflanzlicher oder tierischer Substanz, oft parasitisch in lebenden pflanzlichen oder tierischen Körpern, einige im Feuchten oder auch frei im Wasser. Die Verpuppung findet entweder nach dem Abstreifen der letzten Larvenhaut statt (freie Puppe) oder vollzieht sich innerhalb der erhärteten letzten Larvenhaut (Tönnchenpuppe).

Alte N.n. ARISTOTELES bezeichnet mit dem N. δίπτερα blutlose Flugtiere, die von geringer Größe sind oder vorne einen Stachel haben (δίπτερα δὲ ὅσα ἢ μέγεθος μὴ ἔχει ἢ ἐμπροσθόκεντρά ἐστιν Hist. Anim. 1, 29). Als stechende Zweiflügler zählt er auf: μυῖα [hier also 'Stechfliege'] καὶ μύωψ καὶ οἶστρος καὶ ἐμπίς. Entsprechend kennt auch PLINIUS zweiflüglige Insekten, führt aber als Beispiel zunächst nur *muscae* an: „insectorum autem quaedam binas gerunt pinnas, ut *muscae*" (Nat. Hist. 11, 96). Doch werden bald darauf Insekten genannt, die „den Stachel im Munde" haben und der Aufzählung des ARISTOTELES (s. oben) folgen: „reliquorum quibusdam aculeus in ore, ut *asilo*, sive *tabanum* dici placet, item *culici* et quibusdam *muscis*" (11, 100).

Lat. *musca* 'Fliege', d. i. vornehmlich 'Stubenfliege', aber auch 'Stechfliege, Bremse' (vgl. Thes. Ling. Lat. 8, 1695), lat. *culex* 'Mücke', bes. 'Stechmücke'. Doch ist eine genaue Trennung im Sinne der modernen Zoologie in *musca* 'Fliege' (→ *Brachycera*) und *culex* 'Mücke' (→ *Nematocera*) nicht überall möglich, so daß *musca* zuweilen auch als zusammenfassender Begriff Fliegen und Mücken gemeinsam bezeichnen und als 'Zweiflügler' verstanden werden kann. Ähnlich ist unter lat. *culex* (griech. ἐμπίς f. und κώνωψ m.) manchmal auch 'Stechmücke' und 'Stechfliege' zu verstehen, „zumal ja eine stechende Fliege ... eine ähnliche Plage ist" (STEIER in: PAULY-WISSOWA Realencycl. 16, 1 [1933] 450). — Daneben werden noch andere kleine, fliegende Insekten unter dem N. *culex* erwähnt, z. B. Gallwespen (Ordnung → *Hymenoptera* 'Hautflügler'; vgl. PLINIUS 16, 29 sowie 11, 118 und 15, 80) und Blattläuse (Ordnung → *Homoptera* 'Gleichflügler', 'Pflanzensauger'; vgl. PLINIUS 13, 54 und 13, 67).

Unscharf bleiben die Begriffe *musca* und *culex* auch im mlat. und neulat. Sprachgebrauch. *musca* gilt für 'Fliege, Stechfliege, Bremse', als *musca minutissima* oder *parvula* (in Verbindung mit *cinifes*, s. unten) auch für 'Stechmücke', vgl. (9. Jh.) HRABANUS MAURUS De Universo, Migne PL 111, 258, (13. Jh.) ALBERTUS MAGNUS De Anim. 26, 12 und 19. Aber auch Wespen, Hornissen werden gelegentlich zum Geschlecht der *muscae* gerechnet, vgl. z. B. „*vespa est musca*“ Voc. ex quo (Eltville 1477) X4a. Dagegen bezeichnet *culex* neben 'Stechmücke' öfter die 'Stechfliege', so wahrscheinlich bei HRABANUS a. a. O., sicher bei ALBERTUS 26, 13 (vgl. BALSS in: Sudhoffs Arch. 38 [1954] 311), zuweilen sogar jedes kleinere geflügelte Insekt: „*culex*, schnack; item ein jeder wurm mit flüglen“ GOLIUS Onomasticon (1579) 303 (vgl. oben Sp. 4).

Von den neueren Zoologen nimmt (16. Jh.) ALDROVANDI den aristotelischen Begriff der Zweiflügligkeit unter der Bezeichnung *de anelytris bipennibus* wieder auf und unterscheidet zwischen *muscae* und *culices* etwa im Sinne der modernen Zoologie (obwohl er unter ihnen auch einige Hymenopteren und Ephemeriden anführt; vgl. BODENHEIMER Gesch. d. Entomol. 1 [1928] 263f.). Sehr weit faßt dagegen MOUFETUS Ins. Theatr. (1634) 54ff. den Begriff *muscae*, denen er nicht nur Fliegen und Schnaken, sondern auch Eintagsfliegen, Netzflügler, Schlupfwespen, Libellen (also auch vierflügelige Insekten) zurechnet. Auch *culices* (das sind hier Mücken, einige Blattläuse und Essigfliegen) „sind eigentlich Fliegen“ (*culex muscarum species videtur* 80). JOHNSTON Hist. Nat. Ins. (1657) 45 stellt die von ALDROVANDI (nach ARISTOTELES, s. oben) herausgearbeitete Gruppe der Zweiflügeligen unter dem N. *de anelytris bipennibus* wieder her. Daneben aber vertritt nun auch der N. *musca* den Begriff der Zweiflügler, und mit den Fliegen werden ausdrücklich die Viehbremsen und die Mücken zum *genus muscarum* gerechnet (vgl. FRANZIUS Anim. Hist. [1643] 562ff.). LINNÉ faßt daher die Zweiflügler zunächst unter dem N. *Musca* (1735) zusammen, den er freilich später (^{6}1748) durch das alte, aristotelische *Diptera* ersetzt.

Griech. σκνῖφες (v. l. σκνῖπες) Septuaginta Ex. 8, 12ff.; Jes. 51, 6; Ps. 104, 31; lat. *scinifes, sciniphes, cinifes* Vulgata Ex. 8, 16ff.; Ps. 104, 31, die dritte der ägyptischen Plagen. Bei ARISTOTELES werden σκνῖπες als Nahrung des Spechtes angeführt (Hist. Anim. 8, 43 und 9, 67), bezeichnen also „Holzwürmer“, d. h. Insekten, die im Holze oder unter Baumrinde leben oder dort ihre Entwicklung durchmachen. „Holzfressende Tiere“ (ζῳΰφια τῶν ξυλοφάγων) werden κνῖπες auch bei HESYCH genannt. Als Insekten an Feigen werden κνῖπες von THEOPHRAST Hist. Plant. II 8, 3 und von ARISTOPHANES Aves 590 beschrieben; als kleine Ameisen gelten κνῖπες bei ARISTOTELES De Sensu 444b 12 und σκνῖπες im Physiologus c. 48. Dem biblischen Text liegt ein hebr. Pl. *kinām* zugrunde, allgemein als 'Ungeziefer, Made' gedeutet (s. GESENIUS Hebr. Aram. Hwb. [1959] 352), neuhebr. mit der Bedeutung 'Läuse' (s. oben Sp. 23f.), wie auch LUTHER übersetzt (2. Mos. 8, 16ff., Ps. 105, 31). ISIDOR (7. Jh.) dagegen erklärt: „*sciniphes* muscae minutissimae sunt, aculeis permolestae“ (XII, VIII, 14), sieht also in der dritten ägyptischen Plage Stechfliegen oder Stechmücken. Diese Auffassung geht offensichtlich auf eine Interpretation des biblischen Textes zurück, der zwar keine das Ungeziefer beschreibende Angaben überliefert, jedoch berichtet, daß aus dem aufgewirbelten Erdstaub *sciniphes* entstünden („percute pulverem terrae, et sint *scinifes*“), unter denen Mensch und Vieh zu leiden habe. Danach werden in den wie Staubwolken aufsteigenden Tieren Schwarmtiere gesehen, die — gewiß zu Recht — mit den Mückenschwärmen Ägyptens identifiziert werden, vgl. dazu die Kommentare von KNOBEL Exodus u. Leviticus (1857) 70ff. und BAENTSCH (1903) 65f. (in: Handkommentar AT). Die nachfolgende Überlieferung sieht daher, nach dem Vorbild ISIDORS, in *scinifes, cinifes* stechende Zweiflügler, teils Mücken (*scinifex* mucke [8. Jh.] Ahd. Gl. 1, 255, 7; [9. Jh.] HRABANUS MAURUS De Universo, Migne PL 111, 258; *cinifes* sunt vermes volantes, longis cruribus et parvulae muscae in capite habentes rostra quibus perforant pelles hominum [13. Jh.] ALBERTUS MAGNUS De Anim. 26, 12; *cinifes* ... snack [Schnake] Voc. theut. [Nürnberg 1482] m5a; *cyniphes* ein wassermuck [Straßburg] DASYPODIUS Dict. [1535] 12a), teils Fliegen (*cinifes* fliagon [11. Jh.] Ahd. Gl. 3, 685, 39; *cinifes* ... musce minutissime ... seer cleine vlegen Voc. opt. gemm. [Magdeburg 1495] g3b; *cinifes* ... seer cleyn vlechtekens Voc. opt. gemm. [Deventer 1495] g3b; *cinifes* huntflivga [12. Jh.] Ahd. Gl. 3, 312, 56; *cinifex* eyn hundes flege [15. Jh.] Zs. f. dt. Phil. 9 [1878] 140; [zum dt. N. *Hundsfliege* s. unten s. v. *cynomyia*]; *cyniphes* ein gattung brämen CHOLINUS-FRISIUS Dict. [1541] 239), manchmal auch beide Gruppen gemeinsam, ohne sich für eine von ihnen zu entscheiden (*scinephes* genus culicum vel minimarum muscarum Voc. ex quo [Eltville 1477] S1a; *scinifes* eine Egyptische Art Ungeziefer WEBER Lex. 2 [1770] 631).

Griech. κυνόμυια Septuaginta Ex. 8, 16ff.; Ps. 104, 31; lat. *coenomyia* Vulgata Ps. 104, 31, die vierte der ägyptischen Plagen. Zugrunde liegt hebr. *'ārōḇ* 'allerlei Ungeziefer', s. GESENIUS Hebr. Aram. Hwb. (1959) 616; (LUTHER, der demzufolge *Vnzifer* übersetzt, gibt in einer Randglosse die Erläuterung: „Das die Griechen heißen *Kynomyia*, ist alle böse würm, so da schaden thun im felde, Raupen, Fliegen, Zwifalter, Emmeise, Kefer, Brenner Vnd dergleichen Geschmeis, das Beume vnd Gewechse verderbet“ Dt. Bibel 8, 223). Griech. κυνόμυια, älter κυνάμυια 'Hundsfliege' (griech. κύων,

Gen. κυνός 'Hund' und μυῖα 'Fliege', d. i. „Fliege, die gleichsam [frech wie] ein Hund ist", s. Risch in: Idg. Forsch. 59 [1949] 59), bei Homer zunächst ein Schimpfwort gegen Frauen 'die freche, unverschämte Fliege' (Ilias 21, 394 und 421). Die biblische Insektenplage wird damit als lästige (Stech-) Fliegenplage gedeutet (*omne genus muscarum* Vulgata), und diese Auffassung geht in die Überlieferung ein, vgl. Knobel Exodus u. Leviticus (1857) 74f., Baentsch (1903) 67f. (in: Handkommentar AT). Glossare geben die wörtliche Übersetzung: *musca canina* Corp. Gloss. Lat. 2, 356, 49; 3, 319, 60; in deutscher Sprache: „[mu]cge" (8. Jh.) Ahd. Gl. 3, 6, 66; „fliuga" (8./9. Jh.) 1, 94, 36; „hundasfliaga" (11. Jh.) 3, 685, 33; „huntesfliega" (12. Jh.) 3, 453, 32; (12./13. Jh.) 3, 90, 12—15 und öfter. *cynomyia* gehört zum festen Stichwortbestand der späteren Wbb., meist übersetzt mit „Hundsmuck, -mücke, -fliege". Albertus Magnus (13. Jh.) erläutert: „quaedam autem ex eis cibantur sanguine, sicut *musca canina*, et *cinomia*" De Anim. 7, 60; es handelt sich also in erster Linie um Stechfliegen, aber auch um Viehbremsen jeder Art, vgl.: „*muscae bestiarum*, quae dicuntur *cynomiae* sive *muscae caninae*" 1, 96; „*musca bestialis* sive *canina*" 4, 44. Ähnlich erklärt die biblische Überlieferung: „Dō kamend gar vil hundsflúgen [v. l. huncsmucken] die stachend und bissend und zerrissend vixh und lút" (15. Jh.) Historienbibeln 213. Entsprechend wird *cynomyia* verschiedentlich als '(Vieh-)Bremse' aufgefaßt und gedeutet: „Rosßmuck oder hundsmuck, ein gattung einer brämen" Cholinus-Frisius Dict. (1541) 239; „Roßmuck, eine Art Brämen, die den Thieren das Blut aussaugen" Kirsch Cornucopiae (1718) 315; „Hundsfliegen, Hundsbrem" Aler Dict. 1 (1727) 1146. Einzelne führen *cynomyia*, geleitet von der Schreibweise *coenomyia*, auf griech. κοινός 'gemein, gewöhnlich' zurück und interpretieren daher: „*cenomia*, hunds muck; vel a *cenon* [= κοινόν], id est commune, quia communis musca est" Brack Voc. (1489) i1a; vgl. auch die Übersetzung „gemeyne fligen" (15. Jh.) Diefenbach Gloss. 120. Das meint offensichtlich die gewöhnliche Fliege, die Stubenfliege (→ *Musca domestica* L.); doch aus der Kenntnis der biblischen Darstellung fügt Brack korrigierend hinzu: „tamen maxime mordet", bezieht also die Stechfliege in seine Interpretation ein. Manche der älteren Lexikographen setzen *cynomyia* und *cinifes* (s. oben) gleich und scheinen darunter alle stechenden Zweiflügler (Stechfliegen und Stechmücken) zu verstehen. Als 'Stechmücke' ist möglicherweise auch das Interpretamentum „snäkl" (1419) Diefenbach Gloss. 120 sowie die Übersetzung „schnacken" (15. Jh.) eines Augsburger Bibeldrucks zu Ps. 104, 31 (Erste dt. Bibel) aufzufassen.

Die etymologische Verknüpfung des N.s *cynomyia* mit griech. κύων 'Hund' (s. oben) verführt verschiedentlich zu der Behauptung, daß es sich um eine Fliegenart handele, die vornehmlich Hunde, zumal deren Ohren, befalle: „*cinomia* . . . haec est musca cinerea, sub pilis canum et aliorum animalium pungens et eliciens sanguinem et praecipue auribus canum insidet et vulnerat eas" (13. Jh.) Albertus 26, 12; "ain hundsmuck oder ain hundsvlieg . . . belaidigt der hund orn gar sēr sumerzeiten" (14. Jh.) Konrad v. Megenberg Buch d. Natur 298; „Hunds-Fliege, so die Hunde an den Ohren sticht, *cynomyia*" Frisch Wb. 1 (1741) 475. Eine Fliegenart, die allein die Ohren der Hunde aufsucht, gibt es nicht. Auszugehen ist vielmehr von den Verletzungen, die den Hunden durch die blutsaugenden Zecken (→ *Acari, Ixodidae*) beigebracht werden. Die Hundszecke (→ *Ixodes ricinus* L.) bevorzugt weiche Hautstellen, darunter die Ohren, von denen sie überdies nur schwer durch die Hunde entfernt werden kann. Lat. *ricinus* wird glossiert als „vermis in aure canis" (Voc. ex quo [Eltville 1477] R4a und öfter) und übersetzt — unter anderem — mit „hunt vlige" (1420) Voc., „hunds mugckle" Dasypodius Dict. (1535) Z3b. Damit sind *cynomyia* und *ricinus* im Deutschen namensgleich, und die von *ricinus* überlieferte Lebensweise wird auf *cynomyia* übertragen, wie umgekehrt *cynomyia* vereinzelt mit „huntczeck" interpretiert wird, s. (15. Jh.) Diefenbach Nov. Gloss. 91. Eine derartige Vermischung mag auch dadurch begünstigt worden sein, daß den Einstichwunden der Zecken aufsitzende Fliegen für die Urheber der Verletzungen gehalten wurden. — Noch Adelung 2 (1775) 1322 gibt unter dem Stichwort *Hundsfliege* die Erläuterung: „eine Art kleiner Fliegen, welche wie die Mücken stechen, und mit ihren Stichen vornehmlich den Ohren der Hunde beschwerlich fallen". Campe 2 (1808) 804 folgt ihm darin. Beider Verweis auf *Musca canicularis* L. ist unrichtig, denn diese Art sticht nicht (→ *Fannia canicularis* L.).

Die Dipteren sind lästig, unappetitlich, schädlich. Vorwiegend sie sind es, die als „Geschmeiß" (vgl. oben Sp. 7) gelten, und die allgemeine Abneigung hat vielfach in der Namengebung ihren Niederschlag gefunden. Stechmücken und Bremsen quälen Mensch und Vieh, können Entzündungen hervorrufen und bei Massenangriffen das Vieh durch Herzlähmung töten. Viele übertragen Infektionskrankheiten (Cholera, Typhus, Milzbrand, Malaria usw.) oder parasitieren als Larven in lebendem Gewebe, was zu schweren Zerstörungen führen kann. Ihre Eiklumpen auf Nahrungsmitteln oder offenen Wunden können auch beim Menschen Myiasis (Madenfraß) verursachen. Andere sind den Pflanzen schädlich, zumal jene, die ihre Entwicklung als Blattminierer durchmachen. Nur relativ wenige Dipteren sind nützlich, etwa solche, die als Parasiten schädlicher Larven oder als Vertilger von Blattläusen leben.

Deutsche N.n gewinnt sich die zoologische Fachsprache mit der Übersetzung des linnéischen Ordnungsbegriffs *Diptera*: *Insekten mit zween Flügeln* Linné Syst. Nat. ([6]1748) 65; Beckmann Anfangsgr. (1767) 113. *Insekten mit zwey Flügeln* Herbst Naturgesch. 8 (1787) 91. *Insekten mit zween häutigen Flügeln* Goeze Degeers Abhandl. 6 (1782) 1. *Zweyflügelige* Linné-Müller 5, 2 (1775) 922. *Zweyflüglichte* Goeze a. a. O. *Zweyflügler* Bechstein-Scharfenberg Forstinsekten 3 (1805) 990. *Zweiflügler* CAMPE 5 (1811) 962; BREHM 6 ([1]1869) 375; BRAUNS Waldins. (1964) 357. Vgl. nl. *tweevleugelige insekten* HOUTTUYN 12 (1768) 378; dän. *to-vingede* (*insekter*) (1763) HENRIKSEN Danske Insektnavne 55.

Als weitere Verdeutschung des Begriffs *Diptera* schlägt CAMPE vor: *Doppelfalter* Erg. Bd. (1813) 265. Daneben (an CAMPE anknüpfend?) die vereinzelte dichterische Bildung *Zweifalter* HOLTEI Erz. Schr. 26, 196; da sonst allgemein ein N. für 'Schmetterling' (→ *Lepidoptera*), hier ungeeignet. Ohne Nachfolge bleibt auch die Prägung *Balancierflügler* BECHSTEIN-SCHARFENBERG Forstinsekten 1 (1805) 49; nach den „Balancierstäbchen, ... die zur Erhaltung des Gleichgewichts im Flug dienen" (ebda 14), das sind die Schwingkölbchen (Halteren; s. oben Sp. 683).

Zur Vermeidung des Übersetzungs-N.s *Zweiflügler* wird in der zoolog. Fachsprache oft der Ausdruck *Fliegen* gebraucht, s. LESKE Anfangsgr. 1 (1779) 495; LEUNIS (1844) 280; HENSCHEL Forst- u. Obstbaum-Ins. ([3]1895) 464; SCHMIDT Schadinsekten (1955) 11. Der N. gilt hier im Sinne von *Diptera*, umfaßt also „Fliegen" und „Mücken" (entspricht damit dem älteren linnéischen *Musca*, s. oben Sp. 685). Vgl. dän. *fluerne* (1855) HENRIKSEN Danske Insektnavne 55.

Deutsche N.n für den zoologischen Begriff *Diptera* gibt es außerhalb der zoolog. Fachsprache nicht, da der Sprachgebrauch seit jeher zwischen „Fliegen" und „Mücken" zu unterscheiden sucht. Die folgende Darstellung mußte sich daher entschließen, die Ordnung der Zweiflügler (*Diptera*) in die Unterordnungen Fliegen (→ *Brachycera*) und Mücken (→ *Nematocera*) aufzuteilen. Nur in einigen Mundartgebieten gilt *Mücke* für 'Fliege' und 'Mücke'; eine Unterscheidung der beiden Gruppen findet dabei nicht statt. *Mek* LEHNERT Saarlouis (1926) 56; BERTRANG Arel (Luxemb.) 116. *Muk* BLUMENSTOCK Klein-Allmerspann (Nordwürttemb.) § 43. *Muck* (Niederschwaben) Alemannia 16 (1888) 65; RUCKERT Unterfrk. 126. *Mug*, *Mucke* BRÄUTIGAM Mannheim 46. *Muke* DIETZEL Wachbach (ostfrk.) § 23; MEISINGER Rappenau 105; (Meiningen) Zs. f. hd. Maa. 3 (1902) 117. Für das Rheinfrk. vgl. auch Rhein. Wb. 5, 1329 und für Südwestnassau BERTHOLD Hess.-Nass. 2, 379. Das Gebiet ist kartographisch erfaßt von SCHUMACHER Bedeutungsgeogr. deutschmundartl. Insektenn. (1955) 17. Dazu auch *Mäk* KISCH Nösner Wörter (Bistritz) 100, und vereinzelt im Schweizerischen (Wallis) *Miggli* Schweiz. Id. 4, 127. Ein kleineres Gebiet besteht im Nordniedersächs.-Ostfries. entlang der nl. Landesgrenze: *Mügge* STÜRENBURG Ostfries. 153; DOORNKAAT KOOLMAN Ostfries. 2, 623; KRÜGER Emden 61. Dazu vgl. auch die älteren Glossierungen: *Muggen* f. culex, musca MAALER Teutsch Spr. (1561) 214. *Muck* culex, musca DENTZLER Clavis (1686) 200. *Mücke* culex, musca KIRSCH Cornucopiae (1718) 220; STEINBACH Wb. (1725) 228. Aber auch in Gebieten Süddeutschlands, die sonst zwischen *Fliege* oder *Mucke* 'Fliege' und *Mucke* oder *Schnake* 'Mücke' trennen, scheint in allgemeiner, nicht ausdrücklich unterscheidender Verwendung der Pl. *Mucken* für alle Zweiflügler einzutreten, vgl.: „Im Oberdeutschen ist das Wort *Mucke* von einem viel weiteren Umfange, indem es nicht nur unsere Fliegen, sondern auch fast alle Insecten mit zwey Flügeln, z. B. die Pferdebrämse, bezeichnet" ADELUNG 3 (1777) 593; „alle Mücken werden gewöhnlich als *Schnoken* bezeichnet, nur in einzelnen Redensarten hat sich *Mucken* erhalten, doch kann es dann vielfach auch den Sammelnamen für alle Zweiflügler ... bedeuten" (Vogtland, östl. Frankenwald) WEIDNER in: Sudhoffs Arch. 33 (1941) 225.

Eine Unterscheidung von 'Fliege' und 'Mücke' fehlt auch bei den sondersprachlichen N.n *Bremser* WOLF Rotwelsch 63; zu dt. *Bremse*. Gleichbedeutend unerklärtes *Hesche* f. ebda 136.

Der allgemeine Sprachgebrauch ist dagegen an die Verbindung *Mücken* (bzw. *Schnaken*) *und Fliegen* gebunden, wenn er den Begriff *Diptera* wiedergeben will. *von den snāken und von den mucken oder von den fliegen* (14. Jh.) KONRAD v. MEGENBERG Buch d. Natur 200. *Mugken vnd Fliegen* HEUSSLIN Vogelbuch (1557) 161 b. *Fliegen, Schnacken* HORSTIUS Vogelbuch 2 (1669) 208. *Mucken und Fliegen* (1689) VALVASOR Crain 4, 454. *Mucken und Fliegen* Gründl. Anweisung (1754) 10. *De Müggen un de Fleigen* BAHLMANN Münsterische Lieder 50. Diese Gebrauchsweise wird mehrfach von zoolog. Darstellungen übernommen: *Fliegen und Mücken* TASCHENBERG Insekten (1882) 9; KLOTS-FORSTER Insekten (1959) 248. *Mücken und Fliegen* RITZEMA BOS Schädl. u. Nützl. (1891) 578; ULMER Wasserins. (1911) 119. Derartige Aufzählungen können sich zu Dreiergruppen erweitern: *vlēgen oder mucken oder bromese* (13. Jh.) Sachsenspiegel 259. Entsprechend in zoolog. Darstellung: *Fliegen, Mücken und Bremsen* Schauplatz 4 (1777) 272.

In engerem Sinne gelten die Begriffe *Ungezìefer* (s. oben Sp. 4ff.) und *Geschmeiß* (s. oben Sp. 7) vornehmlich für Zweiflügler. ... *deß vngezifers, als der Ambeissen, Fliegen, Mugken vnd dergleychen* HEUSSLIN Vogelbuch (1557) 254. *Fliegen und ander Ungezieffer* HORSTIUS Vogelbuch 2 (1669) 154. *Flügen oder ander Geschmeiß* KUNDMANN Seltenheiten (1737) 393. Entsprechend in einfachem Gebrauch: *Jeschmaeß* DÖRING Sondershausen 70. *Geschmess* SPIESS Henneberg 77. *Gschmeiß*, *Unziefer* „vor allem die zudringliche Schar der Fliegen und Mücken" (Bayern) MILLER handschriftl. Nd. *Untüch* „Fliegen, Mücken u. dgl." KÜCK Lüneburg 3, 512; zum N. s. oben Sp. 10. Als Ausdruck des Abscheus auch *Bies* [Biest] WREDE Köln 1, 78.

Larve. Die Larve der Dipteren heißt *Made*. Got. *maþa*, ahd. *mado*, ags. *maða*, mit *k*-Suffix aisl. *maðkr* (sämtlich m.), ohne sichere Etymologie, da man, wenn noch armen. *mat'il* 'Laus' verglichen wird, über einen Ansatz idg. **math-* oder **moth-* 'nagendes, beißendes Gewürm oder Ungeziefer' nicht hinausgelangt (s. POKORNY Idg. etym. Wb. 700). Das feminine Genus entwickelt sich im frühen Md. und setzt sich gegen das ältere Maskulinum durch. Ahd. *mado* glossiert (vom 9. Jh. an) lat. *tarmus*, das ist in erster Linie die Larve der Fleischfliegen, die 'Fleischmade'; Belege daher → *Calliphoridae*. Doch dürfte trotz dieser Zuordnung des Wortes zum Lemma *tarmus* die Bedeutung weiter gewesen und (wie in den übrigen germ. Sprachen und in den deutschen Maa.) mit 'Made, Raupe, Wurm, Gewürm' anzusetzen sein (vgl. ahd. *mado* als Übersetzung von lat. *vermis* [11. Jh.] NOTKER Ps. 21, 7). Mit *Made* werden also bezeichnet die Fliegen- und Mückenlarven, dann die ebenfalls kleinen, weißlichen „Obstmaden" (bes. in den Früchten von Apfel, Birne, Pflaume; das sind vor allem die Larven von Kleinschmetterlingen der Familie → *Tortricidae*), schließlich kleinere, seltener auch größere Insektenlarven jeder Art, zumal wenn sie weißlich und unbehaart sind (z. B. Käferlarven, „Engerlinge", s. oben Sp. 537f.), oft auch andere „Erdwürmer" (vgl. bes. diminutives nd. *Maddik*, *Meddik* 'Regenwurm'). Erheblich enger versucht die Zoologie den Begriff *Made* zu fassen, indem sie ihn auf die fuß- und kopflosen Dipterenlarven zu beschränken sucht („*maden* of *wormpjes* zonder pooten" HOUTTUYN 12 [1768] 380; „Verwandlungszustand ohne gesonderten Kopf und ohne Beine" MÜLLER Terminol. Entomol. [1872] 140); da jedoch in der allgemeinen Sprache eine derartige Begriffsbeschränkung keinen Erfolg haben dürfte, möchte die Zoologie *Made* als „nur volkstümlich in Gebrauch" (v. KÉLER Entomol. Wb. [1956] 331) gern der Fachsprache fernhalten. In den nachfolgenden Belegen gilt *Made* vornehmlich für 'Dipterenlarve', doch ist stets eine Bedeutung anzunehmen, die sich auf alle weißlichen oder fleischfarbigen, „wurmartigen" Larven und Tiere erstreckt. — *vol flügen . . . und . . . maden* (15. Jh.) RÖHRICHT Pilgerreisen 150. vermiculi . . . vulgo *Maden* SCHWENCKFELD Theriotropheum (1603) 545. *Made* vermis in rebus putrescentibus FRISCH Wb. 1 (1741) 632; „Benennung von nackten Würmern ohne Glieder und ohne kenntliche Füße" ADELUNG 3 (1777) 303. *Made* SEILER Basel 200; SCHATZ Tirol 408; MÜLLER-FRAUREUTH Obersächs. 2, 197. *Mād* HUNZIKER Aargau 175; MARTIN-LIENHART Elsäss. 1, 650; WOSSIDLO-TEUCHERT Mecklenb. 4, 1050; HALBACH Berg. Sprachschatz 425. *Mōd* MENSING Schlesw.-Holst. 3, 555. *Mued* Wb. d. luxemb. Ma. 193. *Maod* CHRISTA Trier 150. *Muat* KISCH Nösner Wörter (Bistritz) 107. *Mōade* (Niederbarnim) Nd. Jb. 34 (1908) 8. *Moue* LARSSON Altengamme 33. *Māe* DAMKÖHLER Cattenstedt am Harz 6; HANSEN-SCHÖNFELD Holzland-Ostfäl. 138. *Må* HEIGENER Lauenburg 51. *Maj* (Ruhr) LEITHAEUSER Berg. Land 22. *Māen* f. FREDERKING Hahlen b. Minden 81. *Mōen* Pl. HARTWIG in: Jahresber. Ravensberg 40 (1926) 43. *Mor* Rhein. Wb. 5, 1286. *Mōre* KNAUSZ Atzenhain (Hessen) 30. *Måge* (Magdeburg) Korr.-Bl. d. Vereins f. nd. Sprachforsch. 32 (1911) 95.

An die nord. Formen mit *k*-Suffix (anord. *maðkr*, aschwed. *matk*, schwed. dial. *makk*, neuschwed. *matsk*, *mask*) schließt sich an fries. *Mask* JENSEN Nordfriesl. 353. *Maask* (Amrun/Föhr) Zs. f. Maforsch. 12 (1936) 168. *Mōduk*, *Mōdek* SIEBS Helgoland 255; vgl. engl. *maddock* 'Regenwurm, Made'. *Maark* MÖLLER Sylt 168. Vgl. dän. dial. *mark*. Über diese Formen s. EJDER in: Zs. f. Maforsch. 27 (1960) 43f.

Vielfach sind die Diminutivformen üblich. *Meidichen* LUTHER lt. DWb 6, 1421. *Mädchen* MÜLLER-FRAUREUTH Obersächs. 2, 197; CHRISTA Trier 150. *Mädche* Rhein. Wb. 5, 706. *medel* (13. Jh.) Gesamtabenteuer 3, 58, 140. *Mādle* SCHATZ Tirol 408.

Häufig steht — neben *Made* oder damit konkurrierend — der allgemeine N. *Wurm*; dabei werden Fliegenlarven von anderem wurmartigen Getier nicht unterschieden. *vol maden und vol wurme* (15. Jh.) Historienbibeln 731. *Würm oder Maden* HERR Feldbau (1551) 200. Vgl. nl. *wormen of maden* HOUTTUYN 12 (1768) 381. *Wurm* Rhein. Wb. 5, 707. *Worm* TILGENKAMP Jülich 59; LEITHAEUSER Berg. Land 22; (Eilsdorf/Halberstadt) Nd. Jb. 34 (1908) 102. *Wörme* Pl. HARTWIG in: Jahresber. Ravensberg 40 (1926) 43. *Wuerm* HEINZERLING-REUTER Siegerland 331. *Würm* Pl. DALLA TORRE Tirol 88. *Würmlein* HORSTIUS Vogelbuch 2 (1669) 27. *Wörml* LENZ Handschuhsheim 45. *Würmchen* Rhein. Wb. 5, 707. Verdeutlichend *Mānworem*, *Mādewormche* ebda 708.

Enger, *Engerdutz* Rhein. Wb. 2, 132; auch 'Engerling', s. oben Sp. 534 und 536 und → *Hypodermatidae*, s. unten Sp. 753f. *Purrek* SCHUMANN Lübeck 5. *Pürrick*, *Püddick* MI Mecklenb.-Vorpomm. 66. Häufiger ein N. des Engerlings, s. oben Sp. 549f., wo auch Angaben zur Form. *Gode* f. Schweiz. Id. 2, 123. *Mesmā* [Mistmade] DAMKÖHLER Nordharz 126. *Rolle* f. UNGER-KHULL Steir. 509. *Spoake*, *Spāke* f. SCHATZ Tirol 579. *Späcke* f. HINTNER Tirol (Defereggen) 208; ebda abgeleitet von *spaichen* 'ausschreiten, mit dem einen Bein vortreten, von der eigenthümlichen Bewegung so benannt'. *Zageln* Pl. (Zillertal) „Würmer, die sich auf dem Sauerkraut zeigen, wenn es nicht fleißig gereinigt wird" SCHMELLER Bayer. 2, 1090; das können Fliegenmaden sein (vielleicht → *Drosophilidae* oder → *Piophilidae*?). Eine Vielzahl scherzhafter N.n für Made (am Käse, am

Fleisch, aber auch im Obst) verzeichnet Rhein. Wb. 5, 707: *Altvater* (eigentl. 'Großvater', s. 1, 150), *Bibbchen* (in der Kinderspr. 'Huhn', vgl. auch *bibb* 'Lockruf für Hühner' 1, 671f.; auch 'Laus', s. oben Sp. 23), *Bock, Eisbär, Elefant, Fettbrocken, Fettmundes, Fleisch ohne Knochen, Fleisch im Kessel, Fulm* (vgl. *Folmen, Fulmen* 'plumper Kerl' 2, 701 und 885), *Gangarsch, Griebe, Hans* (auch 'Fliege', s. unten), *Heinzchen, Himmes, Hörnchenkrēs* [Hörnchenkrist] (d. i. eigentl. 'Teufel' 3, 833), *Kaminsfeger, Kater, Köbes, Krukenkopf, Manes* (Kurzform für *Hermann* 5, 811), *Mann, Männche, Mikkel* (Kurzform für *Maria*), *Mattes* (f. *Matthias*), *Perdches* [Pferdchen] (auch 'Läuse', s. oben Sp. 23), *Pupplieschen, Schweinchen, Speckmops* (8, 292), *Wehrwolf, Wolf, Wuck.* Das Interpretament „Made" ist zoologisch nicht eindeutig (s. oben); sofern manche der vorgenannten N.n nur für die 'Made im Obst' verwendet werden, wären sie aus dem Verbande der *Diptera* auszuschließen.

Unterordnung **Brachўcera** (Macquart 1825) **Fliegen**

Körper im allgemeinen dick und kurz, Hinterleib fünf- bis achtgliedrig. Fühler kurz, meist dreigliedrig mit geringeltem Endgliede und Borsten.

Zoolog. N. *Brachycera*, zu griech. βραχύς 'kurz' und griech. κέρας '(Fühl-)Horn' (Fühler kurz, dreigliedrig, gegenüber → *Nematocera*, deren Fühler wenigstens sechsgliedrig).

Dazu die Übersetzungen deutscher zoolog. Fachsprache: *Kurzhörner* Brehm 6 ([1]1869) 378. *Kurzfühlerige Zweiflügler* Schmidt-Göbel Insecten 2 (1881) 224. Häufiger aber, der Schriftsprache folgend (s. unten 1), ist auch in der Fachsprache der Plural *Fliegen*, s. Leunis (1844) 287; Karsch Insektenwelt ([2]1883) 477; Brauns Waldins. (1964) 385. Auch *Eigentliche Fliegen* Schmidt Schadinsekten (1955) 11, da hier das Simplex für *Diptera* beansprucht wurde (s. oben).

Alte N.n. Griech. μυῖα, die nach Aristoteles Hist. Anim. zu den δίπτερα gehört (1, 29; 4, 73), einen Russel besitzt (4, 45) und von Flüssigkeit lebt (8, 73). Darunter dürfen verschiedene Arten von Fliegen verstanden werden, besonders natürlich die Stubenfliege (→ *Musca domestica* L.), aber auch Stechfliegen (→ *Stomoxys* Geoffr.), da einige mit ihrem Rüssel blutige Wunden versetzen können (4, 71). (Vieh-)Bremsen (μύωψ, οἶστρος, → *Tabanidae*) werden bei Aristoteles von den Fliegen gesondert (1, 29). — Entsprechend gilt lat. *musca* vornehmlich für 'Stuben-, Stech- und Schmeißfliege' (s. Wellmann in: Pauly-Wissowa Realencycl. 6, 2 [1909] 2744f.), zuweilen auch für 'Bremse' (Thes. Ling. Lat. 8, 1695). Dieser Bedeutungsumfang bleibt dem Wort im wesentlichen auch im mittelalterlichen Latein erhalten, wenn auch verschiedentlich eine Erweiterung des Inhalts, der sich dem Sinne von 'Zweiflüglern' nähert (→ *Diptera*, s. oben Sp. 685), erkennbar ist.

Griech. μυῖα (< *μύσ-ια) 'Fliege' führt mit lit. *mus-iă, mus-ė* 'Fliege', fläm. *meuzie* und aslaw. *mъš-i-ca*, abulg. *mucha* 'Mücke' auf eine wohl schallnachahmende Wurzel idg. **mu-*, **mus-*. Mit *k*-Suffix schließt sich an lat. *musca* (< **mus-ka*) 'Fliege', mit *n*-Suffix armen. *mun* 'Mücke'; auf eine mögliche *s*-lose Grundform **mu-no-* geht zurück aisl. *mȳ* n. (< **mū-ja*) 'Mücke'. Eine Guttural-Erweiterung setzen die übrigen germ. Formen voraus wie ahd. *mucka*, as. *muggia*, ags. *mycg*, schwed. *mygg, mygga* 'Mücke'. — Lat. *musca* setzt sich fort in rumän. *muscă*, ital. *mosca*, frz. *mouche*, prov. kat. span. portug. *mosca*. — Vgl. Pokorny Idg. etym. Wb. 752; Frisk Griech. etym. Wb. 2, 265f.; Walde-Hofmann Lat. etym. Wb. 2, 133; Meyer-Lübke Rom. etym. Wb. 5766.

Allgemein wird im deutschen Sprachgebiet zwischen „Fliegen" und „Mücken" unterschieden (Ausnahmen s. oben Sp. 689). Dabei wird unter „Fliege" in erster Linie die überall häufige und hinreichend bekannte Stubenfliege (→ *Musca domestica* L.) verstanden, daneben aber auch die übrigen, in Körperbau und Aussehen ähnlichen Arten der *Brachycera*. Nur Stechfliegen und Bremsen haben in volkstümlicher Sprache oft eigene N.n.

1. Fliege. Zu den Ablautsstufen des Verbums *fliegen* bildet sich das Germanische **fleugōn* 'die Fliegende' in ahd. *flioga, fliege*, mhd. *vliege*, nhd. *Fliege*; ags. *flēoge*, engl. *fly*; norw. dial. *fljuge*; as. *fliega*, mnd. *vlēge*; mnl. *vlieghe*, nnl. *vlieg*; auf vorauszusetzendem **flugōn* beruhen anord. isl. schwed. *fluga*, dän. *flue*. Daneben ist für das Ahd. auch eine Bildung auf *-jōn* wirksam, deren *j* eine zweite Grundform ahd. *fliuga* veranlaßt, die zu mhd. *vleuge* und nhd. dial. *Fleuge* (s. unten) führt.

In altdeutschen Glossen in der Übersetzung von lat. *musca* (in Auswahl): *fleoga* (8. Jh.) Ahd. Gl. 3, 6, 63; *fliega* (11./12. Jh.) 3, 453, 8; 504, 26; *uliega* (13.Jh.) 3, 365, 50; *fliuga* (10. Jh.) 3, 15, 50; *fliugun* Acc. Pl. (10./11. Jh.) 1, 486, 17; *fluiga* (11. Jh.) 3, 692, 11; *flivga* (12. Jh.) 3, 452, 44; *flivge* (14. Jh.), *fleugn* (15. Jh.) 3, 47, 23. Entsprechend in den Wbb.: *flyge* Brack (1489) i 1a. *fliege* Voc. opt. (Leipzig 1501) R4b. *vliege* Gemma (Köln 1504) O4a. *Fliege* Zehner Nomencl. (1663) 276; Frisch Wb. 1 (1741) 276. Literarisch: *fliegen* Pl. (13. Jh.) Konrad v. Würzburg Der Welt Lohn 224. *vliege* Freidank 145, 23. *fliege* (15. Jh.) Wahrsagetexte 69. *flyegen* Pl. Eppendorf Plinius (1543) 47. *Fliegen* Pl. Döbel Jägerpr. 1 (1754) 81.

In den Maa. (die weithin das auslautende *-e* aufgeben) begegnet der Diphthong der Stammsilbe in den üblichen Entsprechungen. Ahd. mhd. *fliuga*, *fleuge* (s. oben) setzt sich fort im Alemannischen und im Bairisch-Österreichischen (jedoch nicht nordbair.). *fleug*, Pl. *fleugen* (Schweiz, 15. Jh.) HEINR. WITTENWILER Ring 54b, 37; 2c 6. *fleügen* Pl. (16. Jh.) Zürcher Bibel (Eccl. 10, 1; Sap. 16, 9; Jes. 7, 18). *Fläug*, *Fläuge* Schweiz. Id. 1, 1177. *Flöike* (Schweiz) Zs. f. hd. Maa. 4 (1903) 319. *Fleuge* UNGER-KHULL Steir. 241. *Vläuge* BACHER Lusern 419. *Flügen* MAALER Teutsch Spr. (Zürich 1561) 138. *Flüga* TOBLER Appenzell 196. *Fluig* KUEN Oberschwäb. 16. *Fluig*, *Fluign* SCHÖPF Tirol 146. *Fluigen* f. DELLING Bair. Id. 181. *Fleugen*, *Floigng* f. SCHMELLER Bayer. 1, 789. *Floing* REIFFENSTEIN Salzburg 10. *Fliagen* JAKOB Wien 61. *Floig'n* WIEDER Südmähren 18. *Fluigen* (Böhmerwald, Südböhmen), *Flūing* (westl. Südmähren), *Flōing* (östl. Südmähren) SCHWARZ Sudetendt. Wortatlas 1, 22. — Weithin gilt langes *-ī-*, zumal im Ostmd. (Schlesien, Sachsen, Thüringen), in Teilen Hessens (*Flīje* HOFMANN Niederhess. 93), im Bergischen Lande und an der Ruhr (*Flieg*, *Fliech* HALBACH Berg. Sprachschatz 187; Rhein. Wb. 2, 607f.). — Im nd. Gebiet herrscht seit mnd. Zeit überwiegend *Flēg*, *Flēge*, daneben *Fleig*, *Fleige* (Niederrhein, Westfalen, Hannover, Mark, Mecklenb., Pommern). — Vielfach ist das stammhafte *g* spirantisiert: *Flüch* (Sylt), *Flīch*, *Flēch*, *Fleich* (Rheinland), *Fleech* (Prignitz), *Fleich* (Lüneburg, Pommern), *Flīch*, *Flīche* (Schlesien, Sachsen, Thüringen, Oberhessen), *Flīje* (Niederhessen, Thüringen, Berlin), *Flēje* (Teltow, Harz, Magdeburg), *Flej* (Siegerland), *Fleij* (Hessen). In der Mittelmark schwindet *g* zwischen Vokalen (*Flēe*, *Flē*).

In einigen Gebieten fallen die Formen von femininem *Floh* (vgl. oben Sp. 42) und *Fliege* zusammen. *Flēg* f. 'Fliege, Floh' FRISCHBIER Preuß. 1, 196. *Flēe* f. (Magdeburg/Jerichow) Nd. Jb. 26 (1900) 67. *Flēje*, *Flē* (Magdeburg) Nd. Jb. 21, 77. Kompositionsformen suchen eine Unterscheidung wiederherzustellen: *Flochtflēg* [Fliege mit *Flochten* 'Flügeln'] FRISCHBIER a. a. O. *Purflēe* [Brummfliege] Nd. Jb. 21, 77. ('Floh' wird verdeutlicht durch *Hopsflēg*, *-flēe* und dgl., s. oben Sp. 46.) Aber auch oberdeutsches *Mücke* 'Fliege' (s. unten 2) dringt zur Beseitigung der Homonymie in mitteldeutsche Gegenden vor, vgl. FRINGS in: Zs. f. Deutschkde 44 (1930) 551.

Nach der Größe werden die Arten unterschieden als *cleine vlege* muscula und *grote vlege* musca Voc. opt. (Magdeburg 1495) x1. *cleine fliege*, *grosse fliege* Voc. opt. (Leipzig 1501) R4b. *kleine fliegenn* Pl. (16. Jh.) SCHMIDEL Reise 70. *Grosse Fliegen* GÖCHHAUSEN Notabilia ([5]1751) 152. Nur selten diminutiv: *fligelyn* (obd. 15. Jh.) DIEFENBACH Gloss. 373. *flügle* DASYPODIUS Dict. (1535) I4a. *Flieglein* GOETHE W. 6, 267. *Flāegesken* (Westfalen) Nd. Jb. 49 (1923) 8. „Als *Eintagsfliegen* faßt man alle kleineren Fliegenarten zusammen“ (Bayern) MILLER handschriftl. (im zoolog. Sprachgebrauch dagegen der N. für →*Ephemerida*). Kose-N.n der Kindersprache: *Pipflēg* (Oldenburg) FROMMANN Dt. Maa. 3, 502. Dazu vgl. *Vögelchen*, *Piephans* und dgl., s. unten Sp. 698 *Fleideirchen* [-tierchen] (im Kinderreim) Luxemb. Wb. 1, 390.

Die Lästigkeit veranlaßt Schimpf-N.n wie *Fliegenluder* MITZKA Schles. 1, 323. *Rackerfliege* SIEBS-JUNGANDREAS Schles. 21; vgl. *Racker* 'schlimmer Bursche' (Schimpfwort). Kollektiva: *Fliegezeug*, *Fliegengezeike* MITZKA 324. *Flegentüüg* TEUT Hadeln (Niederelbe) 1, 561. Vgl. nd. *Untüg*, s. oben Sp. 10 und Sp. 690. *Fläugegschlüech* Schweiz. Id. 9, 81. *Geflieg*, *Gfleugs* ebda 1, 1178. *Geflegs* n. („lästige Fliegen“) Rhein. Wb. 2, 609. *Gfloigach* n. SCHATZ Tirol 211. Vereinzelt für eine vermeintliche männliche Fliege: *Fliegenbock* ZIESEMER Preuß. 1, 693.

2. **Mücke**, **Muck** für 'Fliege' bildet zwei Gebiete im deutschen Sprachraum, ein größeres „im Alemannisch-Schwäbischen-Südfränkischen-Ostfränkischen-Rheinfränkischen-Moselfränkischen-Rheinpfälzischen“, ein kleineres „im Ostfriesischen-Nordniedersächsischen“, s. SCHUMACHER Bedeutungsgeogr. deutschmundartl. Insektenn. (1955) 39 und MITZKA Dt. Wortatlas 1 (1951) Karte. In den genannten Maa. gilt entweder *Mücke* für 'Fliege' und 'Mücke' (s. oben Sp. 689) oder es stehen sich *Mücke* 'Fliege' und *Schnake* 'Mücke' gegenüber. Ahd. Glossen trennen scharf zwischen *musca/fliuga*, *flioga* und *culex/mucca*, *mugga*, so daß ein Vordringen von *Mücke* im Sinne von 'Fliege' erst für mhd. Zeit anzunehmen ist. KONRAD V. MEGENBERG (14. Jh.) interpretiert mit beiden N.n: „Musca haizt ain *muck* oder ain *flieg*“ Buch d. Natur 304, gibt aber, wie seine Überschrift ausweist, dem N. *muck* den Vorzug. Auch in den frühen Wbb. halten sich neben lat. *musca* beide Interpretamenta: *mucke*, *flige* Voc. (Eltville 1477) N1b. *muck*, *flüg* DASYPODIUS Dict. (Straßburg 1535) I4a. *Muck*, *Flieg* RULAND Dict. (Augsburg 1586) 905. *Muck*, *Fliege* SCHÖNSLEDER Prompt. (Augsburg 1618) o4a. Für die genannten Lexikographen wird *Muck* das in ihrem Gebiet sprachübliche Wort sein, während sie *Fliege* aus ihrer Kenntnis anderer Sprachbereiche hinzufügen. Ähnlich ROESEL, der die Fliegen *Mucken* nennt, „ob mir schon bekannt, daß jene anderwerts *Fliegen* ... heißen“ Insecten-Belust. 2 (1749) Mucken u. Schnacken 3. Außerhalb gelehrter Darstellungen wird auf diese doppelte Interpretation verzichtet: *Mucken* mancherley Geschlecht *omne genus muscarum* (Augsburg 15. Jh.) Vorluther. Bibeln Ex. 8, 21. *Lob der Mucken* [das sind 'Fliegen'] (16. Jh.) FISCHART (Titel). *Mücken* SCHILLER Räuber 2, 3.

Für die Maa. vgl. *Mücke* WEGELER Koblenz 54. *Mücke*, *Micke* (Südwestnassau) BERTHOLD

Hess.-Nass. 2, 379. *Mucke* OCHS Baden 1, 178; SPIESS Henneberg 167; (Plattenseeoberland) HUTTERER Ungar. Mittelgeb. 220. *Muge* (Nürnberg) Zs. f. dt. Maa. (1908) 366. *Muck(e)* MARTIN-LIENHART Elsäss. 1, 662. *Muck* („im Nordwesten, Nordosten und Mittelschwaben für alle Arten Fliegen") FISCHER Schwäb. 4, 1775. *Muk* HEILIG Ballenberg (Baden) 365; LENZ Handschuhsheim 23. *Mögk* CHRISTA Trier 155. *Möcken* Pl. (Eifel) LEITHAEUSER Berg. Land 12. *Meg* ZENDER Eifel 234. *Mick* ASKENASY Frankfurt 174. *Mig* BRÄUTIGAM Mannheim 45; (Pfalz) HEEGER Tiere 16; BORN Darmstadt § 52. *Mik, Mek, Mug* FOLLMANN Lothring. 361. Dazu vgl. die Angaben für jene Gebiete, die *Mücke* für 'Fliege' und 'Mücke' kennen, s. oben Sp. 689.

Auch hier sind, wie bei *Fliege* (Sp. 695), gelegentlich diminutive Formen üblich. *mückle* DASYPODIUS Dict. (1535) I 4a. *Mücklein* KIRSCH Cornucopiae (1718) 220; ROESEL Insecten-Belust. 2 (1749) Mucken u. Schnacken 35. *Mückle* FISCHER Schwäb. 4, 1775. *Müggli* (Schweiz) Wortatlas.

3. Sonstige Namen. Nach dem Fluggeräusch. *Brummfleige* (Recklinghausen) Korr.-Bl. d. Vereins f. nd. Sprachforsch. 17 (1893) 54. *Brummer* (verschiedentlich in der Mark und in Schlesien) Wortatlas. *Brumm, Brummer(t)* „große Fliege", auch „Biene, Wespe, Hornisse" WOLF Rotwelsch 65. *Brummchen* (Lausitz) Wortatlas. *Brümmel* SCHUMANN Lübeck 4. *Brumse* „wilde große Bienen und Fliegen" (Harz) KLEIN Provinzialwb. 1 (1792) 67. *Brummsumsel* (Neumark) Wortatlas. Bildungen mit *Brumm-* sonst vorwiegend → *Calliphoridae*, → *Tabanidae*. *Sumser* SCHWARZ Sudetendt. Wortatlas 1, Karte 11. *Summög* „nichtstechende Fliegen" (Ahrenshoop) handschriftl. *Brabänder* „Fliege, die tüchtig summt" Rhein. Wb. 1, 802. *Biene* „auch Wespen, Hummeln, bienenähnliche Fliegen" (Bayern) MILLER handschriftl.

Bremse SCHWARZ Sudetendt. Wortatlas 1, Karte 11. *Breme* (Mittelfranken) Wortatlas. *Brœmr* GERBET Vogtland 254. *Brama* BIELFELDT Dt. Lehnw. im Obersorb. 45. *Bunk* „fliegenartige Insekten" KNOOP Hinterpommern 2, 10; vgl. oben Sp. 9; 22 und 71. *Flettche* f. ALBRECHT Leipzig 115; 'Fliege', aber auch allgemeiner 'geflügeltes Tier, geflügeltes Insekt' (s. oben Sp. 8), vgl. *Flittich* 'Flügel' und *flitschen* 'flattern' ebda. *Gueg, Güegi* Schweiz. Id. 2, 161; vgl. Sp. 9 und 71. *Molkendieb* „kleine Fliegenart" MITZKA Schles. 2, 890; sonst 'Schmetterling', → *Lepidoptera*. *Schnoke* [Schnake] (Rheinhessen) Wortatlas. *Schnook* CHRISTMANN Sprachbew. Pfalz 73; (rheinfrk.) Rhein. Wb. 7, 1539; (Südungarn) Zs. f. dt. Maa. (1911) 127. Zum N. *Schnake* 'Mücke', → *Nematocera*. *Stechling* „allerlei Stechfliegen" Schweiz. Id. 10, 1285. *Fizen* „kleine Fliegen" SCHÖNFELD Fuhnegeb. 36. *Striebel* „ganz kleine Fliege" MITZKA Schles. 3, 1343.

Moscha LARDSCHNEIDER-CIAMPAC Gröden 3076; zu lat. *musca*, ital. *mosca*. *Maucha* (Böhmen) HÖFER Österreich 2, 240. *Müche* SCHRÖER Gottschee 181. Beide N.n zu tschech. *moucha*, slowen. *múha* 'Fliege'. *Mathin, Matzlin* WOLF Rotwelsch 210; zu zigeunerspr. *mátslin* 'Fliege' ders., Wb. d. Zigeunerspr. 148.

Veulchen, Veilchen [Vögelchen] VILMAR Kurhessen 431; „*Vogel* heißt in Hessen alles was fliegt, . . . sogar Fliegen". Dazu vgl.: „diu fliege ist, wirt der sumer heiz, der küenste vogel, den ich weiz" FREIDANK 145, 25; s. auch oben Sp. 3f. *Müsche*, doch meist diminutiv *Möschke* Rhein. Wb. 5, 1441; eigentl. 'Spatz, (kleiner) Vogel'. *Hans, Hänsche, Hanschen* Rhein. Wb. 3, 238; Lockruf und Kose-N. für viele Tiere, auch für Vögel, von daher auf die Fliege übertragen. Entsprechend auch *Piephans* Kinderspr. HALBACH Berg. Sprachschatz 252.

Familie Agromýzidae

Kleine bis sehr kleine Fliegen mit kurzen Fühlern; meist grau oder braun. Die Larven minieren in Halmen, Stengeln, Früchten oder Blüten, am häufigsten in Blättern. Einige von ihnen treten dadurch als Schädlinge an Kulturpflanzen auf. Die Familie ist weit verbreitet und in manchen Gebieten der Erde noch wenig erforscht.

Die Larven fressen Gänge (Minen) im Pflanzengewebe aus. *Miniermaden* LEDERER Schädlingskde (1928/32) 333. *Kambium-Minierer* ESCHERICH Forstinsekten 5 (1942) 638; zum N. → *Dizygomyza cambii* HENDEL. *Minierfliege* KARSCH Insektenwelt ([2]1883) 533. *Minierfliegen* Tierwelt Mitteleuropas 6, XVI (1936) 178; SCHMIDT Schadinsekten (1955) 14.

Agromýza fláviceps FALLÉN 1823. — Rücken schwarz, Hinterleib braunschwarz, Kopf und Beine gelb. 2 bis 2,5 mm. Die Larve lebt minierend in Hopfen (*Humulus lupulus* L.); Verpuppung erfolgt in der Erde. Zoolog. N. *Agromyza* FALLÉN 1810, zu griech. ἀγρός 'Acker' und griech. μύζω, μυζάω 'sauge' („in agris demessis potissimum obviae"); *flāviceps* zu lat. *flāvus* 'gelb' und lat. *-ceps* Kompositionsform von lat. *caput* 'Kopf'.

Hopfen-Minierfliege Hb. d. Pflanzenkrankh. 5, 2 ([4]1932) 7; SCHMIDT Schadinsekten (1955) 57.

Dizygomýza cámbii HENDEL 1931. — Düstere, schwarze Grundfarbe in allen Teilen; Hinterleib glänzend schwarz, zart grau bereift. Flügel schwach grau, durchscheinend. 5 mm. Larven im Kambium des unteren Teiles von Stämmen und Wurzeln verschiedener Laubhölzer; sie fressen darin bandförmige Gänge und verursachen die sog. „Markflecke" in den Jahresringen. Zoolog. N. *Dizygomyza* HENDEL 1920, zu griech. δίζυξ, δίζυγος 'paarweise, doppelt' und griech. μύζω, μυζάω 'sauge'; *cambiī* Gen. von neulat. *cambium* 'Kambium', d. i. der Gewebemantel unter der Rinde in Stämmen, Ästen, Wurzeln („Kambiumminierer").

Die Larven wurden in Weiden minierend entdeckt. *Weiden-Kambiumminierfliege* Anz. f. Schädlingskde 11 (1935) 121; v. KÉLER Entomol. Wb. (1956) 11.

Dizygomýza cépae HERING 1927. — Bruststück schwarz, mattgrau bereift; Hinterleib schwarz, etwas glänzend; Flügel weiß schimmernd. 1,7 bis 2,5 mm. Made in Zwiebeln minierend. Zoolog. N. *cēpae* Gen. von lat. *cēpa* 'Zwiebel' („in großer Menge auf Zwiebelfeldern angetroffen, so daß man mit Sicherheit die an derselben Stelle gefundenen Minen in Zwiebelblättern als zu dieser Art gehörig ansehen kann").

Zwiebelminierfliege LUDWIGS-SCHMIDT Krankh. u. Schädl. (1935) 91; Beitr. Entomol. 14 (1964) 119. Vgl. die N.n für → *Phorbia antiqua* MEIG.

Liriomýza strigáta (MEIGEN 1830). — Rücken glänzend schwarz. 2 mm. Larve in verschiedenen Pflanzen minierend; Verpuppung in der Erde. Verbreitet und häufig. Zoolog. N. *Līriomyza* MIK 1894, zu griech. λείριον 'Lilie' und griech. μύζω, μυζάω 'sauge' („Larven in den Blüthenknospen" der Lilie entdeckt); lat. *strigātus* 'streifig' („Einschnitte des Hinterleibes ... gelb").

Madenfraß in Mohn- und Erbsenblättern, in Zichorie, Zierkompositen und Heilkräutern. *Zichorienbohrfliege* LUDWIGS-SCHMIDT Krankh. u. Schädl. (1935) 91. *Zichorienminierfliege* SCHMIDT Schadinsekten (1955) 99.

Melanagromýza símplex (LOEW 1869). — Schwarz; 2 bis 2,8 mm. Fliegt im Mai und Juli. Die Larve miniert im Stengel von Spargel; Verpuppung in der Mine. Zoolog. N. *Melanagromyza* HENDEL 1920, zu griech. μέλας 'schwarz' und zoolog. → *Agromyza* FALL.; lat. *simplex* 'einfach' (einfarbig schwarz).

Kleine oder *Schwarze Spargelfliege* Illustr. Wochenschr. f. Entomol. 1 (1896) 508. *Kleine schwarze Spargelfliege* Anz. f. Schädlingskde 10 (1934) 135. *Kleine Spargelfliege* ebda 11 (1935) 131. D. h. „klein" im Gegensatz zur Großen Spargelfliege (→ *Platyparea poeciloptera* SCHR.). *Spargelminierfliege* LUDWIGS-SCHMIDT Krankh. u. Schädl. (1935) 91; SCHMIDT Schadinsekten (1939) 52. *Kleine Spargelminierfliege* KEILBACH Schädl. (1966) 632.

Phytomýza atricórnis MEIGEN 1838. — Rücken schwarz, aschgrau bestäubt, seitlich am Mittelteil gelb gesäumt; Beine schwarzbraun. 2 bis 2,5 mm. Made polyphag, in verschiedenen Pflanzen minierend; Verpuppung in der Mine. Zoolog. N. *Phytomyza* FALLÉN 1810, zu griech. φυτόν 'Gewächs, Pflanze' und griech. μύζω, μυζάω 'sauge' („in gramine pratorum obviae"); *ātricornis* zu lat. *āter* 'schwarz' und lat. *cornū* '(Fühl-)Horn' („mit schwarzen Fühlern").

Durch Minenfraß oft an Erbsen schädlich. *Erbsenminierfliege* LUDWIGS-SCHMIDT Krankh. u. Schädl. (1935) 90.

Phytomýza rúfipes MEIGEN 1830. — Rücken aschgrau bestäubt und matt. 2,7 bis 3 mm. Made miniert in Blättern und Blattstielen von Kohl-Arten (*Brassica* L.). Zoolog. N. *rūfipēs* zu lat. *rūfus* 'rot' und lat. *pēs* 'Fuß, Bein' („Beine rothgelb").

Kohlminierfliege HERING Blattminen (1953) 43. *Blumenkohlminierfliege* SCHMIDT Schadinsekten (1955) 38.

Familie Anthomyíidae

Meist kleine Tiere, braun oder grau, manche den sog. „Echten Fliegen" (→ *Muscidae*) recht ähnlich. Imagines auf Blättern, Blüten und zwischen Pflanzen aller Art. Die Larven vieler Arten werden in Blättern oder Wurzeln von Nutzpflanzen schädlich.

Die Fliegen finden sich vorwiegend als Pollenfresser auf Blüten. *Blumenfliegen* THON-REICHENBACH Naturgesch. Ins. (1838) 440; BREHM 6 ([1]1869) 411; ZACHER Vorratsschädl. (1927) 205; KLOTS-FORSTER Insekten (1959) 286. Die Larven zuweilen an Wurzeln. *Wurzelfliegenmaden* LUDWIGS-SCHMIDT Krankh. u. Schädl. (1935) 88.

Anthomýia pluviális (LINNÉ 1758). — Körper silbergrau. Bruststück mit 7 tiefschwarzen Flecken. Augen eng zusammenstoßend; Stirndreieck meist schwarz, seltener rötlichbraun. Flügel gelblich. 6 mm. Sehr verbreitet und häufig. Auf Blüten und an Baumstämmen. Zoolog. N. *Anthomyia* MEIGEN 1803, zu griech. ἄνθος 'Blüte, Blume' und griech. μυῖα 'Fliege' („häufig auf Blumen" MEIGEN System. Beschr. 5 [1826] 82); lat. *pluviālis* 'zum Regen in Beziehung stehend' („taediosissima sub instante pluvia" LINNÉ Fauna Svec. [[2]1761] 455).

Die Männchen führen vor Regenbeginn Lufttänze aus. *Regenfliege* LINNÉ-MÜLLER 5, 2 (1775) 971; LEUNIS ([2]1860) 622; KIRCHNER Blumen u. Ins. (1911) Taf. 2.

Pegomýia hyoscýami (PANZER 1809)

Brust gelblich, aschgrau bestäubt; Hinterleib gelbgrau mit schwarzer Rückenlinie. Flügel gelblichgrau. 6 mm. Auf Blättern und Blüten. Made (bis 9 mm) miniert in den Blättern verschiedener Pflanzen, schädlich besonders in Rüben, Spinat, Mangold.

Zoolog. N. *Pēgomyia* ROBINEAU-DESVOIDY 1830, unerklärt (zu griech. πηγή 'Quelle' AGASSIZ Nomencl. [1842] Dipt. 24?); *hyoscyamī* Gen. von botan. *Hyoscyamus* L., griech. ὑοσκύαμος 'Bilsenkraut', s. MARZELL Pflanzenn. 2, 926 (Larven zuerst in den Blättern des Bilsenkrauts entdeckt).

Runkelfliege LEUNIS ([2]1860) 622; BREHM 6 ([1]1869) 412; BRAUNS Waldins. (1964) 417. *Rübenfliege* RITZEMA BOS Schädl. u. Nützl. (1891) 614; SCHMIDT Schadinsekten (1939) 48. *Roibenfleige* (Westfalen) mündl. *Gelbbeinige Rübenfliege* LEDERER Schädlingskde (1928/32) 359. *Spinatfliege* LUDWIGS-SCHMIDT Krankh. u. Schädl. (1935) 90. — Larve: *Blattwurm* (Hannover) mündl.

Phorbia antíqua (MEIGEN 1826)

Körper schwärzlich, gelblichgrau bestäubt; Hinterleib flachgedrückt, streifenförmig, mit deutlicher Rückenlinie. Flügel gelblichgrau. 6 bis 7 mm. Die gelblichen Maden in Zwiebeln, die durch die Fraßschäden faulen und die Pflanze zum Absterben bringen.

Zoolog. N. *Phorbia* ROBINEAU-DESVOIDY 1830, N. unerklärt (wenn mit AGASSIZ Nomencl. [1842] Dipt. 30 griech. φορβειά 'Futter, Nahrung', dann ist *Phorbía* zu lesen); lat. *antīquus* 'alt'.

Zwiebelfliege Bouché Garten-Ins. (1833) 129; Brehm 9 ([2]1880) 479; Klots-Forster Insekten (1959) 286. *Graue Zwiebelfliege* Taschenberg Prakt. Insektenkde 4 (1880) 126; Ferrant Insekten (1911) 429. *Sepelnfleigen* (Westfalen) mündl.; vgl. *Ssīpel* 'Zwiebel' Woeste Westfalen 237, mnd. *sipele* Schiller-Lübben Mnd. Wb. 4, 215. *Üllichstēker* [-stecher] Rhein. Wb. 9, 41; zu rhein. *Üllich*, mhd. *ullouch* 'Zwiebel', Mischform aus *Ünne* (lat. *unio*) und *Lauch*, s. ebda 38.

Larve. *Zwiebelmade, Bollenmade* Kirchhof Conv. Lex. 3 (1842) 554; Leunis-Ludwig 2 (1886) 429. Zu *Bolle* 'Zwiebel', s. Marzell Pflanzenn. 1, 199. *Butt* „Made in der Zwiebel" Wossidlo-Teuchert Mecklenb. 2, 168; auch 'Wurm, Made' (s. Sp. 9), 'Engerling' (s. Sp. 539).

Phorbia brássicae (Bouché 1833)

Brust aschgrau, mit drei schwarzen Streifen (Männchen); Hinterleib flachgedrückt, nach hinten verschmälert, hellgrau, mit schwarzer Mittellinie. Flügel bräunlichgrau (Männchen) oder gelblichgrau (Weibchen). 5 bis 7 mm. Verbreitet auf Blättern niederer Pflanzen. Madenfraß an Wurzeln und in den Blattstielen. Schädlich an kreuzblütigen Kulturpflanzen.

Zoolog. N. *brassicae* Gen. von botan. *Brassica* L., lat. *brassica* 'Kohl' („Larve . . . in den Wurzeln und Stämmen der Kohlarten").

Schädlicher Madenfraß an den Wurzeln von Kohl, Rettich, Radieschen, Rüben. *Kohlfliege* Bouché Garten-Ins. (1833) 131; Brehm 6 ([1]1869) 412; Klots-Forster Insekten (1959) 286. *Koul-, Kaulfleige* (Westfalen) mündl. Im Gegensatz zur „Großen Kohlfliege" (→ *Ph. floralis* Fall.): *Kleine Kohlfliege* v. Lengerken Schädlingsb. (1932) 140; Brauns Waldins. (1964) 417. *Eigentliche Kohlfliege* Ritzema Bos Schädl. u. Nützl. (1891) 605. *Gemeine Kohlfliege* Schmidt Schadinsekten (1939) 33.

Larve. *Kohlmade* Schmidt Schadinsekten (1939) 33. Zuweilen auch im Herzstück von Kohlköpfen: *Herzwurm* (Saar) mündl.

Phorbia cárdui (Meigen 1826). — Hell bis dunkelgrau; Hinterleib mit dunkler Rückenlinie. Flügel bräunlich. 6 bis 7 mm. Die Larven im Stengel und in den Blättern von Nelken. Zoolog. N. *cardui* Gen. von botan. *Carduus* L., lat. *carduus* 'Distel' (zuerst „auf der Sumpfdistel" beobachtet).

Nelkenfliege v. Lengerken Schädlingsb. (1932) 141. *Graue Nelkenfliege* Hb. d. Pflanzenkrankh. 5, 2 ([5]1953) 150; Keilbach Schädl. (1966) 640.

Phorbia coarctáta (Fallén 1825). — Einfarbig gelbgrau (Männchen) oder Brust gelbgrau, Hinterleib aschgrau (Weibchen). Hinterleib schmal und verlängert, flachgedrückt, mit feiner Rückenlinie. Flügel gelblich. 6 bis 7 mm. Sehr häufig. Larven in verschiedenen Kulturpflanzen, besonders in den Halmen von Getreide minierend. Zoolog. N. Lat. *coarctātus* 'verengt, eingeengt' (Hinterleib länglich).

Hinterleib sehr schmal. *Verschmälerte Blumenfliege* Taschenberg Prakt. Insektenkde 4 (1880) 119. *Schmale Blumenfliege* Ritzema Bos Schädl. u. Nützl. (1891) 613. Maden minieren in den Stengeln von Getreide und bringen die befallenen Pflanzen zum Absterben. *Getreideblumenfliege* Eckstein Landeskde Brandenburg 1 (1909) 296; Escherich Forstinsekten 5 (1942) 653. Eiablage erfolgt oft in Brachfelder, daher dän. *brakflue*, das ins Dt. übernommen wird: *Brachfliege* Anz. f. Schädlingskde 5 (1929) 71; Schmidt Schadinsekten (1955) 39.

Phorbia florális (Fallén 1824)

Sehr ähnlich der Art → *Ph. brassicae* Bouché, doch etwas größer (6 bis 8 mm). Grundfärbung gelbgrau. Flügel gelb, mit gelben Adern. Die Larven entwickeln sich in Kohl und fressen sich bis ins Herz vor; auch Rettich, Radieschen, Kohlrüben werden befallen.

Zoolog. N. Lat. *flōrālis* 'die Flora, die Blumen betreffend' (N. in Anlehnung an den Gattungs-N. → *Anthomyia* Meig.).

Made schädlich im Fleische von Rettichen und Radieschen (daher namensgleich mit → *Ph. radicum* L.). *Rettichfliege* Taschenberg Prakt. Insektenkde 4 (1880) 132; Schmidt Schadinsekten (1939) 45. *Radieschenfliege* Lederer Schädlingskde (1928/32) 358. Schädlich in Kohl (wie die ähnliche, kleinere Art → *Ph. brassicae* Bouché). *Große Kohlfliege* v. Lengerken Schädlingsb. (1932) 140; Brauns Waldins. (1964) 417.

Phorbia gnáva (Meigen 1826). — Brust schwarzbraun; Hinterleib flachgedrückt, nach hinten verschmälert, aschgrau bestäubt, mit schwarzen Flecken und grauschwarzer Rückenlinie. Flügel bräunlich. 5 bis 7 mm. Larve schädlich an Kopfsalat, dessen Samenanlagen sie ausfrißt. Zoolog. N. Lat. *gnāvus* 'rührig, betriebsam' („im Sommer sehr gemein in Hecken und auf Schirmblumen").

Made an Lattich (Kopfsalat), die Samenernte oft empfindlich schädigend. *Lattigfliege* Bouché Garten-Ins. (1833) 132. *Lattichfliege* Thon-Reichenbach Naturgesch. Ins. (1838) 440; Brehm 6 ([1]1869) 412; Schmidt Schadinsekten (1939) 35. *Salatfliege* Kirchhof Conv. Lex. 3 (1842) 555; Hb. d. Pflanzenkrankh. 5, 2 ([5]1953) 150.

Phorbia laricícola (Karl 1928). — Brust schwarz mit 3 Streifen. Hinterleib flach und kurz, aschgrau bestäubt mit schwarzer Rückenlinie. Flügel bräunlichgrau. Entwicklung der Maden in Lärchenzapfen. Zoolog. N. *laricicola* zu botan. *Larix* L., lat. *larix*, Gen. *laricis* 'Lärche' und lat. *colere* '(be-)wohnen' („Larven leben in Lärchenzapfen, in denen sie die Samenanlagen verzehren").

Lärchenfliege Schmidt Schadinsekten (1939) 35. *Lärchensamenfliege* Escherich Forstinsekten 5 (1942) 654. *Lärchenzapfenfliege* ebda 650.

Phorbia platúra (Meigen 1826)

Grau, Brust mit drei braunen Streifen. Hinterleib mit schwarzer Rückenlinie. 4 bis 5 mm. Die

Larven fressen sich in die Wurzel, den Stengel oder die Keimblätter von Lupinen ein. Außerdem schädlich an Bohne, Erbse, Kohl, Rettich, Rübe, Gurke und anderen Pflanzen.

Zoolog. N. *platūra* zu griech. πλατύς 'platt, breit' und griech. οὐρά 'Schwanz'.

Schädlich an verschiedenen Pflanzen (s. oben). Die deutschen N.n beziehen sich alle auch auf die in Biologie und Schädlichkeit sehr ähnliche *Ph. florilega* ZETT.; beide Arten wurden oft nicht genau unterschieden. *Lupinenfliege* TASCHENBERG Prakt. Insektenkde 4 (1880) 121; SCHMIDT Schadinsekten (1955) 60. *Lupinenfind* [-feind] BERGHAUS Sprachschatz d. Sassen 2, 439. *Schalottenfliege* TASCHENBERG a. a. O.; SCHMIDT a. a. O. *Saatenfliege* Anz. f. Schädlingskde 22 (1949) 37. *Bohnenfliege* ebda 27 (1954) 87; PAPE Krankh. u. Schädl. ([5]1964) 580. Die Hinterschienen der Männchen tragen kammartig gereihte Börstchen (das wesentliche Unterscheidungsmerkmal gegenüber *Ph. florilega* ZETT.): *Kammschienen-Wurzelfliege* SCHMIDT a. a. O.; KEILBACH Schädl. (1966) 640.

Phorbia radícum (LINNÉ 1758)

Brust grau bestäubt, mit schwarzen Streifen; Hinterleib aschgrau mit breiter Rückenlinie. Flügel bräunlichgrau. 4 bis 5,5 mm. Überall auf den Blättern niederer Pflanzen. Larven in den Wurzeln verschiedener Kulturpflanzen.

Zoolog. N. *rādīcum* Gen. Pl. von lat. *rādīx* 'Wurzel' („habitat in radicibus Raphani").

Made in Rettichen, Radieschen (wie → *Phorbia floralis* FALL.). *Rettigfliege* LINNÉ-MÜLLER 5, 2 (1775) 970. *Rettichfliege* SCHMIDT Schadinsekten (1939) 61. *Radieschenfliege* THON-REICHENBACH Naturgesch. Ins. (1838) 440; BREHM 6 ([1]1869) 412. Auch in den Wurzeln von Kohlarten. *Kohlfliege* Internat. Entomol. Zs. 18 (1924/25) 31.

Wurzelfliege MEIDINGER Nomenkl. (1787) 194; TASCHENBERG Prakt. Insektenkde 4 (1880) 131; v. KÉLER Entomol. Wb. (1956) 476. Übersetzung des zoolog. N.s. Der Mundrand stark vorstehend, daher *Schnauzen-Wurzelfliege* Hb. d. Pflanzenkrankh. 5 ([5]1953) 160; BRAUNS Waldins. (1964) 418.

Familie Asílidae

Artenreiche, überall verbreitete Familie mittelgroßer bis großer Fliegen. Die meisten sind schlank, aber kräftig gebaut. Alle leben räuberisch von anderen Insekten (Dipteren, Hymenopteren u. a.), überwältigen sogar größere (z. B. Odonaten) und stark gepanzerte Tiere (Coleopteren). Teils lauern sie an Baumstämmen oder Zweigspitzen auf ihre Beute, häufig fangen sie diese auch im Fluge. Dabei vernichten sie vielfach die Schädlinge von Kulturpflanzen, so daß z. B. „vom forstlichen Standpunkt aus ... die Asiliden durchgehend als Nützlinge zu bezeichnen" sind (ESCHERICH Forstinsekten 5 [1942] 614). Möglicherweise lähmen sie ihre Opfer durch ein mit dem Rüssel eingespritztes Speichelsekret. Die meisten Arten sind gelb und schwarz gefärbt und nur mäßig behaart. Ihre Eier lassen sie entweder auf die Erde fallen oder legen sie mit ihrer Legeröhre in die Erde. Die Larven leben im Erdreich, in moderndem Holz, unter Baumrinden.

Räuberische Lebensweise. *Raub-Fliegen* FRISCH Insecten 3 (1721) 34. *Raubfliegen* LINNÉ-MÜLLER 5, 2 (1775) 1001; BECHSTEIN-SCHARFENBERG Forstinsekten 3 (1805) 1006; BREHM 6 ([1]1869) 392; KLOTS-FORSTER Insekten (1959) 276. *Raubmücken* SAILER Marian. Orakel 1 (1764) 189. *Raubmucken* OKEN 5, 2 (1835) 773. Vgl. dän. *rovflue* (1764) HENRIKSEN Danske Insektnavne 57, DO 17, 1312; nl. *roofvliegen* HOUTTUYN 12 (1768) 579; engl. *robber-fly* NED 8, R 733. *Habicht-Fliegen* FRISCH Insecten 3 (1721) 35 (vgl.: „... ja so gar der Kefer nicht schonen, und die Rosen-Kefer mit sich in der Lufft als Habichte davon getragen" ebda 34). *Habichtsfliegen* LINNÉ-MÜLLER a. a. O.; BREHM 2 ([4]1922) 331. Vgl. nl. *havikvlieg* HOUTTUYN 12 (1768) 580; engl. *hawk-fly* NED 5, H 130. *Wolfsfliegen* LINNÉ-MÜLLER a. a. O.; OKEN 5, 2 (1835) 774; BREHM a. a. O. Vgl. nl. *wolfvliegen* HOUTTUYN 12 (1768) 579 und *wolf-vlieg* SWAMMERDAM Hist. Ins. Gen. (1669) 119, das möglicherweise auf älterem *musca lupus* (MOUFETUS Ins. Theatr. [1634] 58) beruht. *Mordfliegen* BREHM 9 ([2]1880) 459; anfangs der N. für die Arten der Gattung → *Laphria* MEIG., dann vereinzelt auf die Familie ausgedehnt.

Asílus crabronifórmis LINNÉ 1758

Von dunkler Grundfarbe, doch der Kopf und die ersten Fühlerglieder, Schulterbeulen, einige Rückenstreifen, hintere Hinterleibsringe und Beine gelb. Flügel gelb mit bräunlicher Spitze. 20 bis 25 mm. Im Hochsommer verbreitet, meist in sandigen Gegenden.

Zoolog. N. Lat. *asilus* 'Bremse, Viehbremse' (von PLINIUS Nat. Hist. 11, 100 als Stechfliege „sive tabanus" beschrieben, entsprechend von ISIDORUS Etym. XII, VIII 15 mit den N.n der Viehbremsen [d. h. vor allem → *Oestridae*, → *Tabanidae*] zusammengestellt: „oestrus autem Graecum est, qui Latine asilus, vulgo tabanus vocatur"), von LINNÉ als N. für die Raubfliegen übernommen; *crābrōnifōrmis* zu lat. *crābro*, Gen. *crābrōnis* 'Hornisse' und lat. *fōrma* 'Form, Gestalt' („facies crabronis" LINNÉ Fauna Svec. [[2]1761] 469, vgl. schon „musca maxima crabroniformis" RAJUS Hist. Ins. [1710] 267).

Grosse Raubfliege mit dem gelben spitzigen Hinterleib FRISCH Insecten 3 (1721) 38. *Strassen-*

räuber LINNÉ-MÜLLER 5, 2 (1775) 1002; HERBST Naturgesch. 8 (1787) 118.

In Färbung und Größe mit der Hornisse verglichen, s. oben den zoolog. N. und vgl. „wegen des gelben und schwarzen Hinterleibs könte sie einem wohl als eine Wespen-Art vorkommen“ FRISCH a. a. O., doch wird von anderen diese Ähnlichkeit für äußerst gering erklärt (HOUTTUYN 12 [1768] 584; MÜLLER a. a. O.). In der Benennung aber folgt man dem zoolog. N. *Hornissenartige Raubfliege* FUESSLI Verz. schweitz. Inseckten (1775) 57; BREHM 6 ([1]1869) 394; KLOTS-FORSTER Insekten (1959) 276. *Hornissenähnliche Raubfliege* LESKE Anfangsgr. 1 (1779) 483. *Hornißähnliche Raubfliege* FERRANT Insekten (1911) 425. *Hornißförmige Raubfliege* MEIDINGER Nomenkl. (1787) 197; LEUNIS ([2]1860) 612. *Hornißförmige Wolfsfliege* OKEN 5, 2 (1835) 775. *Hornißraubfliege* BECHSTEIN-SCHARFENBERG Forstinsekten 3 (1805) 1006. *Hornissen-Raubfliege* SCHLECHTENDAL-WÜNSCHE Insecten (1879) 464. Vgl. engl. *hornet-fly* NED 5, H 389. *Wespenartige Raubfliege* PANZER Syst. Nomencl. (1804) 13.

Gattung **Dasypógon** MEIGEN 1803

Große, langbeinige Raubfliegen, gelb und braun gezeichnet. Das gewölbte Gesicht ist von einem kurzborstigen Knebelbart bedeckt. Flügel breit, in der Ruhelage die Spitze des Hinterleibs überragend. Die Imagines im Grase.

Zoolog. N. *Dasypōgōn* zu griech. δασύς 'dichtbewachsen, haarig' und griech. πώγων 'Bart' („Untergesicht . . . mit einem starken Knebelbarte von steifen Borsten“ MEIGEN System. Beschr. 2 [1820] 256).

Wolfsfliege („diese Fliegen leben vom Raube, worauf der deutsche Gattungsname anspielt“) MEIGEN System. Beschr. 2 (1820) 256; KARSCH Insektenwelt ([2]1883) 479. Der N. gilt bei älteren Autoren auch für alle Arten der Familie, s. oben Sp. 704.

Steifbart LEUNIS (1844) 288. *Steifbärte* BREHM 6 ([1]1869) 393. Vgl. den zoolog. N. sowie die Angaben des Autors, der δασύς mit 'steifhaarig' übersetzt (MEIGEN a. a. O.).

Dasypógon téutonus (LINNÉ 1767). – Schwarz, an den Seiten gelb, Fühler und Beine rotgelb. Flügel blaßgelb am Vorderrand und graubraun am Hinterrand. 15 bis 22 mm. Zoolog. N. Lat. *Teutonus* 'Teutone', d. i. ein Angehöriger der germanischen Stämme, 'Germane', hier in der späteren Bedeutung 'ein Deutscher' („habitat in Germania“).

Der Deutsche LINNÉ-MÜLLER 5, 2 (1775) 1004. *Altdeutsche Raubfliege* MEIDINGER Nomenkl. (1787) 197. *Vaterländische Raubfliege* BRAHM Insektenkal. (1790) 197. *Teutsche Raubfliege* PANZER Syst. Nomencl. (1804) 13. *Deutsche Wolfsfliege* SCHINZ-CUVIER Thierreich 3 (1823) 862. *Deutscher Steifbart* BREHM 9 ([2]1880) 460.

Gattung **Dióctria** MEIGEN 1803. – Schwarze, schlanke, langbeinige Arten. Meist in Gebüsch und an Waldrändern auf der Jagd nach anderen Zweiflüglern. Zoolog. N. *Diŏctria*, griech. διώκτρια 'Verfolgerin'.

Habichtsfliege MEIGEN System. Beschr. 2 (1820) 239; TASCHENBERG Was da kriecht u. fliegt (1861) 403; BROHMER Fauna ([6]1949) 333. N. zuerst bei FRISCH (1721) für alle Raubfliegen (→ *Asilidae*), dann von einigen Autoren auf die Arten dieser Gattung eingeschränkt.

Dióctria oelándica (LINNÉ 1758). – Schlank. Schwarz, Beine rotgelb, Flügel braunviolett. Auf dem Rücken zwei gelbliche Längsstreifen. 13 bis 16 mm. Überall häufig. Zoolog. N. Neulat. *oelandicus* 'öländisch' (die Art wurde von LINNÉ auf seiner Reise nach Öland entdeckt).

Oeländer LINNÉ-MÜLLER 5, 2 (1775) 1005. *Öländische Raubfliege* MEIDINGER Nomenkl. (1787) 197. Vgl. nl. *Oelandsche Roofvlieg* HOUTTUYN 12 (1768) 590. *Oelandische Habichtsfliege* SCHINZ-CUVIER Thierreich 3 (1823) 863. *Öländische Habichtsfliege* GRÄFE Handb. (1836) 861; BREHM 6 ([1]1869) 393.

Gattung **Láphria** MEIGEN 1803

Größere, ziemlich breitgebaute, kurzbeinige Fliegen. Pelzig behaart, je nach Größe den Hummeln oder den Bienen ähnlich. An Waldrändern und auf Lichtungen. Die Larven leben in abgestorbenen Baumstämmen.

Zoolog. N. *Laphria*, griech. Λαφρία 'Räuberin', Beiname der Artemis und der Athene.

Mordfliege MEIGEN System. Beschr. 2 (1820) 286; BREHM 6 ([1]1869) 394; BROHMER Fauna ([6]1949) 334. *Mordfleeg*, *Moordfleige* BERGHAUS Sprachschatz d. Sassen 2, 627. Der N. wird teilweise auch für alle Arten der Familie → *Asilidae* verwendet.

Láphria fláva (LINNÉ 1761). – Schwarz; verschiedentlich gelb, Hinterleib rötlich behaart. Flügel gelblich mit braun gesäumten Adern. 12 bis 25 mm. Zoolog. N. Lat. *flāvus* 'gelb' („thorace postice flavo“).

Gelbrücken LINNÉ-MÜLLER 5, 2 (1775) 1004. *Die Gelbe* SULZER Abgek. Gesch. d. Ins. 1 (1776) 224. *Gelbe Raubfliege* MEIDINGER Nomenkl. (1787) 197; BEHLEN Forst- u. Jagdkde 5 (1843) 270. Vgl. nl. *geele roofvlieg* HOUTTUYN 12 (1768) 587. *Gelbröthliche Raubfliege* PANZER Syst. Nomencl. (1804) 68. *Gelbe Mordfliege* SCHINZ-CUVIER Thierreich 3 (1823) 862; SCHLECHTENDAL-WÜNSCHE Insecten (1879) 463.

Láphria gibbósa (LINNÉ 1758). – Schwarz, überall gelb behaart. Flügel bräunlich getrübt. 15 bis 27 mm. In Waldgegenden. Zoolog. N. Lat. *gibbōsus* 'buckelig, höckerig' (untere Gesichtshälfte mit einer Art Höcker, der allerdings, mehr oder weniger ausgeprägt, auch bei den übrigen Arten der Gattung vorhanden ist).

Der Höcker LINNÉ-MÜLLER 5, 2 (1775) 1003. *Höckerige Raubfliege* MEIDINGER Nomenkl. (1787) 197. *Die Buckliche* HERBST Naturgesch. 8 (1787) 119. *Buck-*

lichte Raubfliege PANZER Syst. Nomencl. (1804) 13. Vgl. nl. *bultige roofvlieg* HOUTTUYN 12 (1768) 586. *Bukkelraubfliege* BREHM-RAMMNER 1 (1955) 335. *Buckelige Wolfsfliege* OKEN 5, 2 (1835) 775. Übersetzungen des zoolog. N.s.

Láphria gílva (LINNÉ 1758). – Schwarz, Hinterleib rostrot behaart. Flügel bräunlich, an der Wurzel glashell. 15 bis 20 mm. In Wäldern; häufig. Zoolog. N. Lat. *gilvus* 'honiggelb' („abdomine . . . supra rufo").

Rothrücken LINNÉ-MÜLLER 5, 2 (1775) 1004. *Rostrothe Raubfliege* MEIDINGER Nomenkl. (1787) 197. *Fuchsrothe Raubfliege* PANZER Syst. Nomencl. (1804) 93. In Anlehnung an den zoolog. N.: *Gelbleibige Mordfliege* BREHM 6 ([1]1869) 394. *Gelbliche Mordfliege* SCHLECHTENDAL-WÜNSCHE Insecten (1879) 463. *Gelbe Mordfliege* FERRANT Insekten (1911) 425.

Gattung **Leptogáster** MEIGEN 1803. – Kleine, schlanke Fliegen mit langgestrecktem Hinterleib und verhältnismäßig kurzen, keilförmigen Flügeln und langen Beinen. Zumeist auf Wiesen und Gebüsch. Sie nähren sich vom Raube kleinerer, schwach chitinisierter Insekten. Die Larven in Humus. Zoolog. N. *Leptogastēr* zu griech. λεπτός 'dünn, schmal' und griech. γαστήρ 'Bauch, Leib' („Hinterleib . . . lang, dünn" MEIGEN System. Beschr. 2 [1820] 342).

In Anlehnung an den zoolog. N. *Schlankfliege* MEIGEN System. Beschr. 2 (1820) 342; BROHMER Fauna ([6]1949) 332.

Pamponérus germánicus (LINNÉ 1758). – Braun; Rücken gelbgrau bestäubt mit braunschwarzem Mittelstreifen. Hinterleib mit weißen Seitenflecken. Schienen rotgelb. Flügel bräunlich getrübt. 18 bis 21 mm. In ganz Europa. Zoolog. N. *Pamponērus* LOEW 1849, griech. παμπόνηρος 'ganz schlecht, bösartig'; lat. *germānicus* 'germanisch', hier in seiner späteren Bedeutung 'deutsch' („habitat in Germania").

Rothstrumpf („rothe Schienbeine") LINNÉ-MÜLLER 5, 2 (1775) 1005. *Deutsche Raubfliege* MEIDINGER Nomenkl. (1787) 197; FERRANT Insekten (1911) 425. Vgl. nl. *duitsche roofvlieg* HOUTTUYN 12 (1768) 588.

Familie **Bombyliidae**

Mittelgroße Fliegen mit oft schöngefleckten Flügeln und mit dichter, wolliger Behaarung, meist bienen- oder hummelähnlich. Imagines bevorzugen trockene, sonnige Gebiete und finden sich als Nektarsauger auf Blumen. Die Larven sind schlank und beweglich und leben als Räuber, Parasiten oder Inquilinen in den Nestern von Hymenopteren, bes. von Solitärbienen, auch in Schmetterlingsraupen oder in Eikapseln von Heuschrecken.

Auf Blumen. *Blumenbremse* BECKMANN Anfangsgr. (1767) 115; ADELUNG 1 (1774) 977. Viele Arten mit langem, vorragendem Rüssel. *Rüsselfliege* SCHAEFFER Elementa entomol. (1766) Tab. 27; ADELUNG 3 (1777) 1540. *Spießmucken* („haben einen gerad nach vorn stehenden Hornrüssel") OKEN 5, 2 (1835) 777.

Bombyliiden sind ausgezeichnete Flieger und halten sich oft schwebend, gleichsam still stehend, in der Luft. *Stehende Fliegen* SULZER Kennzeichen d. Ins. (1761) 174. Vgl. nl. *staande vliegen* HOUTTUYN 12 (1768) 591. *Schweber* LINNÉ-MÜLLER 5, 2 (1775) 1007; SCHMIEDLEIN Insectenlehre (1786) 408; CAMPE 4 (1810) 329; BRAUNS Waldins. (1964) 396. *Schwebfliege* FUESSLI Verz. schweitz. Inseckten (1775) 58. *Schwebfliegen* HERBST Naturgesch. 8 (1787) 120; GRÄFE Handb. (1836) 861; KARSCH Insektenwelt ([2]1883) 485. Auch N. der → *Syrphidae*, die ebenfalls „schwebend" in der Luft stillzustehen scheinen.

Meist wollig behaart; manche Arten den Hummeln ähnlich (s. den zoolog. N. → *Bombylius* L.). *Hummelfliegen* LEUNIS ([2]1860) 614; RITZEMA BOS Schädl. u. Nützl. (1891) 603; KLOTS-FORSTER Insekten (1959) 275. *Wollschweber* BREHM 2 ([4]1922) 328; ESCHERICH Forstinsekten 5 (1942) 615; SCHMIDT Schadinsekten (1955) 20.

Gattung **Ánthrax** SCOPOLI 1763

Kleine bis mittelgroße Fliegen mit kurzem Rüssel. Körper stark behaart. Flügel in eine schwarze oder braune Wurzelhälfte und eine glasklare Spitze geteilt. Sie fliegen in der Sonne; an Blumen saugend.

Zoolog. N. *Anthrax*, griech. ἄνθραξ 'Kohle' („nigra . . .; alis corpore longioribus, nigris, apice excolore").

Dunkle Flügelzeichnung. *Trauerschweber* MEIGEN System. Beschr. 2 (1820) 141; LEUNIS ([2]1860) 615; KLOTS-FORSTER Insekten (1959) 275. *Trauerwollschweber* Internat. Entomol. Zs. 25 (1931/32) 16. *Trauerfliege* MEIGEN a. a. O.; LENZ Naturgesch. 3 (1836) 486. *Mohrenschweber* SCHLECHTENDAL-WÜNSCHE Insecten (1879) 452. *Mohrenfliege* KARSCH Insectenwelt (1863) 341. Zum N. → *Hemipenthes morio* L.

Ánthrax hottentóttus (LINNÉ 1758). – Rotgelb behaart. Hinterleib schwarz mit gelben Querbinden. Flügel glasartig mit rotbraunem Vorderrand. 11 bis 19 mm. Die Larven parasitieren bei den Raupen forstschädlicher Schmetterlinge (Noctuiden). Zoolog. N. Neulat. *hottentottus* 'hottentottisch' (nach dem afrikanischen Volk der Hottentotten, deren Hautfarbe LINNÉ in der Färbung der Fliege wiederzufinden glaubte; „corpus nigrum, vellere testaceo hirtum" Fauna Svec. [[2]1761] 441).

Hottentot LINNÉ-MÜLLER 5, 2 (1775) 953. *Hottentottenfliege* MEIDINGER Nomenkl. (1787) 192. *Hottentotten Trauerfliege* PANZER Syst. Nomencl. (1804) 18. *Hottentotten-Mohrenfliege* ebda 91.

Gattung **Bombýlius** LINNÉ 1758

Gedrungen, dicht behaart, von den Arten dieser Familie den Hummeln am ähnlichsten. Rüssel vorstehend, länger als der Kopf. Die Imagines sind Blütenbesucher auf niederen Pflanzen. Die Larven der meisten Arten leben als Schmarotzer bei Solitärbienen.

Zoolog. N. *Bombylius*, griech. βομβύλιος 'ein summendes Insekt, Biene, Hummel' (hummelähnlich; „totum corpus nigrum, sed hirsutie et lana albida undique vestitum Apis Bombylii instar“ LINNÉ Fauna Svec. [[2]1761] 471; vgl. schon den N. *musca bombyliformis* RAJUS Hist. Ins. [1710] 273).

Gemeinschweber [d. h.: Gemeiner Schweber] MEIGEN System. Beschr. 2 (1820) 186; BREHM 6 ([1]1869) 396. *Schweber* THON-REICHENBACH Naturgesch. Ins. (1838) 427. *Wollschweber* LEUNIS (1844) 290; BROHMER Fauna ([6]1949) 335. *Echte Wollschweber* KLOTS-FORSTER Insekten (1959) 275. Zu den N.n vgl. → *Bombyliidae*. Vereinzelt bleibt die Übertragung des zoolog. N.s *Sumsfliege* ILLIGER in: Magaz. f. Insektenkde 1 (1801) 129.

Bombýlius áter SCOPOLI 1763. — Schwarz behaart. Brust und Hinterleib schwarz mit weißen Punkten und Flecken. Flügel an der Wurzel und am Vorderrand schwärzlich. 6 bis 11 mm. Zoolog. N. Lat. *āter* 'schwarz' („totus pilosus niger . . . Pedes nigri“).

Schwebender Mohr LINNÉ-MÜLLER 5, 2 (1775) 1008. *Schwarze Schwebfliege* MEIDINGER Nomenkl. (1787) 198. *Schwarzer Schweber* BRAHM Insektenkal. 1 (1790) 87; LENZ Naturgesch. 3 ([2]1851) 423. *Schwarze weißgefleckte Summfliege* PANZER Syst. Nomencl. (1804) 93.

Bombýlius májor LINNÉ 1758

Schwarzbraun, dicht gelbbräunlich behaart, Brust- und Bauchseiten weiß. Flügel am Vorderrande mit brauner Färbung. 9 bis 11,5 mm (Rüssellänge bis zu 10 mm). Eine der häufigsten Arten dieser Familie.

Zoolog. N. Lat. *māior* Komparativ von lat. *māgnus* 'groß' (d. h. größer als die übrigen LINNÉ bekannten Arten der Gattung; vgl. → *B. minor* L.).

Großer Schweber LINNÉ-MÜLLER 5, 2 (1775) 1007; LENZ Naturgesch. 3 ([2]1851) 423. *Größerer Schweber* BRAHM Insektenkal. 1 (1790) 43. *Großer Wollenschweber* GRÄFE Handb. (1836) 862. *Großer Wollschweber* BREHM 2 ([4]1922) 329. *Großer Gemeinschweber* GRÄFE a. a. O. *Große Schwebfliege* FUESSLI Verz. schweitz. Inseckten (1775) 58. *Größere Schwebefliege* PANZER Syst. Nomencl. (1804) 126. *Schwebmucke* OKEN 5, 2 (1835) 777. *Große Summfliege* PANZER a. a. O. 93.

Bombýlius mínor LINNÉ 1758. — Braungrau; dicht rotgelb, seitlich und unten weißlich behaart. Beine gelblich. Flügel an der Wurzel stark gebräunt. 8 bis 9,5 mm. Larve als Schmarotzer bei Bienen (→ *Colletes* LATR.). Zoolog. N. *minor* Komparativ von lat. *parvus* 'klein' (d. h. kleiner als die übrigen LINNÉ bekannten Arten der Gattung; vgl. → *B. major* L.).

Kleiner Schweber LINNÉ-MÜLLER 5, 2 (1775) 1008. *Kleine Schwebfliege* FUESSLI Verz. schweitz. Inseckten (1775) 58. *Kleinere Summfliege* PANZER Syst. Nomencl. (1804) 64.

Hemipénthos mório (LINNÉ 1758)

Schwarz; Brustseiten rotgelb behaart. Flügel an der Wurzel schwarz, die andere Hälfte glasklar. Bis 12 mm. Die Larven leben als Hyperparasiten von Tachinen und Ichneumonen bei forstschädlichen Schmetterlingen (z. B. Kieferneule, Nonne) und entwickeln sich in den Tachinentönnchen und Schlupfwespenkokons.

Zoolog. N. *Hēmipenthēs* LOEW 1869, zu griech. ἡμι- 'halb' und griech. πενθέω 'beklage, betrauere', πένθος 'Trauer'; lat. *mōrio* 'Narr' (wohl nach den schwarz-weiß gefärbten Flügeln, „alis dimidiato-nigris“).

Körper schwarz. *Mohr* LINNÉ-MÜLLER 5, 2 (1775) 952. *Möhrin* FUESSLI Verz. schweitz. Inseckten (1775) 54. *Mohrenfliege* MEIDINGER Nomenkl. (1787) 192; BEHLEN Forst- u. Jagdkde 2 (1841) 304. *Eigentliche Mohrenfliege* PANZER Syst. Nomencl. (1804) 91. *Mohrenmücke* BEHLEN a. a. O. *Kohlenfliege* SCHRANK Enumeratio (1781) 439; nach syn. *Musca anthrax* (→ *Anthrax* SCOP.).

Trauerschweber BREHM 6 ([1]1869) 396; v. KÉLER Entomol. Wb. (1956) 359. *Gemeiner Trauerschweber* BREHM 9 ([2]1880) 462. *Schneller Trauerschweber* Illustr. Wochenschr. f. Entomol. 2 (1897) 616.

In Anlehnung an den zoolog. N.: *Narrenfliege* CAMPE 3 (1809) 453.

Gattung **Phthíria** MEIGEN 1803. — Klein bis mittelgroß (3 bis 8 mm), wenig behaart. Rüssel dünn und vorgestreckt. Flügel länger als der Hinterleib. Imagines besuchen mit Vorliebe die Blüten von Kompositen. Zoolog. N. *Phthīria* zu griech. φθείρ 'Laus' (auf die Kleinheit der Arten anspielend).

Kleinschweber MEIGEN System. Beschr. 2 (1820) 217; NEUHAUS Dipt. March. (1886) 54.

Familie Borbóridae
(= Sphaerocéridae)

Meist kleine (1 bis 4 mm), schwarze, braune oder dunkelgelbliche Fliegen mit kurzem und schnellem Flug. Sie leben saprophag an faulenden Stoffen, an Exkrementen von Tier und Mensch und werden oft scharenweise über Dungstätten, Komposthaufen und Abwässern angetroffen, wo sich ihre Larven entwickeln.

Zoolog. N. *Borboridae* Weiterbildung des Gattungs-N.s *Borborus* MEIGEN 1803, griech. βόρβορος 'Schlamm, Schmutz, Kot, Mist'; syn. *Sphaerocera* LATREILLE 1804, zu griech. σφαῖρα 'Kugel', σφαῖρος 'kugelrund' und griech. κέρας '(Fühl-)Horn' (Fühler dreigliedrig, das dritte Glied sphäroidisch).

Lebensweise in und an Dung. *Düngerfliege* LEUNIS (1844) 292; TASCHENBERG Prakt. Insektenkde 4 (1880) 161. *Dungfliegen* Tierwelt Mitteleuropas 6, XVI (1936) 172. *Kleine Mist Mücken* SCHWENCKFELD Theriotropheum (1603) 527. *Mistmuck* FISCHER Schwäb. 6, 2580. *Mistmügn* (Fehmarn) Wiepert in: Die Heimat 65 (1958) 129. Weitere N.n → *Scatophagidae*, von denen Borboriden in volkstümlicher Sprache nicht unterschieden werden dürften.

Familie **Bráulidae**

Kleine, lausähnliche, völlig flügellose Fliegen, die parasitär bei Bienen leben. In Deutschland nur eine Art (→ *Braula coeca* Nitzsch).

Bienenläuse Leunis-Ludwig 2 (1886) 439; Schmidt Schadinsekten (1955) 9.

Bráula cóeca Nitzsch 1818

Klein und fast kugelförmig (1 bis 1,5 mm), flach, bräunlich, flügellos. Beine kräftig und kurz. Imagines und Larven leben parasitär bei Honigbienen. Die Imago „sitzt am Brustkorb junger Ammenbienen, besonders gern aber ... an dem der Königinnen ... Sie sind nicht Blutsauger, sondern Nahrungskonkurrenten und rennen, sobald der Königin von einer jungen Biene ein Rüssel mit Futtersaft gereicht wird, schnell nach vorn, fressen mit und begeben sich dann wieder auf ihren Ruheplatz" (Hüsing Honigbiene [1952] 98). Die Larven minieren in den Zelldeckeln der Waben und leben neben den Bienenlarven von deren Futter.

Zoolog. N. *Braula* Nitzsch 1818, griech. βραύλα 'Laus' (lausähnlich); lat. *caecus* 'blind' (der Autor übersah die nur schwer erkennbaren kleinen Fazettenaugen, „oculi et ocelli nulli").

Kleinheit, Flügellosigkeit und Lebensweise lassen die Fliege lausähnlich erscheinen (vgl. schon: „elles ont été accordées à une espèce de poux" Réaumur Mém. Ins. 5 [1740] 711). *Bienen-Läuse* Noel Chomel Lex. 2 (1750) 66; Krünitz Oecon. Encycl. 4 (1774) 717. *Bienenlaus* Thon-Reichenbach Naturgesch. Ins. (1838) 458; Brehm 6 ([1]1869) 417; Jordan Bienenkde (1954) 126. *Bilaus* Mulch Südhess. 1, 831. *Imm'nluus* Teut Hadeln (Niederelbe) 2, 261.

Kammfuss Taschenberg Prakt. Insektenkde 4 (1880) 171; das letzte Fußglied „trägt ... zwei feine Kämme an Stelle der Klauen".

Aus älterer Sprache gehört vielleicht hierher *Wachsmilbe* Stieler Stammbaum (1691) 1302, womit die in den Wabendeckeln minierenden Larven gemeint sein könnten. Wenn aber *Wachsmilbe* (z. B. bei Adelung 5 [1786] 9) mit *Wachsschabe* gleichgesetzt wird, so ist dabei eher an die Wachsmotten (→ *Galleria mellonella* L. und → *Achroea grisella* F. aus der Ordnung der *Lepidoptera*) zu denken. — Als *Bienenlaus* mag auch oft die an Bienen saugende *Bienenmilbe* (→ *Acarapis woodi* Rennie, *Acari*) bezeichnet und von der vorstehenden Art nicht unterschieden werden.

Familie **Calliphóridae**

Metallisch goldgrün- oder blauglänzende, behaarte Fliegen; größer als die Stubenfliege, doch ihr im Habitus ähnlich. Die Larven der meisten Arten sind Aasfresser; die weiblichen Imagines verstehen es, ihre Eier rasch an frischen Kadavern unterzubringen. Calliphoriden (bes. → *Calliphora* R.-D.) sind jene sog. 'Fleischfliegen', die ihre Eierpakete an Fleischspeisen abzulegen pflegen.

Schmeißfliegen Tierwelt Mitteleuropas 6, XVI (1936) 208; Klots-Forster Insekten (1959) 284. Zum N. → *Calliphora* R.-D.

Gattung **Callíphora** Robineau-Desvoidy 1830

Vorherrschend schwarzblau und stark beborstet, Hinterleib stahlblau glänzend, mit weißlichen Schillerflecken. Flügel leicht getrübt. Vom Frühling bis zum Spätherbst häufig und überall, als auffälliger „Brummer" in Häusern, in Wohnungen, im Freien. Sie ist es, die scharf summend im Zimmer fliegt und dabei hörbar mit dem Kopfe gegen die Fensterscheiben stößt. Der Geruch von Kadavern und von Eßwaren, zumal von Fleisch und Käse, lockt sie sofort an, und schon nach kurzer Zeit sind ihre Eier an solchen Produkten abgelegt, die den bald schlüpfenden Maden zur Nahrung dienen.

Zoolog. N. *Calliphora* zu griech. κάλλος 'Schönheit' und griech. φορέω 'trage' (nach dem metallischen Glanze der Arten).

Alte N.n. *musca infectoria* Schwenckfeld Theriotropheum (1603) 545. *musca maior* Henisch Thes. (1616) 1146. *musca militaris* Stieler Stammbaum (1691) 510. *musca carnaria abdomine colore coeruleo nitente* Rajus Hist. Ins. (1710) 271. — Larve. Lat. *tarmes*, mlat. *tarmes, termes, tarmus, tarma* bezeichnet jede 'Made am Fleisch'; das sind vornehmlich die Larven von *Calliphoridae*, die Larven der verdorbenes Fleisch bevorzugenden → *Sarcophagidae* und die saprophagen Larven anderer Fliegenarten (z. B. → *Muscidae*, → *Phoridae*, → *Piophilidae* u. a.); aber auch die Larven des Speckkäfers sind unter dem N. *tarmus* zu verstehen (→ *Dermestes lardarius* L., s. oben Sp. 279). *tarmus* vermis est lardi (7. Jh.) Isidor Etym. XII, V, 15. *termus* lardo reperitur Voc. (Hagenau 1510) C1b. *tarmes* genus vermiculi est, carnem exedens Pinicianus Prompt. (1516) 157. *termes, termus* vermis qui carnibus ingeneratur Junius Nomencl. (1567) 86. *tarmes, termes, termus* vermis qui carnibus innascitur easque exedit Henisch Thes. (1616) 1134. — *vermis carnaria* Frisch Wb. 1 (1741) 632.

Weithin werden in volkstümlicher Sprache Fliegenarten nur wenig unterschieden, und manche der nachfolgenden N.n sind nicht auf *Calliphora*-Arten allein zu beziehen. Sie gelten für „große" Fliegen, für „Brummer", unterscheiden dabei aber oft nicht zwischen Schmeißfliegen, Stechfliegen, Bremsen u. dgl. Überdies ist zu vermuten, daß auch manchen der die N.n der Maa. interpretierenden Lexikographen eine zoologisch einigermaßen verläßliche Angabe nicht geläufig war. Nachstehend sind alle jene N.n zusammengestellt, die in erster

Linie für die großen, blauen, brummenden Fliegen der in der Umgebung des Menschen vorkommenden Arten der Gattung *Calliphora* R.-D. gebraucht werden dürften. Sie mögen vielfach auch für andere Fliegen gelten, die ihre Eier an Aas, an Fleisch- und Eßwaren absetzen (z. B. → *Muscidae*, → *Piophilidae*, → *Sarcophagidae* u. a.), oder als groß, lästig, brummend auffallen (Bremsen, Stechfliegen u. dgl.).

1. Schmeißfliege, Schmeiße sind Bildungen zu mhd. *smeizen* 'schmeißen, besudeln, Kot abwerfen'. Fliegeneier, zumal die unappetitlichen, an Eßwaren abgesetzten Eierpakete werden entweder für Kot gehalten oder verächtlich als Kot bezeichnet, vgl. *Geschmeiß* 'Kot, Unrat, Schmutz', 'Insekteneier', danach überhaupt 'Ungeziefer' (s. oben Sp. 7 und Sp. 690), mundartl. *Schmeißen* Pl. 'Fliegeneier'. *Schmeißfliege* 'die ihr Geschmeiß absetzende Fliege' wird als „verdeutlichende Zusammensetzung des 16. Jhs." (Kluge Etym. Wb. [[19]1963] 663) angesehen, der ein älteres, doch unbelegtes mhd. **smeize* vorausgehe. Eine derartige Entwicklung ist möglich (vgl. das mundartlich gut bezeugte *Schmeiße* 'Schmeißfliege', s. unten), aber nicht notwendig. Neben *Schmeiß-* begegnet im Alemannischen und im Rheinischen die verschärfte Form *Schmeiz-*, die ein westgerm. Verbum **smaittjan* voraussetzt. — Die N.n gelten vorwiegend für die Arten der Gattung *Calliphora*, die in den menschlichen Behausungen und in deren Nähe besonders häufig anzutreffen sind, oft aber auch für andere lästige Fliegen, die die Stubenfliege an Größe übertreffen. *Schmeis Fliege* Schwenckfeld Theriotropheum (1603) 545. *Schmeißfliege* Henisch Thes. (1616) 1146; Adelung 4 (1780) 179; Brehm 6 ([1]1869) 409; Weidner Bestimmungstab. (1953) 176; Mitzka Schles. 3, 1220; (Vogtland, östl. Frankenwald) Weidner in: Sudhoffs Arch. 33 (1941) 227; Berthold Hess.-Nass. 3, 286. *Schmaißfliege* Schmeller Bayer. 2, 557. *Schmassfliegn* dalla Torre Tirol 134. *Schmaaßflieg*, *Schmeeßfliege* Müller-Fraureuth Obersächs. 2, 450. *Schmißflēj* Döring Sondershausen 70. *Schmäißflēj* (Siegen) Heinzerling Wirbellose Tiere 13. *Schmēs-*, *Schmīsfliege* Rhein. Wb. 7, 1451. Daneben (westgerm. **smaittjan* voraussetzend, s. oben) *Schmeizfleige* Schweiz. Id. 1, 1178. *Schmētsflēch* Rhein. Wb. 7, 1457. *Schmazflich* Christa Trier 87. *Geschmeißfliege* Lenz Naturgesch. 3 (1836) 495.

Schmeißmücke gilt — gemäß der mundartlichen Verteilung von *Fliege* und *Mücke* — in den Sp. 696 genannten Mundartgebieten. *Schmeissige Mucke* (16. Jh.) Fischart Gargantua 65. *schmeißmück* Zehner Nomencl. (1663) 276. *Schmeismücke* Roesel Insecten-Belust. 2 (1749) Mucken u. Schnacken 37. *Schmaissmuck* Schmidt Straßburg 94; Martin-Lienhart Elsäss. 1, 663. *Schmaiß-*, *Schmāsmucke* Fischer Schwäb. 5, 993. *Schmaasmuk* (Baden) Zs. f. hd. Maa. (1910) 366. *Schmāsmig* Grund Pfungstadt (b. Darmstadt) 29. *Schmäässmücke* (Pfalz) Heeger Tiere 2, 16. *Schmäsmuckn* Ruckert Unterfränk. 163. *Schmäsmucka* Sartorius Würzburg 109. *Schmeißmücke* (Südwestnassau) Berthold Hess.-Nass. 3, 286. *Schmēsmik* Rhein. Wb. 7, 1451. Entsprechend *Schmeizfliege* (s. oben) auch *Schmēts-*, *Schmätsmek* ebda 1457. *Schmätzmäck* Siebenbürg.-Sächs. 2, 405. Auf das Alemannische beschränkt bleibt *Geschmeißmucke* Ochs Baden 2, 387. *Gschmeißmuck* Fischer Schwäb. 3, 483. *Kschmaaismuke* Meisinger Rappenau 80. *Gschmaasmik* (b. Rastatt) Zs. f. dt. Maa. (1914) 339.

Schmētsschnōk [-schnake] Rhein. Wb. 7, 1457.

Schmeißen Pl. Scherffer Ged. (1652) 681; (1654) Logau Sinnged. 428; Goethe W. 15, 1, 249. *Schmeiße* f. Steinbach Wb. (1725) 314; Mitzka Schles. 3, 1220; Berthold Hess.-Nass. 3, 284; Bad. Mitteil. 6 (1915) 335; Schweiz. Id. 9, 1015. *Schmeis* Martin-Lienhart Elsäss. 2, 488. *Schmaiße* Schmeller Bayer. 2, 557. *Schmoasse* Schatz Tirol 537. *Schmais* Heinzerling-Reuter Siegerland 268. *Schmääs* (Pfalz) Heeger Tiere 2, 16. *Schmēsse*, *Schmāsse* Rhein. Wb. 7, 1451. *Schmēs* ebda 1460. *Schmißn* Döring Sondershausen 70. — *Schmeize* Schweiz. Id. 9, 1015; Rhein. Wb. 7, 1457; Berthold Hess.-Nass. 3, 284. *Schmeitz* Wegeler Koblenz 72. *Smeize* Schambach Göttingen 197; Bauer-Collitz Waldeck 95. *Schmads* Christa Trier 187. *Schmēz* f. Wb. d. luxemb. Ma. 388. *Schmätz* Kisch Nösner Ma. 200. *Kschmöis* [Geschmeiß] (Schweiz) Zs. f. hd. Maa. 4 (1903) 318. *Geschmisse* Rhein. Wb. 7, 1497. *Schmärze* Kehrein Nassau 63. *Schmeißer* m. Immermann lt. DWb 9, 1008. *Schmeißert* m. Berthold Hess.-Nass. 3, 286. *Schmaßert* m. Kehrein Nassau 356. *Schmaaßerd* m. Dang Darmstadt 258. *Schmaasert* Schramm Mainz 208.

Schmeichflije Jecht Mansfeld 97. *Schmoochfliege* Müller-Fraureuth Obersächs. 2, 449. *Schmooche* ebda. *Schmēchad* m. Schönfeld Fuhnegeb. 29. Zu *Schmeich*, *Schmēch*, *Schmooch* 'Fliegenkot und -eier', *schmeichen* 'schmutzen', s. DWb 9, 975 und 991, Schönfeld 36, Müller-Fraureuth a. a. O. *Speuzfleuge* Tschumpert Bündner. Id. 399. *Späuz-*, *Speizfliege* Schweiz. Id. 1, 1178. *Speuze* f. Jutz Vorarlberg 2, 1211. Vgl. unten schweiz. *Gespäuz*, *Späuze* 'Fliegeneier, -maden' (Sp. 719) sowie → *C. vomitoria* L.

2. Ungeschützt liegendes Fleisch ist binnen kurzer Zeit mit den Eiklumpen von *Calliphora*-Arten belegt. An älteres *Fleischmade*, *-wurm* (s. unten 6) schließt sich an *Fleischfliege* Meigen System. Beschr. 5 (1826) 61; Tierwelt Deutschlands 11 (1928) 81; Brauns Waldins. (1964) 421; (Bayern) Miller handschriftl. *Fleisch-*, *Flaaschflüüge* Kummer Schaffhausen 2, 70. *Fläischflüüg* Guggenbühl Züritüütsch 22. *Floisch-*

wliage Satter Gottschee 15. *Fleischflich* Rhein. Wb. 2, 594. *Fleeschfleeg* Teut Hadeln (Niederelbe) 1, 561. *Fleisch-Mücke* Roesel Insecten-Belust. 2 (1749) Mucken u. Schnacken 37. *Fleischmucken* Oken 5, 2 (1835) 779. *Fleischmuck* Fischer Schwäb. 2, 1564. *Fleischmek* Rhein. Wb. 2, 596. *Fleesch-*, *Flääschmeck* Luxemb. Wb. 1, 388. *Flischmäck* Siebenbürg.-Sächs. Wb. 2, 405. *Fleeschbrummer* Teut Hadeln (Niederelbe) 1, 561. *Speckfliege* Mitzka Schles. 3, 1296. Vgl. nl. *vleeschvlieg* Nl. Wb. 21, 1705; engl. *flesh-fly* NED 4, F 317, *meat-fly* ebda 6, M 283; dän. *kødflue* DO 12, 14; schwed. *köttfluga* SAO 15, K 3869; frz. *mouche à viande* Rolland 13, 173. Die N.n gelten auch für → *Sarcophagidae*.

Madenleger Rhein. Wb. 5, 708. *Madenträger* Mühling Preuß. 174. *Madenfliege* Fischer Schwäb. 6, 2504. *Mahnenflēch* Rhein. Wb. 5, 742. Vgl. dän. *maddikeflue* DO 13, 736.

Vorwiegend *Calliphora*-Arten bezeichnen die folgenden N.n, doch gelten sie alle auch für andere Fliegen, die sich an Eßwaren, Faulstoffen, Kadavern u. dgl. aufhalten und vielfach nicht unterschieden werden. *Scheißfliege* Fischer Schwäb. 5, 753. *Scheißfluig* Kuen Oberschwäb. 43. *Scheißfloign* Wieder Südmähren 43. *Scheißflīch* Rhein. Wb. 7, 1022. *Schietfleeg* (Rheinland) mündl. *Schissmuck* Martin-Lienhart Elsäss. 1, 663. *Scheißmek, -schnök* Rhein. Wb. 7, 1024 u. 1025. *Schietkäfer* (Schlesw.-Holst.) mündl. *Fliege-*, *Flügeschisseri* Schweiz. Id. 8, 1347. *Schmetseschösser* Rhein. Wb. 7, 1457. *Eiermek* ebda 2, 42. *Madeschiißer* Kummer Schaffhausen 2, 70. *Madeschissere* f. Martin-Lienhart Elsäss. 2, 437. *Modnscheißr* Wenisch Nordwestböhmen 157. *Madenschesser* Rhein. Wb. 5, 708. *Moadnschiter* Lademann Teltow 215. *Madeschīter* Frischbier Preuß. 2, 44. *Mdenschiter* Frederking Hahlen b. Minden 81. *Wurmschisser* Martin-Lienhart Elsäss. 2, 438. *Schmāgnscheißr* Wenisch Nordwestböhmen 157; zu *Schmāgn* 'Fliegeneier'.

Aasflege Niedersächs. Wb. 1, 16; Richey Hamburg. Id. (1755) 407. *Aasfleeg* Nd. Jb. 71/73 (1948/50) 198; Mensing Schlesw.-Holst. 1, 9; Teut Hadeln (Niederelbe) 1, 21. *Aosfleegn* f. Westermann Baden b. Verden 12. *Āsfleige* Wrede Plattdt. (Hannover) 34. *Aasfleig* Wossidlo-Teuchert Mecklenb. 1, 18. *Aas-Mücke* Roesel Insecten-Belust. 2 (1749) Mucken u. Schnacken 37. *Asmucke* Fischer Schwäb. 6, 1534. *Oosemick* Mulch Südhess. 1, 3. Vgl. auch → *Pyrellia cadaverina* L. (Sp. 765). *Dreckfloign* Wieder Südmähren 18. *Dräck-*, *Mischtflüüge* Kummer Schaffhausen 2, 70. *Marflēch* Rhein. Wb. 5, 852; zu *Mar* 'Jauche'. *Strontsfleg* ebda 2, 797; zu *Stronts* 'Kot, Jauche' 8, 882. *Batsflēch* [Batzen-] ebda 1, 509. Auch *Calliphora*-Arten saugen gern — wie andere Fliegen — an Wunden, am Schweiß. *Blutfliege* Rhein. Wb. 1, 808. *Schweißfliege* Fischer Schwäb. 6, 3082; Jutz Vorarlberg 2, 1099 („die Umbildung des Bestimmungswortes [*Schmeiß-* > *Schweiß-*] . . . ist wohl dadurch zu erklären, daß es in der ursprünglichen Bedeutung nicht mehr verstanden wurde" ebda 983).

3. Farbe und Aussehen. Hinterleib stahlblau glänzend. *Blaue Fleischfliege* Goeze Degeers Abhandl. 6 (1782) 29; Lenz Naturgesch. 3 (1836) 495; Taschenberg Prakt. Insektenkde 4 (1880) 100. Vgl. frz. *la mouche bleue de la viande* Réaumur Mém. Ins. 4 (1738) 150; nl. *blaauwe vliegen* Houttuyn 12 (1768) 500, *blauwe vleeschvlieg* Nl. Wb. 21, 1705. *Blaue Schmeißfliege* Nemnich (1793) 2, 664; Leunis ([2]1860) 620; Brehm 2 ([4]1922) 353. *Blaufliege* Tierwelt Deutschlands 11 (1928) 81. *Blauer Brummer* Tierwelt Mitteleuropas 6, XVI (1936) 210; Schmidt Schadinsekten (1939) 51; Weidner Bestimmungstab. (1953) 176. *Blauarsch* (nach ital. *culo turchino*) Kramer Dict. 1 (1700) 122. *Pfauenfliege* (nach ital. *mosca paona*) ebda 2 (1702) 194. Vgl. engl. *bluebottle* (*fly*) NED 1, 945.

Auffällig größer als z. B. → *Musca domestica* L. *Dickflēch* Rhein. Wb. 1, 1344. *Fätti Flüüge* Kummer Schaffhausen 2, 70. *Dicke Mücke* Berthold Hess.-Nass. 2, 379. *Dick Meck* Rhein. Wb. 5, 1330. *Deg Meg* Zender Eifel 234. Mit starkem Hinterleib. *Bollenarsch* Rhein. Wb. 1, 858. *Böllaasch* Wrede Köln, 1, 91. Literarisch: *Fliegenkönig* Voss lt. DWb 3, 1787.

Rossfliege „die wilde, große Summfliege . . ., so benannt wegen ihrer Größe" Schweiz. Id. 1, 1178. Dazu vielleicht auch *Ochsenmök* Rhein. Wb. 6, 339. *Küahfloign* Wieder Südmähren 18. *Besfleegn* Westermann Baden b. Verden 14; vgl. *Bes* 'Stück Rindvieh'. Scherzh. *Rollmops* Rhein. Wb. 7, 489.

Mosku m. Bacher Lusern 322. *Moscon* Zingerle Lusern 44. *Muschun* Tschumpert Bündner. Id. 142. Vgl. ital. *moscone* 'große Fliege, Brummer'.

4. Fluggeräusch. *Calliphora*-Arten sind die bekannten „Brummer" in der Umgebung des Menschen. Doch gelten auch hier die nachfolgenden N.n unterschiedslos für alle geräuschvoll umherfliegenden Fliegen, zumal auch für 'Bremsen' (→ *Tabanidae*). *Brummfliege* DWb 2, 430; Adelung 1 (1798) 1220; Taschenberg Insekten (1882) 247; Tierwelt Deutschlands 11 (1928) 81; Jutz Vorarlberg 1, 470. *Brummflege* Berghaus Sprachschatz d. Sassen 1, 231; Richey Hamburg. Id. (1755) 407. *Brummfleeg* Mensing Schlesw.-Holst. 1, 539. *Brommflieg* Halbach Berg. Sprachschatz 93. *Brummflēch* Rhein. Wb. 1, 1045. *Brummflaige* Woeste Westfalen 42. *Brummfläige* Hartwig in: Jahresber. Ravensberg 40 (1926) 42. *Brumfleije* Damköhler Nordharz 34.

Bramflē (Jerichow) Nd. Jb. 26 (1900) 74. *Brummerfliege* SCHMITT Park ([3]1952) 34. *Bromaflēj* ZIESEMER Preuß. 1, 839. *Brummek* [-mücke] Rhein. Wb. 1, 1045. *Brummelmek* ebda 1046. *Brummelmuck* OCHS Baden 1, 345.

Brummer LEUNIS (1844) 294; BREHM 6 ([1]1869) 409; KLOTS-FORSTER Insekten (1959) 285. So in allen deutschen Maa., s. DOORNKAAT KOOLMAN Ostfries. 3, 584; RICHEY Hamburg. Id. (1755) 407; FRISCHBIER Preuß. 1, 112; BERGHAUS Sprachschatz d. Sassen 1, 231; KÜCK Lüneburg 1, 246; Rhein. Wb. 1, 1047; MÜLLER-FRAUREUTH Obersächs. 1, 160; Bad. Mitteil. 6 (1915) 335; JAKOB Wien 42. *Brumme(r)*, *Brommer* MITZKA Schles. 1, 164. *Brommer* LEITHAEUSER Berg. Land 12; TILGENKAMP Jülich 58; JENSEN Nordfries. 49. *Brömmer* WREDE Plattdt. (Hannover) 51. *Brümmer* BERGHAUS Sprachschatz d. Sassen 1, 237; MI Mecklenb.-Vorpomm. 11. *Aasbrummer* WOSSIDLO-TEUCHERT Mecklenb. 1, 18; vgl. *Aasfliege*, s. oben. *Brummert* Rhein. Wb. 1, 1047; STRODTMANN Osnabrück (1756) 33; SCHÜTZE Holst. 1, 170.

Brumme f. Rhein. Wb. 1, 1048. *Brumm* f. WREDE Köln 1, 109. *Brume* f. TEUCHERT Neumärk. 66; SIEVERS Stapelholm/Schlesw. 60. *Brumse* FRISCH Wb. 1 (1741) 145; (Jerichow) Nd. Jb. 22 (1896) 27. *Prumse* f. SCHATZ Tirol 114. *Brumms* f. SCHÖN Saarbrücken 38. *Brömsch* f. Rhein. Wb. 1, 1047. *Brummes* f. ebda. *Brommes* f. SCHÖN Saarbrücken 38. *Brommese* BERGHAUS Sprachschatz d. Sassen 1, 221. *Brumsat* KUNTZE Saarbrücken § 74. *Brumsel* f. ALBRECHT Leipzig 94. *Brumster* m. KROGMANN Helgoland 132. *Brummel* f. Rhein. Wb. 1, 1046. *Bromml* HEINZERLING-REUTER Siegerland 32. *Brummle* JUTZ Vorarlberg 1, 470. *Brummelte*, *Brummelze* f. Rhein. Wb. 1, 1047. *Brummelte* WOESTE Westfalen 42. *Brummeler* m. Rhein. Wb. 1, 1046. *Brömmlr* m. HEINZERLING-REUTER a. a. O. *Brummler* KUMMER Schaffhausen 2, 70. *Brumleri* f., *Brumlerne* f. Schweiz. Id. 5, 613.

An mhd. *bremen, brimmen* 'brummen' schließen sich an *Bremse* (Jerichow) Nd. Jb. 22, 27. *Brem* FISCHER Schwäb. 1, 1394. *Bremsēke* Rhein. Wb. 1, 961. *Bremmer* HEINZERLING-REUTER Siegerland 30. *Bremmer*, *Brämmer* MÜLLER-FRAUREUTH Obersächs. 1, 149. Vgl. dazu *Bremse* 'Viehbremse' (→ *Tabanidae*).

Surrflüüge KUMMER Schaffhausen 2, 70. *Surr-*, *Surrifliege*, *-fleuge* Schweiz. Id. 1, 1178. *Surre* f. ebda 7, 1291; JUTZ Vorarlberg 1, 1392. *Surrerne* f. Schweiz. Id. 7, 1292. *Summe* f. Rhein. Wb. 8, 991. *Sumse* f. MÜLLER-FRAUREUTH Obersächs. 2, 589; BLUMER Nordwestböhmen 89; SCHATZ Tirol 621. *Sumsr* WENISCH Nordwestböhmen 157. *Brummsummsel* MÜLLER-FRAUREUTH Obersächs. 1, 160. *Sumperfloige* SCHATZ Tirol 621; zu *sumpern* 'dumpf hallen, summen' ebda. *Simmsert* m. Rhein. Wb. 8, 148; zu *simmsen* 'brummen, surren' ebda. *Schnurrfläug* Schweiz. Id. 1, 1178. *Schnurre* f. JUTZ Vorarlberg 2, 1027. *Sausmik* Rhein. Wb. 7, 815. *Süsmik* SCHÖN Saarbrücken 207.

Bumer MÖLLER Sylt 58. *Fumpe* Rhein. Wb. 2, 891; vgl. *fumpen* 'eine surrende Bewegung machen'. *Humflēch* ebda 3, 939; zu *hummen* 'summen, brummen' ebda. *Hummel* BERGHAUS Sprachschatz d. Sassen 1, 731. *Humpe*, *Homp* 'dicke Fleischfliege', auch 'Hummel' Rhein. Wb. 3, 941; zu *humpen* 'surren, brummen' ebda. *Sormhummeln* Pl. (Vogtland, östl. Frankenwald) WEIDNER in: Sudhoffs Arch. 33 (1941) 227. *Mummlerin* JUTZ Vorarlberg 2, 466. *Räusse*, *Rüsse* f. Schweiz. Id. 6, 1287 u. 1447; vgl. *rüsse* 'brüllen, knurren, brummen'. *Schwaser* WEIDNER a. a. O.; zu *schwasen* 'brummen' ebda. *Torrflēch* Rhein. Wb. 8, 1243. *Tūr-*, *Tarrflaige* WOESTE Westfalen 276. Zu *turren* 'brausen, sausen, brummen' ebda, dazu das Schallwort *turr*, *türr* für das 'Surren fliegender Insekten' Rhein. Wb. 8, 1490. *Tȳter*, *Tutert* ebda 1501; zu *tuten* 'tuten, tönen, schallen'. *Orgelmänner* ebda 6, 414.

5. Sonstige Namen. *Barbel*, *Borwel* Rhein. Wb. 1, 460. *Bidebār* Kinderspr. ebda 667. *Bunk* f. (Hinterpommern) KNOOP Schulprogr. Rogasen (1890) 10; vgl. dazu Sp. 9 und 22. *Drager* DOORNKAAT KOOLMAN Ostfries. 1, 325; vgl. auch DIJKSTRA Friesch Wb. 1, 290. *Hausmuck* FISCHER Schwäb. 6, 2126; d. i. die Fliege oder die Schmeißfliege im Hause (Gegensatz: *Stallmuck*). *Kuchemichel* ebda 4, 814; auch 'Küchenschabe' (s. oben Sp. 56) und 'Mensch, der sich gerne in der Küche aufhält'. *Gatflīch* Rhein. Wb. 2, 1048; vgl. *Gat* 'Arschloch' ebda. *Giftflēch*, *Giftige Fleg* ebda 1228 u. 1229. *Giftmuck*, *-mückli* („von stahlblauer, schillernder Färbung") MARTIN-LIENHART Elsäss. 1, 663. *Rotzfliege* BERTHOLD Hess.-Nass. 2, 913. *Scheibe* Rhein. Wb. 7, 997. *Schälmick* FOLLMANN Lothring. 432. *Schel e Mücke* BERTHOLD Hess.-Nass. 2, 379. *Schmispel* f. Rhein. Wb. 7, 1495. *Springflēch* ebda 8, 434. *Stinkmann* ebda 704.

6. Larve. Ahd. *mado* glossiert lat. *tarmus* (s. oben Sp. 712), das ist vor allem die 'Made auf dem Fleische', die Made der Fleischfliege, aber wohl auch im weiteren Sinne jede 'Made, Raupe', überhaupt jedes 'Gewürm' (s. oben Sp. 691). *mado* (9. Jh.) Ahd. Gl. 3, 454, 28; 452, 25; (9./10. Jh.) 3, 689, 30. *made* (11. Jh.) 3, 453, 26; (12. Jh.) 3, 444, 68; (13. Jh.) 3, 674, 47. Entsprechend in späteren Glossaren und Wbb.: *made* Lat.-dt. Voc. (1420) 3288; Voc. (Eltville 1477) V2a. *maede* Voc. opt. (Magdeburg 1495) H6b. *mad* Voc. gemm. (Hagenau 1510) C1b. *Made* STIELER Stammbaum (1691) 2584.

„tarmus ain iegleich *flaischmad*" (14. Jh.) KONRAD V. MEGENBERG Buch d. Natur 309. *Flaisch maden* Voc. inc. (Speyer, ca. 1485) g2a. *Fleischmaden* Pl. CHOLINUS-FRISIUS Dict. (1541)

854. *Fleischmaad* JUNIUS Nomencl. (1567) 86. *Fleisch-Made* SCHWENCKFELD Theriotropheum (1603) 558; FRISCH Wb. 1 (1741) 632. *Flaisk-Moae* HARTWIG in: Jahresber. Ravensberg 40 (1926) 43. *Flääsch-*, *Fleeschmued* Luxemb. Wb. 1, 388. *Flischmōt, -mat, -mut* Siebenbürg.-Sächs. Wb. 2, 405. *Fleischmad* WOSSIDLO-TEUCHERT Mecklenb. 2, 989. *Fleeschmaad* TEUT Hadeln (Niederelbe) 1, 562. *Made im Fleisch* HULSIUS Dict. 1 (1605) 95; KIRSCH Cornucopiae (1718) 212. *fleischwrn* [-wurm] Voc. opt. (14. Jh.) 45. *vleysch worm* Voc. opt. (Deventer 1495) H4b. *fleischwurm* Voc. gemm. (Straßburg 1505) C1b; GOLIUS Onomast. (1579) 306; CAMPE 2 (1808) 104. *Flēschworm* LEITHAEUSER Berg. Land 22. *Wurm im Fleisch* DENTZLER Clavis (1686) 354.

speckmad (14. Jh.) KONRAD V. MEGENBERG Buch d. Natur 309. *speckwurm* BRACK Voc. (1489) i1a. D. i. die Made am Speck, also Larven der *Calliphora*- Arten, aber auch anderer Fliegen (z. B. → *Sarcophagidae*, → *Piophilidae*, → *Muscidae* u. dgl.) sowie des Speckkäfers (→ *Dermestes lardarius* L., s. oben Sp. 279). Auch die folgenden N.n können die Larven mehrerer Fliegenarten bezeichnen. *Fettwuerm* HARTWIG in: Jahresber. Ravensberg 40 (1926) 43. *Keßmaden* („tarmus est vermiculus casei vel lardi") Voc. prim. pon. (Straßburg 1515) N4b. *Chäsgode* Schweiz. Id. 2, 123. *Springer* („Made im Schinken") Rhein. Wb. 8, 436. *Sprenger* HALBACH Berg. Sprachschatz 701. *Springemān* HARTWIG in: Jahresber. Ravensberg 40 (1926) 43. *Kirken* Pl. WOSSIDLO-TEUCHERT Mecklenb. 4, 274; hier 'Made der Schmeißfliege', anderwärts 'Eier' (s. HANSEN-SCHÖNFELD Holzland-Ostfäl. 119). *Milb*, Dimin. *Melwele, Meipele* MARTIN-LIENHART Elsäss. 2, 956; eigentl. N. der → *Acari*, dann aber auch für verschiedene sehr kleine Tiere (s. oben Sp. 9). *Mitesser* LEITHAEUSER Berg. Land 23. *Pierken* Pl. ADELUNG 3 (1798) 773; (Oberbarnim) TEUCHERT Sprachreste 363; vgl. *Pier, Piermade, Pieras* 'Regenwurm, Gewürm'. *Fliegenpiering* „Made in ungegerbten Häuten" Rhein. Wb. 2, 610. *Reiwürmer* HARTWIG a. a. O. *Rupn* m. KÜCK Lüneburg 2, 680; eigentl. 'Raupe', dann auch 'Made, Wurm im Fleische'. *Schuwen* Pl. Wb. d. luxemb. Ma. 400; vgl. *schuwen* 'schaben'. *Gespäuz* Schweiz. Id. 10, 661. *Späuze*, Dimin. *Späuzli* „Brut (Maden, Eier) der Schmeißfliege" ebda. Zu *späuzen* 'speien' im Sinne von 'Ausgeschiedenes, Ausgespienes' (vgl. → *C. vomitoria* L.).

Die in Paketen abgelegten Eier heißen *Schmeiß*, *Schmeißen, Geschmeiß* (vgl. oben Sp. 713). Doch bezeichnen diese N.n vielfach 'Eier' und 'Maden' gemeinsam (vgl. Schweiz. Id. 9, 1015; MARTIN-LIENHART Elsäss. 2, 488; JUTZ Vorarlberg 2, 982), oft die 'Schmeißfliegen' (s. Sp. 714) oder 'Zweiflügler' in ihrer Gesamtheit (s. Sp. 690) wie auch jegliche Art von 'Ungeziefer' (s. Sp. 7).

Nāt KÜCK Lüneburg 2, 451; d. i. nd. *Nēte* 'Nisse', eigentl. 'Eier der Läuse' (s. oben Sp. 29), hier auch 'Eier der Brummfliege'. *Smaich* m. HANSEN-SCHÖNFELD Holzland-Ostfäl. 179; vgl. oben *Schmeichfliege* (Sp. 714).

Callíphora erythrocéphala (MEIGEN 1826)

Rücken schwarzblau, Hinterleib metallisch stahlblau, weißschillernd. Gesicht und der größte Teil der Backen gelbbraun oder rötlich. Flügel glasklar, Geäder schwarzbraun. 5 bis 12 mm. Sehr häufig und überall in Deutschland. Zur Lebensweise → *Calliphora* R.-D.

Zoolog. N. *erythrocephala* zu griech. ἐρυθρός 'rot' und griech. κεφαλή 'Kopf' („Untergesicht ziegelrot").

Rothköpfige Fleischfliege SCHLECHTENDAL-WÜNSCHE Insecten (1879) 503; Hb. d. Pflanzenkrankh. 5, 2 ([4]1932) 47. Sonstige N.n → *Calliphora* R.-D.

Callíphora vomitória (LINNÉ 1758)

Untergesicht schwärzlich, Backen unten rot behaart. Augen braunrot. Hinterleib glänzend blau, weißschillernd mit schwarzen Querbinden. 10 bis 14 mm. Häufig. Der vorigen Art sehr ähnlich.

Zoolog. N. Lat. *vomitōrius* 'zum Erbrechen gehörig, Brech-' (wohl Übersetzung des schwed. Volks-N.s *spy-fluga*, vgl. LINNÉ Fauna Svec. [[2]1761] 452, zu schwed. *spy* 'speien'; vielleicht nach dem „Ausspeien" [Auswerfen, Ausscheiden] der Eier, vgl. schweiz. *Gespäuz, Späuze* 'Fliegeneier, -maden' [s. oben Sp. 719]).

Brechfliege LINNÉ-MÜLLER 5, 2 (1775) 967; TASCHENBERG Prakt. Insektenkde 4 (1880) 100. *Brechmücke* Onomatologia hist. nat. 5 (1775) 367; BECHSTEIN-SCHARFENBERG Forstinsekten 3 (1805) 1000. *Blaue Brechfliege* PANZER Syst. Nomencl. (1804) 185. *Speyfliege* FISCHER Naturgesch. Livland (1778) 163. Übersetzungen des zoolog. N.s, die zunächst auch für (die erst 1826 beschriebene) → *C. erythrocephala* MEIG. galten. Vgl. schwed. *spyfluga* s. oben; dän. *spyflue*, verkürzt *spy* DO 21, 624 und 612.

Gemeine Schmeißfliege HENSCHEL Forst- u. Obstbaum-Ins. ([3]1895) 467; LEDERER Schädlingskde (1928/32) 229. Sonstige N.n → *Calliphora* R.-D.

Gattung Cephenomýia LATREILLE 1818

Die Arten sind — zusammen mit denen der Gattung → *Pharyngomyia* SCHIN. — etwa 1,5 cm große, gedrungene, stark behaarte Fliegen. Ihre Larven entwickeln sich parasitisch im Nasenrachenraum von Cerviden (Reh, Rotwild, Damwild, Elch, Ren). Die Weibchen sind vivipar; sie spritzen die bereits im Ovarium geschlüpften Larven in die Nasenlöcher der Wirtstiere. Von dort gehen die Larven in den Nasenrachenraum über und heften sich mit ihren Mundhaken an den Schleimhäuten fest. Nach ihrer Entwicklung verlassen sie ihre Wirtstiere, um sich an geschützten Stellen oder in der Erde zu verpuppen. Die Larven sind für das Wild eine schlimme Plage und verursachen oft den Tod der durch die Parasiten geschwächten Tiere im Winter.

Zoolog. N. *Cēphēnomyia* (bei LATREILLE *Cēphēnemyia*) zu griech. κηφήν 'Drohne' und griech. μυῖα 'Fliege' (stark behaart wie Bienen).

Larven schmarotzen im Nasenrachenraum von Cerviden. *Rachenfliege* MÜLLER Terminol. Entomol. (1872) 48. *Rachenbremse* LEUNIS-LUDWIG 2 (1886) 418. *Rachendasseln* BRAUNS Waldins. (1964) 424. Für die N.n vgl. auch → *Oestridae*. Den zoolog. N. übersetzt *Hummelfliege* LEUNIS-LUDWIG a. a. O.; Internat. Entomol. Zs. 22 (1928/29) 86; doch gilt dieser N. auch für → *Bombyliidae* (Sp. 708).

Cephenomýia auribárbis (MEIGEN 1824). — Schwarz und haarig. Kopf und Rücken fuchsrot behaart. 15 bis 17 mm. Entwicklung der Larven im Nasenrachenraum des Rotwildes. Zoolog. N. *auribarbis* zu lat. *aurum* 'Gold' und lat. *barba* 'Bart' („Mund . . . rothgelbhaarig").

Nasenbiesfliege des Rothwildes LEUNIS ([2]1860) 628; zum N. „Biesfliege" → *Hypodermatidae*. *Rachenbremse des Hirsches* LEDERER Schädlingskde (1928/32) 235. *Haarige Rotwild-Rachenbremse* SCHMIDT Schadinsekten (1939) 48. *Rothbärtige Hummelfliege* TASCHENBERG Prakt. Insektenkde 4 (1880) 91; Übersetzung des zoolog. N.s.

Cephenomýia stimulátor (CLARK 1815). — Hinterleib hellgelb und rötlich behaart. 13 bis 17 mm. Larven im Nasenrachenraum der Rehe. Von dort können sie gelegentlich bis ins Lungengewebe vordringen, was zum Tode der Wirtstiere führt. Zoolog. N. Lat. *stimulātor* 'Reizer'.

Reh-Hummelfliege TASCHENBERG Prakt. Insektenkde 4 (1880) 91. *Rachenbremse des Rehwildes* BREHM 2 ([4]1922) 363. *Rachenbremse des Rehs* WEBER Lehrb. d. Entomol. (1933) 680. *Rehwild-Rachenbremse* SCHMIDT Schadinsekten (1939) 44.

Cephenomýia trómpe (MODEER 1786). — Sehr ähnlich der Art → *C. stimulator* CL. Schwarz, rotgelb behaart. 14 bis 16 mm. Im nördlichen Europa. Entwicklung der Larve in Nasen- und Rachenhöhle des Rens. Zoolog. N. *trompe* der N. des Rens in der Sprache der Lappen.

Rennthierbremsen RAFF Naturgesch. (1833) 195. *Renthier-Hummelfliege* TASCHENBERG Prakt. Insektenkde 4 (1880) 91. *Rachenbremse des Renntieres* LEDERER Schädlingskde (1928/32) 236. *Renrachenbremse* Internat. Entomol. Zs. 22 (1928/29) 87. *Renntier-Rachenbremse* SCHMIDT Schadinsekten (1939) 45.

Cynomýia mortuórum (LINNÉ 1761)

Hinterkopf und Scheitel schwarz; der übrige Teil des Kopfes leuchtend orangegelb, Stirn und Gesicht goldgelb behaart. Rücken blauschwarz mit vier weißlich bestäubten Längsstreifen. Hinterleib stahlblau, dicht schwarz behaart. Flügel durchscheinend, zuweilen schwach bräunlich. 7 bis 18 mm. Die Larven an Kadavern, bes. an toten Fischen.

Zoolog. N. *Cynomyia* ROBINEAU-DESVOIDY 1830, Übernahme des bibl.-griech. κυνόμυια (s. dazu oben Sp. 686ff.); *mortuōrum* Gen. Pl. von lat. *mortuus* 'der Tote, die Leiche' („habitat in cadaveribus et putridis").

Todtenfliege LINNÉ-MÜLLER 5, 2 (1775) 967; CAMPE 4 (1810) 840. Vgl. nl. *dooden-vlieg* HOUTTUYN 12 (1768) 501. *Leichenfliege* TASCHENBERG Prakt. Insektenkde 4 (1880) 98; ZACHER Vorratsschädl. (1927) 208. Übersetzungen des zoolog. N.s. Kopf goldgelb gefärbt: *Goldkopf* GOEZE Degeers Abhandl. 6 (1782) 30 (nach frz. *mouche à tête dorée*); CAMPE a. a. O. Den zoolog. Gattungs-N. übersetzt *Hundsfliege* SCHLECHTENDAL-WÜNSCHE Insecten (1879) 501.

Larve. *Leichenwürmer* OKEN 5, 2 (1835) 784. Dieser verbreitete N. wird oft (in Anlehnung an den zoolog. N.) dieser Art zugeordnet. Er kann jedoch nicht auf die Maden nur einer Fliegenart bezogen werden, sondern gilt für die Larven aller Fliegenarten, die ihre Eier an Kadavern, auch an menschlichen Leichen, abzusetzen pflegen. Die auf dieser Beobachtung beruhenden N.n → *Phoridae*.

Gattung Lucília ROBINEAU-DESVOIDY 1830

Glänzend metallisch grüne oder blaue Fliegen; Kopf und Rücken schwach weißlich bestäubt. Ihre Entwicklung erfolgt meist in verwesenden tierischen Stoffen. Einige Arten legen ihre Eier an offene Wunden, wo sich die Larven vom abgestorbenen und auch gesunden Gewebe nähren (Myiasis).

Zoolog. N. *Lūcīlia* Bildung zu lat. *lūx* 'Licht, Glanz' (nach dem glänzend-metallischen, gleichsam polierten Aussehen der Arten, „corps lisse, métallique").

Goldgrün oder -blau glänzend. *Grüne Fliege* musca viridis SCHWENCKFELD Theriotropheum (1603) 545. Vgl. engl. *green-bottle* NED 4, G 399. *Goldfliegen* BREHM 2 ([4]1922) 353; KLOTS-FORSTER Insekten (1959) 285. *Goldflige* TSCHUMPERT Bündner. Id. 399. *Goldfläigen*, *Gähle Fleige* HARTWIG in: Jahresber. Ravensberg 40 (1926) 42. *Goldflēch* Rhein. Wb. 2, 1298. *Geldfleegen* Pl. (Fehmarn) WIEPERT in: Die Heimat 65 (1958) 129. *Goldmuck* FISCHER Schwäb. 3, 742. *Goldmek* Luxemb. Wb. 2, 68. Auch *Brummer* HARTWIG a. a. O. Vgl. nl. *goudvlieg* Nl. Wb. 5, 491; frz. *mouche d'or* ROLLAND 13, 174. Die N.n gelten auch für die kleinere goldglänzende Art → *Pyrellia cadaverina* L. (Sp. 765).

Lucília bufonívora MONIEZ 1876. — Amphibienparasit. Eiablage an die Augen von Kröten, Fröschen, Molchen, Salamandern. Die Larven fressen sich in die Augenhöhlen ein, und die Wirtstiere gehen an dieser Infektion ein. Zoolog. N. *būfonivora* zu zoolog. *Bufo*, lat. *būfo* 'Kröte' und lat. *vorāre* 'fressen' (Made im Kopfe lebender Kröten).

Krötenfliege SCHMIDT Schadinsekten (1955) 66. *Krötenschmeißfliege* BREHM Tierreich (1956) 226.

Lucília cáesar (LINNÉ 1758)

Rücken und Hinterleib metallisch grün oder blau. Flügel glasklar mit leicht gebräuntem Rand und dunklem Geäder. 6 bis 11 mm. Sehr häufig. Die Larven entwickeln sich in faulenden animalischen Stoffen. Als Myiasiserreger beim Menschen beobachtet.

Zoolog. N. Lat. *Caesar* römischer Familien-N., später Beiname des römischen Kaisers (Übersetzung des älteren nl. N.s *keyser*, s. unten).

Kaiser LINNÉ-MÜLLER 5, 2 (1775) 966. Vgl. *vlees vlieg* die we *keyser* noemen SWAMMERDAM Hist. Ins. Gen. (1669) 119; *keizer* Nl. Wb. 7, 1, 2071. *Kaiserfliege* SCHRANK Enumeratio (1781) 454; RITZEMA Bos Schädl. u. Nützl. 609. Übersetzungen des zoolog. N.s. *Gemeine Goldfliege* GOEZE Degeers Abhandl. 6 (1782) 30; TASCHENBERG Prakt. Insektenkde 4 (1880) 107. Vgl. frz. *mouche dorée commune* GEOFFROY Hist. Ins. 2 (1762) 522. *Goldfliege* SCHINZ-CUVIER Thierreich 3 (1823) 907; BREHM 9 (²1880) 478; BROHMER Fauna (⁶1949) 368. *Goldmucke* OKEN 5, 2 (1835) 784. *Glanzfliege* FISCHER Naturgesch. Livland (1778) 163.

Grünglänzende Aasfliege PANZER Syst. Nomencl. (1804) 72. *Metallgrüne Fleischfliege* ebda 189. Vgl. dän. *grønne flue* HENRIKSEN Danske Insektnavne 59.

Lucília sericáta (MEIGEN 1826). – Gesicht fein silbern behaart, der schwarze bis rotbraune Untergrund durchschimmernd. Rücken und Hinterleib blau oder grün glänzend. Flügel glasklar mit braunem Geäder. 5 bis 10 mm. Imagines auf Blüten, auf Kot, zur Eiablage auf Kadavern. Die Maden treten auch als Wundschmarotzer bei Mensch und Tier auf. Zoolog. N. Lat. *sēricātus* 'mit Seidenstoff bekleidet' (seidig glänzend).

Schaffliege RITZEMA Bos Schädl. u. Nützl. (1891) 609; im Wundgewebe von Schafen beobachtet. *Weidengoldfliege* („den jungen Weideschafen gefährlich") BREHM-RAMMNER 1 (1955) 342. *Grüne Schmeißfliege*, *Grüne Goldfliege* ARNDT Rohstoffe 2 (1940) 623.

Lucília silvárum (MEIGEN 1826). – Gesicht schwarz oder braun, fein silbern behaart. Rücken und Hinterleib metallisch blaugrün. Flügel glasklar mit dunklem Geäder. 6 bis 10 mm. In lichten Gehölzen, die Larven an tierischen Faulstoffen, in Amerika (wie → *L. bufonivora* MON.) auch als Parasit an Kröten beobachtet. Zoolog. N. *silvārum* Gen. Pl. von lat. *silva* 'Wald'.

Waldgoldfliege BREHM 2 (⁴1922) 354. *Krötenfliege* KLOTS-FORSTER Insekten (1959) 285.

Pharyngomýia pícta (MEIGEN 1824). – Fühler und der größte Teil des Kopfes rotgelb. Körperfarbe rotgelb bis rotbraun; Rücken schwarz-weiß gezeichnet, Hinterleib mit weißen und dunklen Schuppen besetzt. Flügel glashell mit braunem Geäder. 13 bis 16 mm. Larven entwickeln sich (wie die Arten der Gattung → *Cephenomyia* LATR.) in der Nasen- und Rachenhöhle der mitteleuropäischen Cerviden (Rotwild, Damwild, Reh, Elch). Zoolog. N. *Pharyngomyia* SCHINER 1861, zu griech. φάρυγξ 'Schlund, Rachen' und griech. μυῖα 'Fliege' (N. „mit Rücksicht auf den Aufenthalt der Larven"); lat. *pictus* 'gemalt, geschmückt, bunt' („schwarzpunktirt, ... würfelig-geflekt").

Bunte Rachenbremse TASCHENBERG Prakt. Insektenkde 4 (1880) 92. *Graubunte Rotwild-Rachenbremse* SCHMIDT Schadinsekten (1939) 448.

Phormia regína (MEIGEN 1826). – Rücken und Hinterleib grün bis blau, glänzend. Flügel an der Wurzel gebräunt, Adern gelb bis dunkelbraun. 8 bis 10 mm. Larven leben in Aas, an frischen Fleischwaren sowie als Wundschmarotzer bei Mensch und Tier. Zoolog. N. *Phormia* ROBINEAU-DESVOIDY 1830, N. unerklärt (nach AGASSIZ Nomencl. [1842] Dipt. 30 zu griech. φορμός 'das Geflochtene, Korb'?); lat. *rēgīna* 'Königin'.

Königliche Glanzfliege ZACHER Vorratsschädl. (1927) 207. *Grüne Glanzfliege* SCHMIDT Schadinsekten (1955) 53. *Glanzfliege* KEILBACH Schädl. (1966) 290.

Phormia terrae-nóvae ROBINEAU-DESVOIDY 1830. – Gesicht vorherrschend schwarz. Rücken und Hinterleib dunkel stahlblau. Flügel glasklar, an der Wurzel gebräunt, Adern braun bis schwarz. 6 bis 11 mm. Imagines und Larven an Faulstoffen, an Fisch und Fleisch. Zoolog. N. Neulat. *terra-nova*, nach frz. *Terre-Neuve* 'Neufundland' (von dort stammte das dem Autor vorliegende Exemplar, „cette espèce a été rapportée de Terre-Neuve").

Blaue Glanzfliege SCHMIDT Schadinsekten (1955) 53.

Protocallíphora azúrea (FALLÉN 1816). – Kopf schwarz. Rücken dunkelblau, Hinterleib stahlblau glänzend; das kleinere Weibchen oft grünblau und meist dichter bestäubt. Flügel glashell mit schwarzbraunem Geäder. 9 bis 13 mm. Die Larven leben als Blutsauger in Vogelnestern oder als Endoparasiten in der Haut der Vögel. Allgemein verbreitet und häufig. Zoolog. N. *Prōtocalliphora* HOUGH 1899, zu griech. πρῶτος 'der vorderste, früheste, erste' und zoolog. → *Calliphora* R.-D. (d. h. hier 'in der Stammesentwicklung früher', also 'einfacher gebaut' als die Arten von *Calliphora*); mlat. *azureus* 'himmelblau' („caerulea nitida").

Azurfliege BREHM 2 (⁴1922) 353. *Vogelblutfliege*, *-made* EICHLER in: Ornithol. Monatsschr. 61 (1936) 116; ZUMPT Calliphorinae (1956) 95, in: LINDNER Fliegen Pal. Reg.

Familie **Cárnidae**. – Dazu als häufigste Art **Cárnus hemápterus** NITZSCH 1818. Glänzend schwarz; der stark vergrößerte Hinterleib, Schienen und Vordertarsen gelb. Knapp 1 mm. Die beim Schlüpfen der Imagines noch vorhandenen Flügel brechen später nahe der Wurzel ab. Die Tiere nähren sich im Flaum verschiedener Vögel anscheinend von deren Hautsekreten. Larven in Vogelnestern. Zoolog. N. *Carnus* NITZSCH 1818, griech. κάρνος 'Laus' (anfänglich als Blutsauger betrachtet und nach Größe und Lebensweise mit einer Laus verglichen); *hēmapterus* zu griech. ἡμι- 'halb' und griech. ἄπτερος 'ungeflügelt' („alarum brevissimis rudimentis").

Zuerst an Falken entdeckt. *Falkenlausfliegen* Tierwelt Mitteleuropas 6, XVI (1936) 185. Später auch im Gefieder anderer Vögel gefunden. *Gefiederfliege* EICHLER in: Ornithol. Monatsber. 44 (1936) 107; SCHMIDT Schadinsekten (1939) 356.

Familie **Chamaemyiidae.** — Kleine, grau bestäubte Fliegen mit braun oder schwarz geflecktem Hinterleib. Rüssel kurz, die breiten Flügel den Hinterleib überragend. Imagines im Grase; die Larven leben von Blattläusen, Schildläusen, Spinneneiern. Zoolog. N. *Chamaemyiidae* Weiterbildung des Gattungs-N.s *Chamaemyia* MEIGEN 1803, zu griech. χαμαί 'auf, an der Erde, am Boden' und griech. μυῖα 'Fliege' („auf Wiesen, auf Waldgras und an Gestaden" MEIGEN System. Beschr. 6 [1830] 91).

Die Larven einiger Arten nähren sich von Blattläusen. *Blattlausfliegen* Tierwelt Mitteleuropas 6, XVI (1936) 163; BRAUNS Waldins. (1964) 410.

Familie **Chlorópidae**

Kleine Fliegen mit glänzenden grünen, blauen, purpurfarbenen oder schwarzen Augen. Körper mehr oder weniger gedrungen, die Oberseite oft sehr variabel gefärbt und gezeichnet. Die Arten verbreitet und überall, besonders auf Wiesen, Feldern, Mooren, Sümpfen, oft schwarmbildend. Die Larven vieler Arten minieren in Getreide und in Futtergräsern und sind dadurch sehr schädlich.

Grünauge CAMPE 2 (1808) 468; N. zuerst bei LINNÉ-MÜLLER 5, 2 (1775) 978 zur Bezeichnung der Art *Chiromyia flava* L. *Grünaugen* BREHM 6 ([1]1869) 413; Internat. Entomol. Zs. 19 (1925/26) 222. *Grünaugenfliegen* ZACHER Schädl. 68. Übersetzung des zoolog. N.s (→ *Chlorops* MEIG.). Larven in Getreide- und Gräserhalmen minierend. *Halmmucken* OKEN 5, 2 (1835) 796. *Halmfliegen* KARSCH Insektenwelt ([2]1883) 530; BROHMER Fauna ([6]1949) 355.

Chlórops pumiliónis (BJERKANDER 1778)
(= taeníopus MEIGEN 1830)

Körper gelb; auf dem Rücken schwarzgraue Längsstreifen und auf dem Hinterleib schwarzgraue Querbinden. 2 bis 4 mm. Die gelben Larven dringen in die Halme von Weizen und Gerste ein und fressen einen Gang bis zur Ähre, die darauf verkümmert.

Zoolog. N. *Chlōrōps* MEIGEN 1803, zu griech. χλωρός 'grün' und griech. ὤψ 'Gesicht, Auge' („Netzaugen ... lebhaft grün" MEIGEN System. Beschr. 6 [1830] 139); *pūmiliōnis* Gen. von lat. *pūmilio* 'Zwerg' (nach der Kleinheit der Fliegen sowie der Larven, die der Autor als *råg-dvergs-masken* [„Roggen-Zwerglarven"] beschreibt); syn. *taeniopūs* zu griech. ταινία 'Band, Binde' und griech. πούς 'Fuß' („Vorderfüße schwarz mit gelbem Ringe auf der Mitte").

Langnasigte Fliege SCHRANK Enumeratio (1781) 475. *Nasen-Grünauge* SCHMIDT-GÖBEL Insecten 2 (1881) 229. Übersetzungen von syn. *Chl. nasuta* SCHRK. *Bandfüßiges Grünauge* BREHM 6 ([1]1869) 414; Übersetzung des zoolog. N.s. *Liniirtes Grünauge* TASCHENBERG Prakt. Insektenkde 4 (1880) 149; Übersetzung von syn. *Chl. lineata* F. *Grünauge* LEDERER Schädlingskde (1928/32) 347. *Kleine Grünaugenfliege* BREHM 2 ([4]1922) 344.

Gelbe Halmfliege TASCHENBERG Prakt. Insektenkde 4 (1880) 146; BREHM 2 ([4]1922) 343; v. KÉLER Entomol. Wb. (1956) 471. *Halmfliege* Internat. Entomol. Zs. 19 (1925/26) 222. *Schwärmende Grasfliege* RITZEMA Bos Schädl. u. Nützl. (1891) 632.

Roggenfliege LEUNIS ([2]1860) 624. Vgl. nl. *roggevlieg* Nl. Wb. 13, 877. *Kornfliege* TASCHENBERG Prakt. Insektenkde 4 (1880) 146; Hb. d. Pflanzenkrankh. 5, 2 ([4]1932) 15. *Kuurnfleig* (Pommern) BERGHAUS Sprachschatz d. Sassen 2, 289. *Weizenfliege* TASCHENBERG a. a. O. 149; FERRANT Insekten (1911) 444. *Linierte Weizenfliege* RITZEMA Bos Schädl. u. Nützl. (1891) 632. *Weizenhalmfliege* LEDERER Schädlingskde (1928/32) 347; SCHMIDT Schadinsekten (1939) 60. *Gelbe Weizenhalmfliege* KEILBACH Schädl. (1966) 631.

Aufkäufer OKEN 5, 2 (1835) 796; SCHMIDT-GÖBEL Insecten 2 (1881) 233; Hb. d. Pflanzenkrankh. 5, 2 ([4]1932) 15; „zerstören in manchen Jahren ganze Getreidefelder, daher sie der Landmann ärgerlich den *Aufkäufer* nennt" OKEN a. a. O.

Lasiosina cínctipes (MEIGEN 1830)

Kopf gelb mit braunem Stirndreieck. Rücken hellgelb mit 3 dunklen Längsstreifen; Hinterleib dunkelbraun mit gelben Seitenrändern. Flügel schwach grau mit schwarzem Geäder. 3 mm. Sehr häufig. Die Larven in den Ähren von Gerste (Ährenfäulnis). Die Pflanzen werden vor der Ernte gelb und sterben ab.

Zoolog. N. *Lasiosina* BECKER 1910, vielleicht zu griech. λάσιος 'behaart' („Körper hat deutliche Behaarung") und griech. σινάς 'die Schädliche'; *cīnctipēs* zu lat. *cīnctum, cīnctus* 'Gurt, Gürtel' und lat. *pēs* 'Fuß' („Beine gelb mit schwarzen Ringen").

Gerstenhalmfliege FERRANT Insekten (1911) 445; KEILBACH Schädl. (1966) 631.

Lípara lúcens MEIGEN 1830. — Kopf schwarz, Gesicht grau bereift. Rücken schwarz, Hinterleib flach, schwarz, durch dichte Bereifung matt glänzend und grau schimmernd. Flügel graubräunlich mit schwarzem Geäder. 6 bis 8 mm. Sehr verbreitet. In Schilfbeständen; Larven in den Stengeln Gallen erzeugend. Zoolog. N. *Lipara* MEIGEN 1830, griech. λιπαρός 'fett, wohlgenährt' („Hinterleib eirund"); lat. *lūcēns* 'leuchtend'.

Cigarrenfliege (Larve in Schilfrohr „cigarrenförmige Verbildungen erzeugend") LEUNIS-LUDWIG 2 (1886) 434. *Schilffliege* Urania 20 (1957) 327.

Oscinélla frit (LINNÉ 1758)

Fast ganz schwarz, Hinterleib metallisch glänzend. Beine gelb oder schwarz. Flügel glashell oder schwach grau mit schwarzem Geäder. 1 bis 3 mm. Die Art tritt als schwerer Getreideschädling auf. Ihre Eier werden an die jungen Pflanzen (Hafer,

Gerste, Roggen, Mais) abgelegt. Die Maden fressen am Grunde des Herzblattes, das daraufhin welkt. Neuansetzende Triebe fruchten nicht. Eine zweite Generation legt ihre Eier an die Fruchtstände. Madenfraß verhindert die Ausbildung oder die Reifung der Körner. Eine dritte Generation befällt das junge Wintergetreide.

Zoolog. N. *Oscinella* BECKER 1910, diminutive Weiterbildung des Gattungs-N.s *Oscinis* LATREILLE 1804, N. unerklärt; lat. *frit* 'das Oberste an der Ähre', dann eine Bezeichnung verächtlicher Kleinheit („habitat intra glumas Hordei, granum facile decimum quodque destruens, unde frit sive grana hordei viliora levioraque prognascuntur, maximo damno agricolarum" LINNÉ Fauna Svec. [²1761] 456).

Von LINNÉ als Schädling an Gerste beobachtet und beschrieben. *Gerstenfliege* LINNÉ-MÜLLER 5, 2 (1775) 973; CAMPE 2 (1808) 321; LEUNIS-LUDWIG 2 (1886) 435. *Gersten-Borstenfliege* SCHRANK Fauna Boica 3 (1803) 121. Vgl. nl. *gerstvlieg* HOUTTUYN 12 (1768) 509. *Gerstenschnake* Schweiz. Id. 9, 1170. Dann auch an anderen Getreidearten wahrgenommen. *Kornfliege* Schauplatz 4 (1777) 714; CAMPE a. a. O. *Kuurnfleig* BERGHAUS Sprachschatz d. Sassen 2, 289. Vgl. schwed. *kornfluga* LINNÉ in: Kongl. Sv. Vet. Ac. Handl. 11 (1750) 184; SAO 14, K 2437. Zum N. auch → *Chlorops pumilionis* BJERK.

Brandfliege GRÄFE Handb. (1836) 866; im Vergleich des Schadbilds mit dem durch Rostpilze verursachten Getreidebrand. Vgl. schwed. *slöfluga, slökornsfluga* SAO 8, F 1558; nach *slö-kornsmasken* für die Larven, s. LINNÉ a. o. a. O. *Mauke* POPOWITSCH Versuch (1780) 358. *Schnacken* ebda.

Zum zoolog. N. ist gebildet (d. h. mit einem lateinischen Wort als erstem Kompositionsglied, und nicht einem schwedischen, wie vielfach behauptet) *Fritfliege* SCHINZ-CUVIER Thierreich 3 (1823) 914; BREHM 6 (¹1869) 414; SCHMIDT Schadinsekten (1939) 21; KEILBACH Schädl. (1966) 629. Vgl. nl. *fritvlieg* Nl. Wb. 3, 4688; dän. *fritflue* DO 6, 71; schwed. *fritfluga* SAO 8, F 1558; engl. *frit-fly* NED 4, F 554.

Thaumatomýia notáta (MEIGEN 1830). — Rücken gelb, seltener rotbraun; Hinterleib glänzend gelb, schwarz gefleckt. Flügel durchscheinend mit dunklem Geäder. 2 mm. Überall häufig. Die Larven entwickeln sich wahrscheinlich in ungemähtem und vernachlässigtem Rasen. Zoolog. N. *Thaumatomyia* ZENKER 1833, zu griech. θαῦμα, Gen. θαύματος 'Wunder, das Bewunderung Erregende' und griech. μυῖα 'Fliege'; lat. *notātus* 'kenntlich, (aus-)gezeichnet' („Scheitel schwarz mit zwei rothgelben Flekken").

Gemeine Rasenhalmfliege SCHMIDT Schadinsekten (1939) 44. *Halmfliege* WEIDNER Bestimmungstab. (1953) 171.

Familie **Coelópidae.** — Kleine, meist dunkel gefärbte Fliegen, an den Meeresküsten heimisch. Imagines auf angespülten Stoffen, auf faulenden Algen, faulendem Seetang, wo auch die Entwicklung der Larven erfolgt. Zoolog. N. *Coelōpidae* Weiterbildung des Gattungs-N.s *Coelōpa* MEIGEN 1830, zu griech. κοῖλος 'hohl, ausgehöhlt' und griech. ὤψ, Gen. ὠπός 'Gesicht' („Untergesicht ist tief ausgehöhlt").

Tangfliegen Tierwelt Mitteleuropas 6, XVI (1936) 163; SCHUMANN in: Entomol. Ber. (1965) 9.

Familie Conópidae

Kleine bis mittelgroße, teils wespen-, teils bienenähnlich gebaute und gezeichnete Fliegen. Der Kopf ist auffallend groß, gleichsam blasig aufgetrieben, die Augen oft vorgequollen. Flügel lang und schmal, meist glashell oder blaß gefärbt, seltener braunviolett. Der Hinterleib oft lang und schlank, stielartig verengt, meist schwarz mit gelber Zeichnung, dadurch an Wespenkörper erinnernd. Alle Arten sind Blumenbesucher und bevorzugen sonnige Plätze. Die Weibchen legen ihre Eier an Hymenopteren (Wespen, Bienen, Hummeln) oder Orthopteren (Heuschrecken), in deren Hinterleib sich die Larven als Schmarotzer entwickeln.

Mit großem, aufgeblasenem Kopfe. *Kopffliege* ILLIGER in: Magaz. f. Insektenkde 1 (1801) 133. *Dickkopffliegen* THON-REICHENBACH Naturgesch. Ins. (1838) 431; BREHM 6 (¹1869) 402; SCHUMANN in: Entomol. Ber. (1965) 9. *Blasenkopffliegen* KRÖBER in: Tierwelt Deutschlands 20 (1930) 119. Vgl. zu den N.n → *Conops* L. und → *Myopa* F. Augen vorgequollen. *Augenfliegen* LEUNIS (²1860) 626; BROHMER Fauna (⁶1949) 361. *Lanzettfliegen* („Fühlhörner ... das letzte Glied lanzettförmig") SCHRANK Fauna Boica 3 (1803) 56.

Gattung Cónops LINNÉ 1758

Kopf groß und aufgeblasen. Untergesicht meist silberweiß oder goldgelb glänzend. Rüssel dick. Die Arten auf Blüten mehrerer Pflanzen. Entwicklung der Larven parasitisch in verschiedenen Hymenopteren.

Zoolog. N. *Cōnōps*, griech. κώνωψ 'ein kleiner Zweiflügler'. So gibt es z. B. κώνωπες mit einem Stachel (ARISTOTELES Hist. Anim. 1, 29), scharfstimmig (d. h. wohl: hohe Summtöne abgebend) und blutsaugend an Menschen (Anthol. Palat. 5, 151). Das ist offensichtlich die 'Stechmücke'; vgl. auch griech. κωνωπεῖον '(Bett mit feinmaschigem) Mückennetz'. (Anderen κώνωπες wird eine Vorliebe für Wein und Essig nachgesagt, → *Drosophila* FALL.) LINNÉ übernimmt den alten N. zur Bezeichnung einer Gattung, der er einerseits die Stechfliegen, andererseits Arten der nichtstechenden *Conopidae* zuordnet. Doch wurden die Stechfliegen bald als Gattung → *Stomoxys* GEOFFR. von *Conops* L. getrennt, s. FABRICIUS Syst. Ent. (1775) 796f., wenngleich ältere Autoren, die der Trennung nicht folgen, den deutschen N. *Stechfliege* für einige der nachfolgenden Arten beibehalten.

Dikkopffliege („Kopf dik, blasenartig") MEIGEN System. Beschr. 4 (1824) 119. *Dickkopffliege* THON-REICHENBACH Naturgesch. Ins. (1838) 431; NEUHAUS Dipt. March. (1886) 141. *Augenfliege* („Augen etwas vorgequollen") LEUNIS-LUDWIG 2 (1886) 415.

Als Übersetzung des zoolog. N.s (s. oben) gibt OKEN 5, 2 (1835) 776 dieser Gattung den N. *Stachelmucken*, fügt jedoch erklärend hinzu: „saugen aber kein Blut, sondern nur süße Pflanzensäfte".

Cónops flávipes LINNÉ 1758. — Glänzend blauschwarz, Beine gelbbraun. Hinterleib mit gelben Binden. Flügel durchscheinend, etwas bräunlich. 9 bis 13 mm. Häufig, überall an Blüten. Die Larven parasitieren in Hummeln. Zoolog. N. *flāvipēs* zu lat. *flāvus* 'gelb' und lat. *pēs* 'Fuß' („pedes flavi").

Gelbfuß LINNÉ-MÜLLER 5, 2 (1775) 998; nach nl. *geelpoot* HOUTTUYN 12 (1768) 577. Andere, die dem linnéischen Gebrauch des Gattungs-N.s → *Conops* zu folgen suchen, übersetzen *Gelbfüßige Stechfliege* MEIDINGER Nomenkl. (1787) 197; GRÄFE Handb. (1836) 864. An syn. *C. trifasciata* DE GEER knüpft an *Der Dreyband* GOEZE Degeers Abhandl. 6 (1782) 104 (nach frz. *Conops à trois bandes*).

Cónops quadrifasciátus DE GEER 1776. — Vorherrschend schwarzbraun. Kopf goldgelb glänzend; Beine gelbbraun. Hinterleib mit breiten, gelben Querbinden. Flügel schwach grau getönt. 10 bis 15 mm. Häufig, auf Blüten. Die Larven parasitieren in Hummeln. Zoolog. N. *quadrifasciātus* zu lat. *quadri-* Kompositionsform von lat. *quattuor* 'vier' und lat. *fasciātus* 'umwickelt, gebändert' („avec quatre bandes transverses jaunes").

Vierband GOEZE Degeers Abhandl. 6 (1782) 104 (nach frz. *Conops à quatre bandes*). *Vierbändrige Dickkopffliege* BREHM 6 ([1]1869) 403. Kopf gelb: *Gelbstirnige Lanzettfliege* SCHRANK Fauna Boica 3 (1803) 164.

Dalmánnia aculeáta (LINNÉ 1761). — Schwarz glänzend, Hinterleib gelb gezeichnet. Beine gelb. Weibchen mit langer, schwarzer Legeröhre. 9 bis 10 mm. Auf Blüten. Zoolog. N. *Dalmannia* ROBINEAU-DESVOIDY 1830, Latinisierung des Personen-N.s *Dalmann*; lat. *aculeātus* 'stachelig, mit einem Stachel (lat. *aculeus*) versehen' (LINNÉ beschreibt die Legeröhre des Weibchens als „aculeus in foemina niger").

MÜLLER, der das linnéische *aculeus* nicht als Legeröhre, sondern fälschlich als Stechrüssel deutet, gibt den N. *Stachelmaul* LINNÉ-MÜLLER 5, 2 (1775) 998. An die alte Verwendung des N.s *Conops* knüpfen an: *Gestachelte Stechfliege* MEIDINGER Nomenkl. (1787) 197. *Gewöhnliche Stechfliege* PANZER Syst. Nomencl. (1804) 23. *Gemeine Stachelmucke* OKEN 5, 2 (1835) 776.

Gattung Myópa FABRICIUS 1775

Von gelbbrauner oder rostroter, nur selten schwarzer Färbung, durch Silberflecken unterbrochen. Kopf sehr groß und aufgeblasen, mit auffallend breiten Backen. Rüssel zweimal gekniet. Flügel oft gewölkt oder gefleckt. Imagines auf Blüten; Entwicklung der Larven in Hymenopteren.

Zoolog. N. *Myōpa* zu griech. μύωψ nach ARISTOTELES Hist. Anim. eine stechende Fliege (1, 29; 4, 71), blutsaugend (8, 73) und die Haut der Vierfüßer durchbohrend (4, 45), d. h. 'Viehbremse' (→ *Tabanidae*; N. von FABRICIUS dieser Gattung zugeordnet, deren Arten nicht stechen, offenbar parallel zu → *Conops* L.).

Rüssel zweimal gekniet und dadurch zusammenlegbar. *Taschenmesserfliege* SCHAEFFER Elementa entomol. (1766) Tab. 120; BREHM 6 ([1]1869) 403. Kopf sehr groß. *Blasenfliege* ILLIGER in: Magaz. f. Insektenkde 1 (1801) 143. *Blasenkopf* MEIGEN System. Beschr. 4 (1824) 140; BREHM 6 ([1]1869) 403; BROHMER Fauna ([6]1949) 362. *Blasenkopffliege* THON-REICHENBACH Naturgesch. Ins. (1838) 431. Zu den N.n vgl. LINNÉs Beschreibung zur folgenden Art.

Myópa buccáta (LINNÉ 1758). — Sehr veränderlich in Größe und Färbung. Körper gelbbraun bis rostbraun mit silbrigen Flecken. Die letzten Hinterleibssegmente manchmal fast schwarz. Flügel wolkig marmoriert. 5 bis 11 mm. Zoolog. N. Neulat. *buccātus* 'mit vollen, aufgeblasenen Backen' („facie vesiculari").

Der Dickbacken LINNÉ-MÜLLER 5, 2 (1775) 1000. *Backenblasige Saugfliege* SCHRANK Fauna Boica 3 (1803) 165. *Backenblasenfliege* PANZER Syst. Nomencl. (1804) 51. Vgl. dän. *kindflue* HENRIKSEN Danske Insektnavne 59. Als Übersetzung von syn. → *Conops b.*: *Dickbackige Stechfliege* MEIDINGER Nomenkl. (1787) 197.

Physocéphala macrocéphala (LINNÉ 1758). — Schwarz, Hinterleib gelb gesäumt. Kopf und Beine gelb. Flügel braun oder braunrot. 15 bis 20 mm. Entwicklung der Larven in Hummeln. Zoolog. N. *Phȳsocephala* SCHINER 1861, zu griech. φῦσα 'das Blasen, die Blase' und griech. κεφαλή 'Kopf' (Bildung nach dem älteren dt. N. „Blasenkopf", → *Myopa* F.); *macrocephala*, griech. μακροκέφαλος 'großköpfig'.

Großkopf LINNÉ-MÜLLER 5, 2 (1775) 998; nl. *grootkop* HOUTTUYN 12 (1768) 576. *Dickkopf* GOEZE Degeers Abhandl. 6 (1782) 105. Übersetzungen des zoolog. N.s. Nach syn. → *Conops m.*: *Großköpfige Stechfliege* MEIDINGER Nomenkl. (1787) 197; SCHINZ-CUVIER Thierreich 3 (1823) 889.

Sícus ferrugíneus (LINNÉ 1761). — Überwiegend rostgelb, glänzend. Hinterleib silberglänzend, schlank, die letzten Segmente oft vorherrschend schwarz. 8 bis 10 mm. Sehr häufig. Entwicklung der Larven in Hummeln. Zoolog. N. *Sicus* SCOPOLI 1763, N. unerklärt; lat. *ferrūgineus* 'rostfarben' („corpore ferrugineo").

Rostkörper LINNÉ-MÜLLER 5, 2 (1775) 999. *Rostfärbige Blasenfliege* PANZER Syst. Nomencl. (1804) 209. *Rostrothe Blasenfliege* SCHINZ-CUVIER Thierreich 3 (1823) 890. *Rostrother Blasenkopf* BREHM 9 ([2]1880) 470.

Familie **Cuterébridae**. — Sich parasitisch entwickelnde Fliegen im tropischen Amerika, deren Larven (ähnlich wie → *Hypodermatidae*) unter der Haut verschiedener Säugetiere leben. Zoolog. N. *Cuterebridae* Weiterbildung des Gattungs-N.s *Cuterebra* CLARK 1815, zu lat. *cutis* 'Haut' und lat. *terebra* 'Bohrer'.

Beheimatet in Amerika zwischen Mexiko und Argentinien. *Südamerikanische Dasselfliegen* WEYER-ZUMPT Med. Entomol. (1941) 61.

Dermatóbia hóminis (MODEER 1786). – Brust dunkelblau bis grau, Hinterleib glänzend dunkelblau; Kopf gelb. 12 bis 18 mm. In Südamerika recht häufig. Die Weibchen deponieren ihre Eier am Hinterleib anderer Insekten (Mücken, Fliegen, Bremsen), die sich als Blutsauger auf die Haut von Säugetieren und Menschen setzen. Von der Körperwärme angelockt, wandert die Made auf die Haut und bohrt sich ein. Sie entwickelt sich während 1½ bis 2½ Monate im Hautgewebe. Zoolog. N. *Dermatobia* BRAUER 1860, zu griech. δέρμα, Gen. δέρματος 'Haut' und griech. βιόω 'lebe', βίος 'Leben, Lebensweise'; *hominis* Gen. von lat. *homo* 'Mensch'.

Entwicklung der Larven im Hautgewebe von Säugetieren und Menschen. *Menschenbremse* JÖRDENS Entomol. u. Helminthol. 1 (1801) 41. *Menschen-Dasselfliege* LEUNIS ([2]1860) 628 (falls *Oestrus humanus* HUMBOLDT als diese Art anzusehen ist). Vgl. schwed. *mennisko styngfluga* MODEER in: Kgl. Vet. Acad. Nya Handl. 7 (1786) 184. *Neotropische Dasselfliege* PIEKARSKI Lehrb. Parasitol. (1954) 631.

Familie **Cýrtidae**

Kleine bis mittelgroße Fliegen mit großem, buckligem Thorax und großem, kugeligem Hinterleib. Kopf sehr klein und tief am Thorax angefügt. Die Arten werden nur vereinzelt angetroffen; sie sitzen träge an Zweigen, Blättern und fliegen nur bei warmem, sonnigem Wetter. Die bisher bekannt gewordenen Larven entwickeln sich parasitisch im Hinterleib von Spinnen oder in deren Eipaketen.

Ballonfliegen („Hinterleib groß, blasig hochgewölbt") KARSCH Insektenwelt ([2]1883) 490. *Kugelfliegen* (1931) LINDNER Fliegen Pal. Reg. 1, 140; BRAUNS Waldins. (1964) 395. Larvenentwicklung im Abdomen von Spinnen. *Spinnenfliegen* Tierwelt Mitteleuropas 6, XVI (1936) 87; BRAUNS a. a. O.

Gattung **Acrócera** MEIGEN 1803. – Kopf sehr klein und tiefstehend. Brust hochgewölbt, Hinterleib dicker und breiter. Entwicklung der Larven in Eikokons von Spinnen. Zoolog. N. *Acrocera* zu griech. ἄκρος 'das Oberste, Höchste', hier: 'Scheitel' und griech. κέρας '(Fühl-)Horn' („die Fühlhörner auf dem Scheitel").

Scheitelhornfliege MEIGEN System. Beschr. 3 (1822) 94; NEUHAUS Dipt. March. (1886) 76; Übersetzung des zoolog. N.s.

Gattung **Cýrtus** LATREILLE 1796. – Kopf und Fühler klein, Rüssel vorstehend, länger als der Kopf. Brust hochgewölbt. Entwicklung der Larven noch unbekannt. Zoolog. N. *Cyrtus*, griech. κυρτός 'krumm, gewölbt'.

Dickfliege MEIGEN System. Beschr. 3 (1822) 92.

Gattung **Oncódes** LATREILLE 1796. – Kopf klein und tiefstehend. Bruststück fast kugelig mit dichter, feiner Behaarung. Hinterleib des Männchens verhältnismäßig schlank, des Weibchens eiförmig. Entwicklung der Larven im Hinterleib von Spinnen. Zoolog. N. *Oncōdēs* (bei LATREILLE Préc. Caract. Ins. 154: *Ogcōdēs*), griech. ὀγκώδης 'dick, aufgeblasen'.

Mundhornfliege („die Fühler ... dicht an dem obern Rande der Mundöfnung eingesezt") MEIGEN System. Beschr. 3 (1822) 98; NEUHAUS Dipt. March. (1886) 76.

Oncódes gibbósus (LINNÉ 1758). – Kopf schwarz. Brust glänzend schwarz, kurz und dicht abstehend graugelb behaart. Hinterleib quergerunzelt, gelblich mit schwarzen Querbinden. Flügel glashell. 3 bis 7 mm. An Wiesen auf Blättern und Zweigen, zuweilen häufig. Zoolog. N. Lat. *gibbōsus* 'buckelig, höckerig' (Thorax kugelig. Oder nach der Form der die Halteren bedeckenden Schuppen? Vgl.: „Squamae halterum albae, gibbosae, magnae" LINNÉ Fauna Svec. [[2]1761] 447).

Der Höcker LINNÉ-MÜLLER 5, 2 (1775) 963. *Höckerige Fliege* MEIDINGER Nomenkl. (1787) 193. Vgl. nl. *bultige vlieg* HOUTTUYN 12 (1768) 492. *Höckerige Mundhornfliege* SCHINZ-CUVIER Thierreich 3 (1823) 867. *Höcker-Mundhornfliege* THON-REICHENBACH Naturgesch. Ins. (1838) 429. Übersetzungen des zoolog. N.s. *Bandirter Kugelschwärmer* PANZER Syst. Nomencl. (1804) 172; Hinterleib mit schwarzen Querbinden.

Familie **Dexíidae**

Artenreiche Familie meist schlanker, langbeiniger, aber auch gedrungener Fliegen. Ihre Larven parasitieren vornehmlich in größeren Käferlarven, die im Erdboden, in morschen Baumstümpfen oder unter der Rinde verborgen leben (Cerambyciden, Lucaniden, Scarabaeiden), einige auch in Schmetterlingsraupen und anderen Insekten.

Zoolog. N. *Dexiidae* Weiterbildung des Gattungs-N.s *Déxia* MEIGEN 1826, N. unerklärt (AGASSIZ Nomencl. [1842] Dipt. 11 verweist auf griech. δεξιός 'rechts', das auch LEUNIS-LUDWIG 2 [1886] 424 in der Bedeutung 'geschickt, gewandt' gelten lassen möchten).

Schlupfwespenähnlich. *Schlupffliegen* Tierwelt Mitteleuropas 6, XVI (1936) 239.

Cylindromýia brassicária (FABRICIUS 1775). – Mit langgestrecktem, walzenförmigem, rotgelbem Hinterleib. Rücken grau mit schwarzen Längsstreifen. Sehr häufig, über ganz Europa verbreitet. Imagines auf Blüten; die Larven entwickeln sich parasitisch in Landwanzen. Zoolog. N. *Cylindromyia* MEIGEN 1803, zu griech. κύλινδρος 'Walze, Rolle' und griech. μυῖα 'Fliege' („der Hinterleib walzenförmig"); neulat. *brassicārius* 'zum Kohl (lat. *brassica*) in Beziehung stehend' (der Autor glaubte irrtümlich an eine Entwicklung der Larven in den Wurzeln des Gartenkohls, „habitat in brassicae radicibus").

Die deutschen Bezeichnungen übersetzen sämtlich den zoolog. N., obwohl eine Entwicklung der Larven im Kohl nicht erfolgt (s. oben). *Kohlfliege* BRAHM Insektenkal. 1 (1790) 170; LEUNIS (1844) 292. *Kohlschwalbenfliege* SCHINZ-CUVIER Thierreich 3 (1823) 905; da die Flügel in der Ruhelage halb offen – schwalbenschwanzähnlich – getragen werden? *Walzige Rübenmucke* OKEN 5, 2 (1835) 796, der die „Larven in Kohlrüben" lokalisiert. *Kohlwalzenfliege* RITZEMA Bos Schädl. u. Nützl. (1891) 605; SCHMIDT Schadinsekten (1939) 34.

Familie **Diópsidae**. – Kleine, schlanke Fliegen tropischer Gebiete. Der Kopf trägt zwei lange, seitlich abstehende, stielförmige Fortsätze, an deren Ende sich Augen und Fühler befinden. Zoolog. N. *Diōpsidae* Weiterbildung des Gattungs-N.s *Diōpsis* DAHL 1775, zu griech. διά 'durch, hindurch', in der Komposition δια-, διauch zur Bezeichnung des Auseinander-, Getrenntseins, und griech. ὤψ 'Gesicht, Auge' („caput ... extenditur hoc in duo cornua, patentia, longitudine thoracis, solida, nec articulata uti antennae, ferruginea, terminata oculo globoso, flexo, nigro").

Die Augen am Ende zweier Stiele. *Fernrohrfliege* ILLIGER in: Magaz. f. Insektenkde 1 (1801) 135. *Perspektivfliege* SCHINZ-CUVIER Thierreich 3 (1823) 917. *Brillenfliegen* VOIGT-CUVIER Thierreich 5 (1839) 664. *Stielaugenfliegen* Internat. Entomol. Zs. 2 (1908/09) 190; SCHUMANN in: Entomol. Ber. (1965) 9.

Familie **Dolichopódidae**

Kleine und mittelgroße, schlanke, lebhafte Fliegen, meist an schattigen, feuchten Stellen auf Gestrüpp und Gebüsch, oft in großen Ansammlungen. Manche leben immer am Wasser oder auf Wasserpflanzen. Körper meist metallisch grün. Die Larven in der Erde, in Sand, unter Moos, Baumrinde, teils räuberisch, teils pflanzenfressend.

Hinterleib der Männchen mit mehr oder weniger großen klammerartigen Anhängen. *Klammermucken* OKEN 5, 2 (1835) 815. Beine meist lang und schlank. *Langfußfliegen* THON-REICHENBACH Naturgesch. Ins. (1838) 430. *Langbeinfliegen* LEUNIS ([2]1860) 615; BREHM 2 ([4]1922) 334; SCHUMANN in: Entomol. Ber. (1965) 9. Übersetzung des zoolog. N.s (→ *Dolichopus* LATR.).

Dolichopus ungulátus (LINNÉ 1758). — Körper metallisch grün. Hinterleib des Männchens zylindrisch, an der Spitze zusammengedrückt. Beine rotgelb. Zoolog. N. *Dolichopūs* LATREILLE 1796, zu griech. δολιχός 'lang' und griech. πούς 'Fuß'; lat. *ungulātus* 'mit Klauen versehen'.

Klauenfuß LINNÉ-MÜLLER 5, 2 (1775) 974; vgl. nl. *geklaauwde vlieg* HOUTTUYN 12 (1768) 513; Übersetzungen des zoolog. N.s. *Gemeine Klammermucke* OKEN 5, 2 (1835) 816.

Gattung **Pórphyrops** MEIGEN 1824. — Meist grün glänzend. Häufig an Ufern auf Pflanzen. Zoolog. N. *Porphyrōps* zu griech. πορφύρεος 'purpurn' und griech. ὤψ 'Gesicht, Auge' („Netzaugen ... von purpurrother Farbe").

Purpuraugenfliege THON-REICHENBACH Naturgesch. Ins. (1838) 431. *Uferfliege* KARSCH Insectenwelt (1863) 343.

Familie **Drosophílidae**

Artenreiche, über alle Gebiete verbreitete Familie kleiner Fliegen, meist braun oder schwarz. Sie treten überall dort auf, oft in großen Mengen, wo organische Stoffe in saure Gärung übergehen. Entwicklung der Larven in faulenden, gärenden Früchten, auch in Honig, Milch, an Leichen. Einige Arten sind Blattminierer (→ *Scaptomyza* HARDY).

Taufliegen BREHM 2 ([4]1922) 344; SCHUMANN in: Entomol. Ber. (1965) 9. *Essigfliegen* LEDERER Schädlingskde (1928/32) 228; SCHUMANN a. a. O. *Obstfliegen* DUDA Drosoph. (1934) 2 in: LINDNER Fliegen Pal. Reg.; SCHUMANN a. a. O. Zu den N.n → *Drosophila* FALL.

Gattung **Drosóphila** FALLÉN 1823

Kleine Fliegen (1 bis 4 mm) an gärenden Stoffen vegetabilischer oder auch animalischer Herkunft, wo die Larven sich entwickeln. Daher zahlreich in Essigfabriken, Mostereien, Brennereien, Molkereien u. dgl., häufig auch in Wohnungen, die Gärstoffe, vor allem Früchte, umschwärmend. Oft sehr lästig in Speisekammern, Obstläden, an Obsttorten, Obstsäften, Essig, Wein, Bier.

Zoolog. N. *Drosophila* zu griech. δρόσος 'Tau' und griech. φίλος 'liebend' (der Autor glaubte, daß die Fliegen mit Vorliebe Tautropfen aufsaugen, → *D. fenestrarum* FALL.).

Alte N.n. Griech. κώνωψ 'kleiner Zweiflügler'; davon werden stechende Arten beschrieben, d. i. wohl 'Mücke' (→ *Conops* L., Sp. 728), andere bevorzugen scharfe bzw. saure Stoffe (ARISTOTELES Hist. Anim. 4, 97), entstehen aus Würmern, die sich aus dem Bodensatz des Essigs bilden (ebda 5, 105) und finden sich häufig an Wein (PLUTARCH Moralia 663 D und 1073 A), so daß sie als *Drosophila*-Arten aufzufassen sind. Entsprechend interpretiert spätere Überlieferung griech. κώνωψ mit „culex vinarius, Wein-Mücke", s. LESSER Insecto-Theol. (1738) 308. — Lat. *bibio*; vgl. *bibiones* qui in vino nascuntur, quos vulgo *mustiones* a musto appellant (7. Jh.) ISIDORUS Etym. XII, VIII, 16; *bibiones* ex vini evaporatione (13. Jh.) ALBERTUS MAGNUS De Anim. 5, 33. — *culex vinarius* PINICIANUS Prompt. (1516) 157; *culices vinarii* SCHWENCKFELD Theriotropheum (1603) 527; *musca vini vel cerevisiae acescentis* RAJUS Hist. Ins. (1710) 261; *musca vinaria* FRISCH Wb. 2 (1741) 435. — *vinula* KIRSCH Cornucopiae (1718) 1129. — *mustio* KIRSCH a. a. O.; vgl. dazu ISIDORUS, s. oben. — Vgl. auch ἐμπίς *musca uinaria* (7. Jh.) Corp. Gloss. Lat. 2, 296, 30 sowie *ephemera, culex vinarius* CHYTRAEUS Nomencl. (1585) 380; ἐμπίς 'Stechmücke', ἐφήμερον 'ein kleines, vierfüßiges [?] Insekt' werden hier (ähnlich wie κώνωψ s. oben) im Sinne von 'kleiner Zweiflügler' bzw. 'kleines Insekt' als Essigfliege gedeutet.

Fliegen und Larven nähren sich von den Säften gärender Substanz. Dabei wird die Hefe von den Tieren verbreitet, und die natürliche Gärung des Weines ist nur durch den Besuch von *Drosophila*-Arten möglich. *winmugge* (13. Jh., obdt.) DIEFENBACH Gloss. 73. *winmvgge* (13./14. Jh.) Zs. f. dt. Wortforsch. 5 (1903/04) 21. *winmug* (14. Jh.) Voc. opt. 42. *win mugk* (14. Jh.) Ahd. Gl. 4, 399, 3. *weinmück, weinmuk* (14./15. Jh.) ebda 3, 48, 60. *weyn muck* BRACK Voc. (1489) i1a. *mugk imm wein* (1528) BERTHOLD v. CHIEMSEE Theol. 480. *weynmucken* FRISIUS Nomencl. (1556) 62. *Wynmügge* CHYTRAEUS Nomencl. (Rostock 1585) 380. *Weinmücke* STEINBACH Wb. 2 (1734) 78. *Weinmücklin* FRISCHLIN Nomencl. (1586) 69. *Weinmückle* OCHS Baden 2, 540. *wein fluig* (15. Jh., obdt.) DIEFENBACH Nov. Gloss. 52. Vgl. nl. *wijnvlieghe* KILIAN Dict. (1605) 671; engl. *wine flye*

Moufetus Ins. Theatr. (1634) 77. *winwurm, -worm, weinwurm* (15. Jh.) Diefenbach Gloss. 73. *wynworm* Gemma (Köln 1504) C7a. *wyn made* (1417, nd.) Diefenbach Nov. Gloss. 52; d. i. möglicherweise eine *Drosophila*-Larve oder aber ein Fadenwurm, das Essigälchen (*Turbatrix aceti* Müll.).

Mostmücke Steinbach Wb. 2 (1734) 78. *Bierfliege* Kramer Dict. 1 (1700) 104.

Essig Mücken Pl. Schwenckfeld Theriotropheum (1603) 527. *Essig Mucken* Pl. Henisch Thes. (1616) 951. *Essig-Mücke* Lesser Insecto-Theol. (1738) 308. *Essigmucke* Oken 5, 2 (1835) 794. *Essigmückchen* Gleichen Mikroskop. Unters. (1764) Anh. 14. *Essigfliege* Kramer Dict. 1 (1700) 312; Campe 5 (1811) 650; Zacher Schädlingsfibel (1948) 60. *Essigfleig* (Fischland/ Mecklenb.) briefl. *Weinessigfliege* Leunis (1844) 295. Vgl. nl. *azijnvliegje* Nl. Wb. 2, 1, 791; dän. *eddikeflue* DO 4, 101; engl. *vinegar-fly* Zacher Schädl. 90; frz. *mouche du vinaigre* Geoffroy Hist. Ins. 2 (1762) 536.

Als Übersetzung des zoolog. N.s *Thaufliege* Leunis (1844) 295. *Taufliege* Klots-Forster Insekten (1959) 281.

Ohne Ergänzungsbestimmung im Sinne der Kleinheit *Mücklein, Schnack* Hulsius Dict. (1605) 183. *Mauke* Popowitsch Versuch (1780) 357. *Mucken, Maucken* Pl. Höfer Österreich 2, 270. *Krunnemeck* [-mücke] Luxemb. Wb. 2, 474; zu *Krunne* 'Kran, Zapfen, Hahn (am Weinfaß)'. *Krahnemick* (Rheinland-Pfalz) mündl. *Halmenmückle* („die vom Wein oder Bier angelockt werden") Ochs Baden 2, 540; „lautliche Wiedergabe auf jeden Fall fehlerhaft", doch vgl. ebda auch *Salmenmucken*, d. i. vielleicht 'M. an der Salz-, an der Pökelbrühe'? Vgl. schweiz. *insalmere* 'einsalzen' Schweiz. Id. 7, 867, *Samlere* 'das sich sammelnde Wasser des in der Sulz liegenden Fleisches' ebda 942. *Obstfliege* Brehm Tierreich (1956) 149. Vgl. engl. *fruit fly* Busvine Insects 152. *Kellerfliege* („in Bier- und Weinkellern") Linné-Müller 5, 2 (1775) 972; Campe 2 (1808) 912; nl. *kelder-vlieg* Houttuyn 12 (1768) 508; Übersetzung von *Musca cellaris* L., worunter Linné eine nicht verifizierbare *Drosophila*-Art beschreibt („habitat in cellis vinariis aliisque").

Drosóphila fenestrárum Fallén 1829. – Gesicht matt, weiß oder hellgelb. Rücken glänzend gelb oder gelbbraun. Hinterleib des Männchens auf der Oberseite schwarz, auf der Unterseite gelb, des Weibchens gelb- oder dunkelbraun mit schwarzen Binden. Flügel fast farblos. 2 mm. Lebensweise → *Drosophila* Fall. Zoolog. N. *fenestrārum* Gen. Pl. von lat. *fenestra* 'Fenster' (vom Autor öfter, Tautropfen einnehmend, an Blättern und Fensterscheiben beobachtet, „in foliis et in fenestris succum roridum sugens", doch ist diese Lebensweise nicht charakteristisch).

Kleine Essigfliege Floericke Plagegeister (1917) 58; Brehm 2 (⁴1922) 344. *Kleine Fruchtfliege* Brehm-Rammner 1 (1955) 339. D. h. kleiner als die ähnliche folgende Art.

Drosóphila fúnebris (Fabricius 1787). – Gesicht gelb, Augen rot. Rücken gelb oder rötlichbraun; Hinterleib matt glänzend, gelb mit schwarzen Binden. Flügel fast farblos mit hellbraunem Geäder. 3 bis 4 mm. Zur Lebensweise → *Drosophila* Fall. Zoolog. N. Lat. *fūnebris* 'unheilvoll, verderblich'.

Essigfliege Leunis (1844) 295. *Dunkle Essigfliege* Taschenberg Prakt. Insektenkde 4 (1880) 160. *Große Essigfliege* Brehm 2 (⁴1922) 344; Klots-Forster Insekten (1959) 281. *Große Fruchtfliege* Brehm-Rammner 1 (1955) 339. D. h. größer als die vorige Art.

Scaptomýza gráminum (Fallén 1823). – Gesicht gelb. Rücken grau, braun oder grau gestreift. Hinterleib meist schwarz mit grauer Bereifung, zuweilen auch braun oder gelb. $1^1/_2$ bis 3 mm. Die Larven in Zwiebelgewächsen. Zoolog. N. *Scaptomȳza* Hardy 1849, zu griech. σκάπτω 'grabe' und griech. μύζω, μυζάω 'sauge'; *grāminum* Gen. Pl. von lat. *grāmen* 'Gras, Kraut' (Imagines auf Wiesen).

Zwiebeltaufliege Lorenz Ins. (1905) 84; Schmidt Schadinsekten (1939) 62.

Familie Empídidae

Artenreiche Familie kleiner, schlanker Fliegen (meist weniger als 10 mm). Viele Arten sind Blütenbesucher und pflanzenfressend; die meisten aber leben räuberisch und fangen sich im Fluge kleine Insekten, die sie aussaugen. Auch die zylindrischen Larven sind Räuber und leben in der Erde, unter Laub, Rinde, in Moos, Holzmulm u. dgl.

Der bei vielen Arten lange, meist rückwärts umgebogene Rüssel wurde von älteren Autoren mit dem Schnabel einer Schnepfe verglichen. *Schnepfenfliege* Schaeffer Elementa entomol. (1766) Tab. 61; Adelung 4 (1780) 217; Thon-Reichenbach Naturgesch. Ins. (1838) 428. N. gilt auch für → *Rhagionidae*. *Fliegenschnepfe* Sulzer Abgek. Gesch. d. Ins. 1 (1776) 221. *Schnepfenmücke* Fuessli Verz. schweitz. Inseckten (1775) 57. *Schnabelfliegen* Karsch Insektenwelt (²1883) 482. (Dazu vgl. → *Rhamphomyia* Meig.)

Die Männchen mancher Arten führen im Schwarm oder auch einzeln über Büschen, an schattigen Wegen oder dicht über dem Wasserspiegel Tänze auf. Sie ähneln in dieser Hinsicht den Mücken (vgl. die alte Bedeutung des zoolog. N.s → *Empis* L. sowie frz. *mouches-cousins* [„Fliegenmücken"] „à cause de la ressemblance qu'ils ont avec les cousins" de Geer Mém. Hist. Ins. 6 [1776] 250). *Mücke* Beckmann Anfangsgründe (1767) 115. *Schnacken* Schauplatz 7 (1779) 720. *Tanzende Mücke* Börner Sammlg. 1 (1774) 527; Campe 4 (1810) 775; vgl. nl. *dril-muggen, dansende muggen* Houttuyn 12 (1768) 569; dän. *dandsemygg* (1764) Henriksen Danske Insektnavne 58. *Hüpfer* Linné-Müller 5, 2 (1775) 994; Schmiedlein Insectenlehre (1786) 404. *Tanzfliegen* Herbst

Naturgesch. 8 (1787) 117; OKEN 5, 2 (1835) 773; BREHM 6 ([1]1869) 395; SCHUMANN in: Entomol. Ber. (1965) 10.

Gattung **Drápetis** MEIGEN 1822. – Kleine Arten mit teils dunkel, teils gelblich gefärbtem Körper. Bruststück kurz, fast quadratisch und wenig gewölbt. Hinterleib nach hinten verschmälert. Flügel hell, zart grau oder bräunlich getönt. An Gras und Kräutern. Zoolog. N. *Drāpetis*, griech. δραπέτης, Fem. δραπέτις 'Flüchtling' („laufen mit einer außerordentlichen Behendigkeit").

Raschfliege MEIGEN System. Beschr. 3 (1822) 91; NEUHAUS Dipt. March. (1886) 75.

Gattung **Émpis** LINNÉ 1758

Kopf kugelig, Augen des Männchens meist zusammenstoßend. Bruststück oval, Hinterleib schlank. Im Frühling fast überall.

Zoolog. N. *Empis*, griech. ἐμπίς 'Stechmücke' (→ *Culicidae*), die ARISTOTELES Hist. Anim. eingehend beschreibt: Sie trägt vorn einen Stachel (1, 29), lebt anfänglich im Wasser (1, 8), und zwar entwickelt sie sich aus roten Würmern (ἀσκαρίδες), die ihrerseits im Schlamm und in erdigen Wasseransammlungen entstehen (5, 100); LINNÉ übernimmt den alten N. für die in Schwärmen auftretenden „Tanzfliegen".

Schnepfenfliege MEIGEN System. Beschr. 3 (1822) 15; SCHMITT Wiese ([3]1952) 19. *Schnabelfliege* SCHLECHTENDAL-WÜNSCHE Insecten (1879) 457. *Tanzfliege* SCHINZ-CUVIER Thierreich 3 (1823) 865; BROHMER Fauna ([6]1949) 336. Zu den N.n → *Empididae*.

Émpis boreális LINNÉ 1758. – Kopf schwarz, bräunlichgrau bestäubt; Augen sich berührend. Bruststück grau, Hinterleib schwarz, zylindrisch. Flügel rötlichbraun. 6 bis 8 mm. In Deutschland vorwiegend in Heidegebieten und Brüchen. Zoolog. N. Lat. *boreālis* 'nördlich' („habitat in Norlandia, choreas aereas circa vesperas instituens").

Von LINNÉ im nördlichen Europa lokalisiert. *Der Nordländer* LINNÉ-MÜLLER 5, 2 (1775) 994. *Die Nordländerin* SULZER Abgek. Gesch. d. Ins. 1 (1776) 221. *Nordische Schnepfenfliege* MEIDINGER Nomenkl. (1787) 196. *Nordliche Tanzfliege* GOEZE Degeers Abhandl. 6 (1782) 102. *Nördliche Tanzfliege* GRÄFE Handb. (1836) 861. *Nordische Tanzfliege* BREHM-RAMMNER 1 (1955) 337. Vgl. nl. *noordlandsche drilmug* HOUTTUYN 12 (1768) 569.

Émpis lívida LINNÉ 1758. – Kopf und Gesicht hellgrau. Brust hellgrau, bräunlich bestäubt, mit schwarzen Längsstreifen; Hinterleib braungelb (Männchen) oder braungrau und etwas glänzend (Weibchen). Flügel des Männchens bräunlich, des Weibchens glashell. 8 bis 10 mm. Zoolog. N. Lat. *līvidus* 'bleifarbig' („corpus lividum . . . abdomen supra magis fuscum").

Blasse Schnacke Onomatologia hist. nat. 3 (1766) 786. *Grauhüpfer* LINNÉ-MÜLLER 5, 2 (1775) 995. *Graue Schnepfenfliege* MEIDINGER Nomenkl. (1787) 196. *Bleichgelbe Schnepfenfliege* BRAHM Insektenkal. 1 (1790) 79. *Braungraue Schnepfenfliege mit rothen Beinen* PANZER Syst. Nomencl. (1804) 207. *Grünlichte Tanzfliege* GOEZE Degeers Abhandl. 6 (1782) 101. *Braungrauliche Tanzfliege* JÖRDENS Entomol. u. Helminthol. 1 (1801) 174. *Fahle Tanzfliege* OKEN 5, 2 (1835) 773. Vgl. nl. *graauwe dril-mug* HOUTTUYN 12 (1768) 570.

Émpis pénnipes LINNÉ 1758. – Ganz schwarz, Hinterleib des Männchens teilweise dunkelgrau bestäubt. Flügel des Männchens schwach bräunlich, des Weibchens dunkelbraun. Hinterbeine des Weibchens schuppig gefiedert. 4 bis 5 mm. Zoolog. N. Lat. *pennipēs, pinnipēs* 'an den Füßen geflügelt' („pedibus posticis longis, alteri pennatis").

Federfuß LINNÉ-MÜLLER 5, 2 (1775) 995; nach nl. *vederpoot* HOUTTUYN 12 (1768) 570. *Schnepfenfliege mit gefederten Füßen* LESKE Anfangsgr. 1 (1779) 482. *Federfüßige Schnepfenfliege* MEIDINGER Nomenkl. (1787) 196. *Federfüssichte Tanzfliege* PANZER Syst. Nomencl. (1804) 167.

Émpis tesseláta FABRICIUS 1794. – Bruststück grau mit 3 schwarzen Längsstreifen. Hinterleib schwarz mit würfelartig gelbbraunen Schillerflecken. Flügel braun mit gelber Wurzel. 9 bis 11 mm. Eine der häufigsten einheimischen Arten, sommers im Gebüsch, auf Unterholz und Gestrüpp, auf Doldenblüten. Zoolog. N. Lat. *tessellātus* 'mit viereckigen Steinchen besetzt, gewürfelt' („abdomen tesselatum segmentis basi cinereis, apice atris").

Gewürfelte Schnepfenfliege BREHM 6 ([1]1869) 393. *Gewürfelte Tanzfliege* BREHM 2 ([4]1922) 332; KLOTS-FORSTER Insekten (1959) 277.

Gattung **Hemerodrómia** MEIGEN 1822. – Sehr kleine, meist gelbliche Fliegen. Länglich, walzenförmig. Sie leben räuberisch von anderen Insekten. Zoolog. N. *Hēmerodromia* zu griech. ἡμεροδρόμος 'den Tag über laufend, Eilbote', vgl. δρομεύς, δρομίας 'Läufer'.

Fangfliege MEIGEN System. Beschr. 3 (1822) 61; LEUNIS ([2]1860) 614.

Gattung **Hílara** MEIGEN 1822. – Klein bis mittelgroß, meist schwarz oder grau, selten gelb. Sie leben räuberisch in der Nähe von Wasser, Bächen, auf feuchten Wiesen. Männchen mit Spinnvermögen, so daß sie kleine, zarte Insekten umstricken können; beim Schwärmen tragen sie oft ihre Gespinste mit sich. Zoolog. N. *Hilara*, griech. ἱλαρός 'munter, lustig, fröhlich' („haben die Gewohnheit, des Abends bei heiterm Wetter schaarenweise über dem Wasser oder in seiner Nähe in der Luft tanzartig zu schwärmen").

Tanzfliege MEIGEN System. Beschr. 3 (1822) 1; BREHM 2 ([4]1922) 333.

Gattung **Hýbos** MEIGEN 1803. – Kopf kugelig, Augen zusammenstoßend. Bruststück stark gewölbt, Hinterleib walzenförmig. Hinterschenkel verdickt. Räuberisch. Zoolog. N. *Hȳbos*, griech. ὑβός 'Buckel, Höcker' („hochgewölbter Mittelleib").

Buckelfliege MEIGEN System. Beschr. 2 (1820) 346; LEUNIS-LUDWIG 2 (1886) 401.

Gattung **Rhamphomýia** MEIGEN 1822. – Sehr ähnlich den Arten der Gattung → *Empis* L., hauptsächlich nur in der Anordnung des Flügelgeäders verschieden. Zoolog.

N. *Rhamphomyia* zu griech. ῥάμφος 'Schnabel' und griech. μυῖα 'Fliege' („Rüssel von der nämlichen Bildung wie bei Empis", → *Empididae*).

Schnabelfliege MEIGEN System. Beschr. 3 (1822) 42; BROHMER Fauna ([6]1949) 336; Übersetzung des zoolog. N.s. *Rüsselfliege* KARSCH Insektenwelt ([2]1883) 484.

Gattung **Tachydrómia** MEIGEN 1803. — Meist klein bis sehr klein, mit kugel- oder eiförmigem Kopfe und schlanken Laufbeinen. Meist glänzend schwarz, selten gelb. Räuberisch in Hecken, auf Gebüsch, im Grase. Zoolog. N. *Tachydromia*, griech. ταχυδρομία 'schneller Lauf', vgl. auch ταχυδρόμος 'schnell laufend', sowie δρομεύς, δρομίας 'Läufer' („laufen sehr geschwind" MEIGEN System. Beschr. 3 [1822] 68).

Rennfliege MEIGEN a. a. O.; BROHMER Fauna ([6]1949) 335. *Schnelläufer* NEUHAUS Dipt. March. (1886) 73.

Tachydrómia cúrsitans (FABRICIUS 1775). — Gesicht weiß. Brust gelbgrau, Hinterleib glänzend schwarz. Flügel hell mit gelben Adern. Fühler und Beine gelb. 2,5 bis 4,5 mm. Zoolog. N. Lat. *cursitāns* 'hin und her laufend, rennend' („celerrime cursitans, vix volitans").

Lauf-Borstenfliege SCHRANK Fauna Boica 3 (1803) 122. *Laufende Rennfliege* SCHINZ-CUVIER Thierreich 3 (1823) 865. *Gemeine Rennfliege* THON-REICHENBACH Naturgesch. Ins. (1838) 429.

Familie **Ephýdridae**

Unscheinbare, kleine bis sehr kleine Fliegen, meist grau oder braun, nur selten lebhafter gefärbt. Die Tiere lieben Feuchtigkeit und finden sich oft in großer Menge an den Ufern von Flüssen, Seen, Tümpeln, an Meeresküsten, auf sumpfigen Wiesen, Wasserpflanzen und Gräsern. Die Larven leben im Wasser, oft auch in stark salzhaltigen Wässern (einige sind in Leitungsrinnen von Gradierwerken, andere in Petroleumtümpeln [→ *Psilopa petrolei* COQU.] beobachtet worden), manche minieren in Blättern von Wasserpflanzen.

Zoolog. N. *Ephydridae* Weiterbildung des Gattungs-N.s *Éphydra* FALLÉN 1810, griech. ἔφυδρος 'auf dem Wasser befindlich'.

Die Larven einiger Arten in stark salzhaltigen Gewässern. *Salzfliegen* KARSCH Insektenwelt ([2]1883) 532; SCHMIDT Schadinsekten (1939) 358; KLOTS-FORSTER Insekten (1959) 280. *Salzseefliegen* ENGELHARDT Tümpel, Bach u. Weiher (1959) 192. Mundöffnung im allgemeinen sehr groß. *Weitmaulfliegen* Tierwelt Mitteleuropas 6, XVI (1936) 171; KEILBACH Schädl. (1966) 117.

Gattung **Hydréllia** ROBINEAU-DESVOIDY 1830. — Kleine Arten, meist grau bis braun bestäubt. An Gewässern und Sümpfen, besonders gern auf der Wasseroberfläche und auf Blüten von Wasserpflanzen. Zoolog. N. *Hydrellia* diminutive Weiterbildung zu griech. ὕδωρ 'Wasser'.

Wasserfliege KARSCH Insektenwelt ([2]1883) 531. *Sumpffliegen* Tierwelt Mitteleuropas 6, XVI (1936) 170.

Hydréllia griséola (FALLÉN 1813). — Gesicht gelblich, selten weiß; Fühler schwarz. Körper hellgrau. 2,75 mm. Die Larven minieren in Gräsern in der Nähe feuchten, sumpfigen Geländes. Sie werden schädlich an Gerste, seltener an Hafer, Weizen, Zwiebeln. Zoolog. N. Neulat. *griseolus* '(hell-)grau' („plumbea").

Grauer Gerstenminirer TASCHENBERG Prakt. Insektenkde 4 (1880) 156. *Gerstenfliege* SCHMIDT-GÖBEL Insecten 2 (1881) 235. *Gerstenminierfliege* SCHMIDT Schadinsekten (1939) 22. *Graue Gerstenminierfliege* ROSTRUP-THOMSEN Tier. Schädl. (1931) 294; KEILBACH Schädl. (1966) 636.

Psilópa petrólei COQUILLETT 1899. — Klein, metallisch glänzend. Die Larven auf südkalifornischen Ölfeldern in Pfützen rohen Petroleums entdeckt, wo sie sich von toten Kleinlebewesen zu ernähren scheinen. Zoolog. N. *Psīlōpa* FALLÉN 1823, zu griech. ψιλός 'nackt, kahl' und griech. ὤψ, Gen. ὠπός 'Gesicht, Auge' (Augen unbehaart); *petroleī* Gen. von neulat. *petroleum* 'Erd-, Rohöl'.

Petroleumfliege BECKER Ephydr. (1926) 7 in: LINDNER Fliegen Pal. Reg. Vgl. älteres engl. *petroleum fly* CRAWFORD Pom. Coll. Journ. of Ent. 4 (1912) 687.

Scatélla subguttáta (MEIGEN 1830). — Kleine, teils grau, teils gelb bestäubte Exemplare. Flügel ziemlich lang, bräunlich, mit glashellen Flecken besetzt. Zoolog. N. *Scatella* ROBINEAU-DESVOIDY 1830, zu griech. σκώρ, Gen. σκατός 'Kot, Dreck' („ces insectes se trouvent plus particulièrement sur les excréments"); neulat. *subguttātus* 'etwas getüpfelt, gesprenkelt', vgl. lat. *gutta* 'Tropfen' („Flügel . . . mit undeutlichen weißen Tropfen").

Meeresstrandfliege SCHMIDT Schadinsekten (1939) 357.

Familie **Fanníidae**

Kleine bis mittelgroße Fliegen, im Habitus den → *Muscidae* recht ähnlich. Manche Arten oft in der Nähe des Menschen, in Gebäuden, Wohnungen, wo sie als Krankheitsüberträger wirken können, zumindest als „Schweißsauger" im Sommer für Mensch und Tier sehr lästig sind. Ihre Larven leben in Exkrementen, in faulender pflanzlicher und tierischer Substanz; einige sind Parasiten verschiedener Insekten.

Fánnia caniculáris (LINNÉ 1761)

Bruststück graubraun, mit drei braunen Streifen. Hinterleib auf den drei ersten Ringen gelblich, oder ganz schwarz. Augen nur durch eine schmale Stirnstrieme getrennt, beim Männchen fast den ganzen Kopf einnehmend. 5 bis 7 mm, also nicht ganz so lang wie die sehr ähnliche Gemeine Stubenfliege (→ *Musca domestica* L.). Überall vom ersten Frühjahr bis in den späten Sommer. Häufig in Wohnungen, dort vor allem in schnellem, kreisendem oder winkligem Fluge unter Lampen, herabhängenden Gegenständen. Die Fliegen gehen an tierische Kadaver, an Speisen und fressen auch Kot. Die Maden in Dünger und faulenden Pflanzenstoffen, auch an toten Schnecken, an Raupen, Pilzen u. dgl.; sie sollen, mit Speisen eingenommen, Myiasis im Magen erregen können.

Zoolog. N. *Fannia* Robineau-Desvoidy 1830, lat. *Fannius* N. eines römischen Geschlechts; lat. *canīculāris* 'zum Hundsstern gehörig', *(diēs) canīculārēs* 'Hundstage' („habitat ubique; mense Caniculari sub arborum coma umbrosa, meridie et vesperi, choreas agit").

Hundstagsfliege Linné-Müller 5, 2 (1775) 970; Leunis-Ludwig 2 (1886) 429; Klots-Forster Insekten (1959) 286; nl. *hondsdagen-vlieg* Houttuyn 12 (1768) 506. *Hundstags-Blumenfliege* Taschenberg Prakt. Insektenkde 4 (1880) 133. Übersetzungen des zoolog. N.s.

Adelung 2 (1775) 1322 (und ihm folgend Campe 2 [1808] 804 sowie Berghaus Sprachschatz d. Sassen 1, 735) übernehmen den N. *Hundsfliege* mit der aus der Überlieferung von *cynomyia* (s. oben Sp. 688) stammenden Erklärung („eine Art kleiner Fliegen, welche wie die Mücken stechen, und mit ihren Stichen vornehmlich den Ohren der Hunde beschwerlich fallen") und ordnen ihn fälschlich dieser — nicht stechenden — Art zu.

Wie die Stubenfliege (*Musca domestica* L.) in Gebäuden, Wohnungen. *Kleine Hausfliege* Goeze Degeers Abhandl. 6 (1782) 14. Vgl. *musca minor domestica*, frz. *petite mouche domestique* de Geer Mém. Hist. Ins. 6 (1776) 27; engl. *the lesser house-fly* Busvine Insects 152. *Kleine Stubenfliege* Oken 5, 2 (1835) 791; Brehm 2 ([4]1922) 350; Brauns Waldins. (1964) 419. Oft von der größeren Gemeinen Stubenfliege nicht unterschieden, zuweilen auch für deren noch nicht ausgewachsene Nachkommenschaft gehalten, trägt sie dieselben volkstümlichen N.n wie → *Musca domestica* L. und gilt wie diese häufig als „Fliege" schlechthin (→ *Brachycera*, Sp. 694 ff).

Oft in Zimmern unter Lampen, Kronleuchtern u. dgl. *Lusterfliege* Fiebiger Tier. Parasiten ([2]1923) 383. *Kronleuchterfliege* Kleinschmidt Naturwiss. (1930) 52.

Fánnia scaláris (Fabricius 1794). — Bruststück schwarz, grau bestäubt, mit zwei dunklen Längsstreifen in der Mitte und zwei breiteren, weniger deutlichen an den Seiten. Hinterleib hellgrau bestäubt, mit deutlicher Rückenzeichnung. Flügel blaßgrau, an der Wurzel gelblich. 6 bis 7 mm. Sehr verbreitet und häufig; im Freien, in Wohnungen und Ställen. Die Fliege geht an Kot und Kadaver. Die Maden in Dünger und faulender Substanz. Zoolog. N. Lat. *scālāris* 'zur Leiter, zur Treppe gehörig, treppenförmig' (mit treppenförmiger Rückenzeichnung, „abdomine cinereo, fasciis atris linea dorsali connexis"). *Latrinenfliege* („Larven oft in großer Zahl in Latrinen") Zacher Schädl. (1950) 71; Keilbach Schädl. (1966) 284. Vgl. engl. *latrine fly* Busvine Insects 152.

Familie Gasterophílidae

Mittelgroße bis große Fliegen mit dichter Behaarung. Der Kopf ist breit, der Rüssel zurückgebildet. Ihren Flug begleitet ein starkes Brummgeräusch. Die Legeröhre der Weibchen ist lang und ausstülpbar. Ihre Eier werden an die Haare verschiedener Säugetiere (besonders Pferd und Esel) gelegt. Die dicken, stacheligen Maden sind Endoparasiten. Nachdem die Eier oder die geschlüpften Larven von den Wirtstieren aufgeleckt worden sind, gelangen die Larven über Mundhöhle und Rachenraum in den Magen oder Darm, an deren Wandungen sie sich als Blutsauger festsetzen. Nach ihrer Entwicklung werden sie auf natürlichem Wege ausgeschieden, um sich in der Erde zu verpuppen.

Ziemlich groß, mit kräftigem Summen das Vieh umschwärmend, den (Vieh-)Bremsen (*Tabanidae*) vergleichbar. *Bremsfliege* Meigen System. Beschr. 4 (1824) 174; Karsch Insektenwelt ([2]1883) 497. *Breme, Bremse* Thon-Reichenbach Naturgesch. Ins. (1838) 432. Die Pferde scheuen vor diesen brummenden, doch nicht stechenden Fliegen ebenso wie vor den empfindlich stechenden Viehbremsen. Volkstümliche Anschauung und Namengebung dürfte beide Gruppen nur selten unterscheiden; weitere N.n daher → *Tabanidae*.

Larven parasitisch in Magen und Darm verschiedener Säugetiere. *Eingeweidebremse* Kirchhof Conv. Lex. 1 (1842) 221. *Darmbremsen* Taschenberg Prakt. Insektenkde 4 (1880) 71. *Darmbremsfliegen* Ritzema Bos Schädl. u. Nützl. (1891) 646. *Magenbremsen* Taschenberg a. a. O.; Schumann in: Entomol. Ber. (1965) 10. *Magenbremsfliegen* Ritzema Bos a. a. O. *Pferdemagenbiesfliegen* Fiebiger Tier. Parasiten (1912) 385. *Pferdemagenfliegen* Hendel in: Tierwelt Deutschlands 11 (1928) 86. *Magenfliegen* Internat. Entomol. Zs. 22 (1928/29) 85; Keilbach Schädl. (1966) 118. *Pferdedasseln* Fiebiger a. a. O. *Magendasseln* Piekarski Lehrb. Parasitol. (1954) 627; Brauns Waldins. (1964) 424; zum N. vgl. → *Hypodermatidae*.

Die Larve wird als *Wurm im Magen* erwähnt in den Heilanweisungen der Roßarzneibücher; vgl. z. B.: „so du dy *wuerm* wellest vertreiben aus dem *magen* ..." (13. Jh.) Meister Albrant Kap. 3 (Text d. ältesten Fassung). *worm in de maghe* (16. Jh.) bei Haucke Tierheilkde 149. *wurm im magen oder bauch* (17. Jh.) Körke Kopenhagener Pferdearzneib. 30. Eine Larve beschreibt Frisch als *Wurm, der im Koth aus der Pferde Leib kommt* Insecten 5 (1724) 21; *Maden-Wurm im Leib der Pferde* ebda Reg. *Magen-Würme* („die sich inwendig im Magen an die Haut anhefften wie Egel") Hohberg Georgica 2 (1682) 209. *Magen Wurm* Zincke Lex. 2 (1744) 1733; Adelung 3 (1777) 309. *Bauchlarven* Voigt-Cuvier Thierreich 5 (1839) 637. *Beissender Wurm der Pferde* Hohberg a. a. O. 210. *Beiß-, Bise-Wurm* Höfler Krankheitsn. 823. *Rosswürm* Pl. (Bayern) Miller handschriftl. Die Made ist auffallend segmentiert, daher *Schraubenwurm* Arndt Rohstoffe 2 (1940) 627. *Schürffen* Pl. Hohberg a. a. O.; vgl. DWb 9, 2039

s. v. *Schurfe* f., wohl zu *schurfen, schürfen* '(auf-) ritzen', dazu *die Haut aufschurpfen*, s. SCHMELLER Bayer. 2, 464. *Engerling* ADELUNG 1 (1774) 1670; vgl. dazu → *Hypodermatidae*.

Enteromýia haemorrhoidális (LINNÉ 1758)

Schwarzbraun; Brust olivgrau behaart, mit schwarzer Binde; Hinterleib weißlich, rotgelb und schwarz behaart. Beine rötlich. Flügel schwach getrübt. 9 bis 11 mm. Die Eier werden an die Haare um Maul und Nase des Pferdes angeklebt, von dort vom Wirtstier leckend aufgenommen. Die Larven (15 mm) im Magen- und Darmkanal; ehe sie ihren Wirt verlassen, heften sie sich im Mastdarm und am Afterrand fest.

Zoolog. N. *Enteromyia* ENDERLEIN 1934, zu griech. ἔντερον 'Gedärm, Eingeweide' und griech. μυῖα 'Fliege'; neulat. *haemorrhoidālis* 'mit Blutfluß versehen' (vgl. griech. αἱμοῤῥοΐδες 'blutlassende Adern, Hämorrhoiden'), hier: 'mit rötlichem Hinterteil' („apice fulvo").

Anfänglich wurde die Ansicht vertreten, daß diese Art es verstehe, „den Pferden zum After hinein zu kriechen, und in den geraden Darm die Bruth zu legen" (MÜLLER; vgl.: „habitat in Equorum intestino recto, mire per anum intrans" LINNÉ Syst. Nat. [[10]1758] 584), obwohl schon FRISCH die Möglichkeit in Betracht zieht, daß die Fliegen ihre Eier „an eine Oeffnung des Pferdes vornen am Maul" legen (Insecten 5 [1724] 22). *Afterkriecher* LINNÉ-MÜLLER 5, 2 (1775) 927; CAMPE 1 (1807) 90; SCHINZ-CUVIER Thierreich 3 (1823) 903. Vgl. nl. *aars-horsel* HOUTTUYN 12 (1768) 408. Den zoolog. N. übersetzt *Rothafterige Bremse* BRAHM Insektenkal. 1 (1790) 167. *Rothafterige Pferdebremse* BECHSTEIN Naturgesch. 1 (1801) 273. *Pferdebremse* NEMNICH (1793) 2, 754; BLUMENBACH Naturgesch. ([2]1825) 335.

Nach dem Aufenthaltsort der Larven. *Afterbremse* THON-REICHENBACH Naturgesch. Ins. (1838) 439. *After-Bremsfliege* LEUNIS (1844) 299. *Darmbrömse* FISCHER Naturgesch. Livland (1778) 161. *Darmbremse* NEMNICH (1793) 2, 754. *Mastdarmsbremse* MEIDINGER Nomenkl. (1787) 190. *Mastdarmbremse* TASCHENBERG Prakt. Insektenkde 4 (1880) 78; FIEBIGER Tier. Parasiten ([2]1923) 397. *Mastdarm-Bremsfliege* LEUNIS ([2]1860) 628. Eiablage in der Umgebung von Lippen und Nase der Wirtstiere. *Lippenbremse* GRÄFE Handb. (1836) 865. *Nasenbremse* KEILBACH Schädl. (1966) 294.

Gasteróphilus intestinális (DE GEER 1776)

Rostgelb. Brust bräunlich behaart, Hinterleib gelb mit dunklen Bändern. Flügel glashell mit brauner Querbinde und zwei braunen Punkten an der Spitze. 11 bis 14 mm. Die Eier werden an die Fellhaare der Pferde (Esel, Maultiere) geklebt, vor allem der Brust, der Vorderbeine, der Schulter und der Mähne. Die geschlüpfte Made (1 mm) verursacht Juckreiz, wird vom Wirtstier aufgeleckt und miniert in der Maul- und Zungenschleimhaut. Mit 3 bis 5 mm häutet sie sich zum 2. Stadium, das sich blutsaugend an der Magenwand festsetzt. Nach 3 Monaten (bei einer Länge von 15 mm) findet eine erneute Häutung zum 3. Stadium statt, das etwa (bei ca. 20 mm Länge und gelbbrauner bis fleischroter Färbung) für 8 Monate im Magen verbleibt, sich dann löst und mit dem Kot ausgeschieden wird. Verpuppung in der Erde. Die Wirtstiere können durch Blutverlust stark geschwächt werden und bei starkem Befall eingehen. Gelegentlich wurde die Larve als „Hautmaulwurf" (KEILBACH Schädl. [1966] 293) minierend in der Haut von Menschen gefunden.

Zoolog. N. *Gasterophilus* LEACH 1817, zu griech. γαστήρ, Gen. γαστρός, auch γαστέρος 'Bauch, Unterleib, Magen' und griech. φίλος 'lieb, liebend; Freund' („the larvae . . ., as their name imports, inhabit the stomach of herbivorous quadrupeds"); neulat. *intestīnālis* 'die Eingeweide, den Darm (lat. *intestīnum*) betreffend' („les larves . . . vivent dans les intestins des chevaux").

Parasit des Pferdes. *Pferdebremse* SCHINZ-CUVIER Thierreich 3 (1823) 903; KARSCH Insektenwelt ([2]1883) 497. *Pferdebreme* LENZ Naturgesch. 3 (1836) 493; TASCHENBERG Was da kriecht u. fliegt (1861) 425. Die N.n in Anlehnung an syn. *G. equi* (CLARK 1797); vgl. auch nl. *paardenvlieg* Nl. Wb. 12, 1, 86; dän. *hestebremse, hesteflue* DO 8, 54f. *Gemeine Pferdedassel* TASCHENBERG a. a. O. *Pferdebiesfliege* BERGHAUS Sprachschatz d. Sassen 1, 200. *Bisfliege* ZIESEMER Preuß. 1, 621. *Rossmucken* Pl. (Bayern) MILLER handschriftl. Zu den N.n vgl. → *Hypodermatidae*, → *Oestridae* und für weitere volkstümliche N.n vor allem → *Tabanidae*, von denen diese Fliegen in der Namengebung meist nicht unterschieden werden.

Viehbreme im Darmkanal der Pferde GOEZE Degeers Abhandl. 6 (1782) 117; vgl. frz. *mouche . . . du ver des intestins du cheval* RÉAUMUR Mém. Ins. 4 (1738) 564. *Magenbreme des Pferdes* BREHM 6 ([1]1869) 404. *Magenbremse der Pferde* WEIDNER Tier. Schädl. (1947) 100. *Pferdemagen-Bremsfliege* LEUNIS ([2]1860) 628; RITZEMA Bos Schädl. u. Nützl. (1891) 646. *Rostgelbe Pferdemagen-Bremsfliege* BREHM-ROSSMÄSSLER Thiere d. Waldes 2 (1867) 358. *Pferdemagenbremse* v. KÉLER Entomol. Wb. (1956) 282. *Pferdemagen-Biesfliege* TASCHENBERG Was da kriecht u. fliegt (1861) 425. *Große Magenbremse* ders., Prakt. Insektenkde 4 (1880) 73; FIEBIGER Tier. Parasiten ([2]1923) 394.

Rhinogasteróphilus nasális (LINNÉ 1758). — Stark behaarte, dunkel gefärbte Fliege. Bruststück kastanienbraun; Hinterleib schwarz, an der Wurzel weißgelb, am Ende gelb behaart. 12 mm. Die Eier werden an die Ränder der Nasenlöcher von Pferd, Esel, Maultier und Ziege abgelegt. Die Larven, anfangs weiß mit rotem Hinterteil, später weißgelblich (13 bis 15 mm), wandern in der Schleimhaut des Mund-, Nasen-, Rachenraumes, um sich schließlich im Duodenum (seltener in der Nasenhöhle oder im Magen) anzusiedeln. Zoolog. N. *Rhīnogasterophilus* Townsend 1918, zu griech. ῥίς, Gen. ῥινός 'Nase' und zoolog. → *Gasterophilus* Leach; neulat. *nāsālis* 'zur Nase (lat. *nāsus*) gehörig' („habitat in Equorum fauce, per nares intrans").

Nasenkriecher Linné-Müller 5, 2 (1775) 927. *Nasenbremse* Meidinger Nomenkl. (1787) 190; Fiebiger Tier. Parasiten (²1923) 398. *Nasen-Bremsfliege* Leunis (²1860) 628. Maden vorwiegend im Dünndarm (Zwölffingerdarm) der Wirtstiere. *Dünndarmbremse* Taschenberg Prakt. Insektenkde 4 (1880) 80. *Dünndarmbremsenfliege* Ritzema Bos Schädl. u. Nützl. (1891) 649.

Stomachóbia pécorum (Fabricius 1794). — Männchen rostgelb behaart, am hinteren Bruststück eine schwarze Binde. Weibchen braun, Brust und 1. Hinterleibssegment rostgelb, das übrige Abdomen schwarz behaart. Flügel getrübt. 12 bis 15 mm. Eiablage an Pflanzen. Die von den Pferden aufgenommenen Maden (im Endstadium dunkelrot, 13 bis 20 mm) im Darm, manchmal auch im Magen und im Schlund. Zoolog. N. *Stomachobia* Enderlein 1934, zu griech. στόμαχος 'Schlund, Magen' und griech. βιόω 'lebe', βίος 'Leben, Lebensweise'; *pecorum* Gen. Pl. von lat. *pecus* 'Vieh' („habitat in pecorum intestinis").

Viehbremse Thon-Reichenbach Naturgesch. Ins. (1838) 439; Fiebiger Tier. Parasiten (²1923) 397. *Viehbremsfliege* Ritzema Bos Schädl. u. Nützl. (1891) 647. Der N. — weithin für → *Tabanidae* gebräuchlich — wird hier in Anlehnung an den zoolog. N. auf diese Art beschränkt.

Familie **Heleomýzidae**. — Kleine bis mittelgroße Fliegen von meist gelbroter Grundfarbe mit grauer Bestäubung. Die Arten an dunklen, schattigen, feuchten Orten, an Pilzen, auf der Unterseite von Blättern, andere auf Exkrementen, an Kadavern, ausfließenden Baumsäften, auf sumpfigen Wiesen, zuweilen in Höhlen. Zoolog. N. *Heleomyzidae* Weiterbildung des Gattungs-N.s *Heleomyza* Fallén 1810, zu griech. ἕλος, Gen. ἕλεος 'Sumpf' und griech. μύζω, μυζάω 'sauge'.

Meist an dunklen Orten, einige in Höhlen. *Schattenfliegen* Schlechtendal-Wünsche Insecten (1879) 513. *Dunkelfliege* Karsch Insektenwelt (²1883) 517. *Scheufliegen* Tierwelt Mitteleuropas 6, XVI (1936) 164; Schumann in: Entomol. Ber. (1965) 10.

Familie Hippobóscidae

Kleine bis mittelgroße Fliegen (2 bis 10 mm) mit abgeplattetem, breitem, elastischem Körper Flügel sind vorhanden, manchmal reduziert oder abfallend, seltener ganz fehlend. Die Beine sind kräftig und tragen gezähnte Klauen. Die Tiere leben ektoparasitisch als Blutsauger auf Säugetieren und Vögeln; gelegentlich gehen sie auch an Menschen. Die Larven schlüpfen in einem uterusähnlichen Behälter der Weibchen, werden also gleichsam lebend geboren (Viviparie) und verpuppen sich unmittelbar nach der Geburt (Pupiparie).

Die pupiparen Fliegen (*Hippoboscidae*, → *Nycteribiidae*, → *Streblidae*) werden vielfach zur Gruppe **Pupípara** Nitzsch 1818 zusammengefaßt (zu lat. *pūpa* 'Puppe' [vgl. oben Sp. 13f.] und lat. *parere* 'gebären'). *Puppengebärende* Schinz-Cuvier Thierreich 3 (1823) 918; Brehm Tierreich (1956) 149. *Puppengebärer* Leunis (²1860) 628; Brehm 6 (¹1869) 416. *Puppengebärerinnen* Brehm-Rossmässler Thiere d. Waldes 2 (1867) 380. *Puppenleger* Berthold-Latreille Thierreich (1827) 511. Die Familiengruppe enthält lausähnliche Fliegen (s. unten): *Lausfliegen* Leunis (1844) 299; Klots-Forster Insekten (1959) 286.

Als blutsaugende Parasiten lausähnlich; sie „kriechen wie Läuse auf dem Vieh herum" (Oken a. u. a. O.). Der N. der bekanntesten Art (→ *Hippobosca equina* L.) erstreckt sich anfänglich auf alle Vertreter der Gruppe bzw. Familie: *Fliegende Pferdelaus* Linné Syst. Nat. (⁶1748) 65. *Pferdelaus* Börner Sammlg. 1 (1774) 529. *Pferdlausfliegen* Schinz-Cuvier Thierreich 3 (1823) 919. Allgemeiner: *Fliegende Läuse* Linné-Müller 5, 2 (1775) 1009. Vgl. nl. *vliegende luizen* Houttuyn 12 (1768) 604; frz. *pou volant* Rolland 13, 175. *Lausfliege* Fuessli Verz. schweitz. Inseckten (1775) 58. *Lausfliegen* Oken 5, 2 (1835) 762; Brehm 6 (¹1869) 416; Keilbach Schädl. (1966) 118. *Luusflege, -fleig* (Pommern) Berghaus Sprachschatz d. Sassen 2, 242. *Losmucka* Sartorius Würzburg 82. Vgl. dän. *lus-*, *luseflue* DO 13, 124; schwed. *lusfluga* SAO 16, L 1222.

Die Fliegen werden nicht nur für Läuse, sondern oft auch für Spinnen oder Zecken gehalten. *Spinnfliegen* („weil sie wie Spinnen aussehen") Goeze Degeers Abhandl. 6 (1782) 109; Gravenhorst Thierreich (1845) 37. Vgl. frz. *mouches-araignées* Réaumur Mém. Ins. 6 (1742) 569. *Spinnenmucken* Oken 5, 2 (1835) 762. *Wanzenfliegen* Nördlinger Feinde d. Landwirtsch. (1855) 585. *Lederfliegen* Müller Terminol. Entomol. (1872) 68; Körper von hornigledeliger Beschaffenheit und schwer zu zerdrücken. Daher auch *Gummifliege* Lederer Schädlingskde (1928/32) 236. In volkstümlicher Sprache oft vereinfacht als *Laus*, *Spinne*, *Wanze*, *Zecke* bezeichnet.

Crataerína pállida (Latreille 1812). — Kopf rotgelb; Bruststück schwarz mit rotgelben Schulterflecken. Hinterleib breit, rotgelb. Parasit auf Mauerseglern. 7 bis 8 mm. Die Fliege läßt die geschlüpften Maden in die Nester der Vögel fallen. Die blutsaugenden Tiere schädigen besonders die Bruttiere und die Jungvögel, die bei Befall oft sterben. Die Fliegen gelegentlich in Wohnungen, wo sie auch Menschen stechen. Zoolog. N. *Crataerīna* Olfers 1815, griech. κραταίρινος 'mit starker, fester Haut' (mit hartem Chitinpanzer); lat. *pallidus* 'blaß, bleich, gelb' („corpore pallido").

Mauerseglerlausfliege Eichler in: Zs. f. hygien. Zoolog. 31 (1939) 223; Keilbach Schädl. (1966) 287. *Seglerlausfliege* Anz. f. Schädlingskde 18 (1942) 8.

Hippobósca equína Linné 1758

Flach, glänzend, kaum behaart. Bruststück schwarz, gelb und braun gefleckt; Hinterleib gelbbraun. Flügel rötlich, lang, das Abdomen überragend. Beine rotgelb. 8 mm. Die Fliegen im Sommer und Herbst blutsaugend auf Pferden und Rindern, die sie stark beunruhigen, zuweilen auch auf Hunden. Sie bevorzugen die weichen, haararmen Körperstellen (Bauch, innere Schenkelseiten, After- und Schamgegend).

Alte N.n. *muscae* ἱπποβοσκοί MOUFETUS Ins. Theatr. (1634) 59. *hippoboscus, equisuga* CHARLETON Onomast. (1668) 41. *Ricinus volans* FRISCH Insecten 5 (1724) 43; obwohl FRISCH weiß, daß er es mit einer „Fliege" zu tun hat, gibt er ihr, von der Ähnlichkeit und dem volkssprachlichen Gebrauch beeinflußt, den N. *ricinus* 'Zecke'.

Zoolog. N. *Hippobosca* LINNÉ 1758, griech. ἱπποβοσκός 'Pferdewärter, -hirt', vgl. oben den alten N.; lat. *equinus* 'zum Pferde gehörig' („equis et bobus infesta").

Fliegende Pferde-Laus („die Gestalt einer Schaflaus" [→ *Melophagus ovinus* L.]) FRISCH Insecten 5 (1724) 43. *Fliegende Pferdelaus* LINNÉ-MÜLLER 5, 2 (1775) 1009; CAMPE 3 (1809) 625. *Geflügelte Pferdelaus* GOEZE Gesch. schädl. Ins. (1787) 42. *Eigentliche Pferdelaus* BÖRNER Sammlg. 1 (1774) 529. *Pferdelaus* ADELUNG 3 (1777) 1038; Illustr. Wochenschr. Entomol. 1 (1896) 42. *Pferdelausfliege* FUESSLI Verz. schweitz. Inseckten (1775) 58; BREHM 6 ([1]1869) 416; SCHMIDT Schadinsekten (1939) 42; KEILBACH Schädl. (1966) 286. *Gemeine Pferdlausfliege* SCHINZ-CUVIER Thierreich 3 (1823) 919. *Roß-Mucken* MOUFETUS Ins. Theatr. (1634) 59. *Roß-Mücken* LESSER Insecto-Theol. (1738) 60. *Roßfliege* POPOWITSCH Versuch (1780) 473. *Pferdfliege* SCHAEFFER Elementa entomol. (1766) Tab. 70. *Pferdefliege* ADELUNG 3 (1777) 1037. Vgl. nl. *paardenluis, paardenluisvlieg* Nl. Wb. 12, 1, 75; engl. *horse-flye* MOUFETUS a. a. O., *horse-fly, horse-tick* NED 5, 399; dän. *heste-flue* MÜLLER Zool. Dan. Prodr. (1776) 183; schwed. *haest-fluga* LINNÉ Fauna Svec. ([2]1761) 471, *hästfluga* SAO 12, H 2159.

Lausfliege CAMPE 3 (1809) 51. *Pferdespinnfliege* GOEZE Degeers Abhandl. 6 (1782) 110. *Spinnfliege* CAMPE 4 (1810) 530. Vgl. nl. *spinnekop-vlieg* HOUTTUYN 12 (1768) 605 sowie oben → *Hippoboscidae*. *Kuhlaus* NEMNICH (1793) 2, 150. Gelegentlich auch auf Hunden. *Hundelaus* NEMNICH a. a. O. *Hundslaus, Hundszäcke* CAMPE 2 (1808) 805. *Hangsmäck* [-mücke] HALTRICH Vorarb. siebenbürg.-sächs. Id. 64. Vgl. frz. *mouche à chien* GEOFFROY Hist. Ins. 2 (1762) 547.

Die Tiere vornehmlich in der schwach behaarten Aftergegend. *Oersfleige* [Arsch-] HARTWIG in: Jahresber. Ravensberg 40 (1926) 42. *Gattfleige* BÖNING Oldenburg 140; zu *Gatt* 'Loch, After' ebda 36. *Snutzfleuge* [Schnauzen- ?] HARTWIG a. a. O. *Turkflaige, Tüeksflaige* WOESTE Westfalen 276.

Lipopténa cérvi (LINNÉ 1758)

Gelbbräunliche Färbung (junge Tiere hell-, ältere dunkelbraun), die Basis des Hinterleibs schwarz gefleckt. Die Weibchen werfen, nachdem sie begattet wurden und ein Wirtstier erreicht haben, ihre Flügel ab. 3 bis 5 mm. Ektoparasit des Wildes (Hirsch, Reh, Gemse, Elch, Wildschwein, Dachs), gelegentlich auch anderer Tiere (Rind, Hund, Huhn, Taube), vereinzelt auch am Menschen.

Zoolog. N. *Lipoptēna* NITZSCH 1818, zu griech. λείπω 'verlassen, zurücklassen, fahren lassen' und griech. πτηνός 'geflügelt' (Weibchen geben durch Abwerfen der Flügel ihr geflügeltes Stadium auf, „alarum brevissimis rudimentis"); *cervī* Gen. von lat. *cervus* 'Hirsch'.

Anfänglich wurde diese Art als Laus angesehen und beschrieben (vgl. den N. *Pediculus cervi* LINNÉ 1758). *Reh-Laus* FRISCH Insecten 12 (1736) 15. *Hirschlaus* LINNÉ-MÜLLER 5, 2 (1775) 1031; BEHLEN Forst- u. Jagdkde 3 (1842) 710. Doch halten auch spätere Autoren an diesen deutschen N.n fest, s. SCHMIDT Schadinsekten (1939) 26; BREHM-RAMMNER 1 (1955) 348. *Wildlaus* HARTWIG Lex. f. Jäger (1861) 252. *Hirschenger* SCHRANK Enumeratio (1781) 418; zum N. *Enger* vgl. → *Hypodermatidae*. *Hirschwanze* BOSE Wb. Jagdwiss. 1 (1808) 364; BEHLEN Forst- u. Jagdkde 3 (1842) 710.

Hirsch-Lausfliege SCHLECHTENDAL-WÜNSCHE Insecten (1879) 555; BREHM 2 ([4]1922) 366; KEILBACH Schädl. (1966) 286.

Melóphagus ovínus (LINNÉ 1758)

Rotgelb behaart, Hinterleib kreisrund, unregelmäßig gefleckt. 3 bis 5 mm. Lebt flügellos als permanenter Parasit am Schaf. Ihre Exkremente verfärben die Wolle grünlich; die belästigten Schafe werden veranlaßt, an ihrem Fell zu zupfen und zu nagen und dadurch die Wolle zu verderben. Jungtiere magern bei starkem Befall durch die ständige Beunruhigung und die Giftwirkung der Stiche ab.

Zoolog. N. *Mēlophagus* LATREILLE 1802, griech. μηλοφάγος 'Schafe, Schaffleisch essend'; lat. *ovinus* 'vom Schafe, zum Schaf (lat. *ovis*) in Beziehung stehend' („habitat inter Ovium lanam").

Die blutsaugende, flügellose Schaflausfliege ist vielfach für eine Zecke gehalten und entsprechend benannt worden. So beschreibt z. B. FRISCH Insecten 5 (1724) 40 die vorliegende Art, führt sie aber (wie auch → *Hippobosca equina* L.) unter dem N. *ricinus* (s. unten). Auch der deutsche N. *Schaflaus* gilt sowohl für *Melophagus ovinus* L. wie auch für Zeckenarten (Familie *Ixodidae*), die nicht zu den Insekten, sondern zur Ordnung der Milben (*Acari*) aus der Klasse der Spinnentiere (*Arachnida*) gehören. Zumal in volkstümlicher Anschauung werden Schaflausfliegen und Zecken verwechselt, meist aber gar nicht unterschieden; sie tragen daher gemeinsame N.n.

Alte N.n. *vermis ovillus* Kilian Dict. (1605) 455. Trotz guter Beschreibung hält Frisch an dem „zwey-deutigen" N. *ricinus* (d. i. eigentlich 'Zecke') fest, s. Insecten 5 (1724) 40. *ricinus ovium* ders., Wb. 1 (1741) 588. Auch Popowitsch Versuch (1780) 324 scheint, sofern sich seine unzureichende Beschreibung deuten läßt, mit *acarus ovinus* nicht eine Zecke, sondern die vorliegende Art zu meinen.

Der blutsaugende Parasit wird zunächst als Laus angesehen und bezeichnet. Die N.n gelten für *Melophagus ovinus* L. und für auf Schafen lebende *Ixodidae*. „die *Läuß* ... an die Schaaf kommen" Herr Feldbau (1551) 206. *Schaf-Lauß* Mercklein Thierbuch (1696) 725. *Schoflaus* Schön Saarbrücken 130. *Schōfslaus* Wb. d. luxemb. Ma. 394. *Schoofleis* Pl. (Hunsrück) Zs. f. dt. Maa. (1911) 240. *Schōplüüse* Hartwig in: Jahresber. Ravensberg 40 (1926) 44. *Schōplius* Schmoeckel-Blesken Soest 263. *Schaapluus* Mensing Schlesw.-Holst. 4, 279. *Lämmerlaus* Krausz Nordsiebenbürg. 545. *Lämmerlus* Wossidlo-Teuchert Mecklenb. 4, 814. Vgl. nl. *schaeps-luys* Kilian Dict. (1605) 455, *schapenluis* Nl. Wb. 14, 151; dän. *fårelus* DO 4, 601; schwed. *fårlus* Linné Syst. Nat. ([6]1748) 65, SAO 9, F 2014; engl. *sheep-louse* NED 8, S 664.

Die deutsche zoolog. Fachsprache hält, obwohl sie das Tier als Fliege erkannt hat, zunächst am alten, geläufigen N. *Schaflaus* fest, s. Frisch Insecten 5 (1724) 40; Blumenbach Naturgesch. ([2]1825) 340; Lenz Naturgesch. 3 ([2]1851) 438. Der Versuch, diese flügellose Art auch im N. als Fliege zu kennzeichnen, führt zu der seltsamen Wendung *Fliegende Schaflaus* („würklich keine Flügel ..., daher es fast unverantwortlich ist, sie eine 'Fliegende' zu nennen") Linné-Müller 5, 2 (1775) 1010; Campe 4 (1810) 60. Die von Müller geäußerten Bedenken werden aufgegriffen und fördern den N. *Schaaflausfliege* Fuessli Verz. schweitz. Inseckten (1775) 58. *Schaflausfliege* Nemnich (1793) 2, 150; Campe a. a. O.; Taschenberg Prakt. Insektenkde 4 (1880) 170; Brehm 2 ([4]1922) 366; Keilbach Schädl. (1966) 286. *Schaffliege* Brehm-Rammner 1 (1955) 347. Vgl. dän. *fåreflue* DO 4, 599; engl. *sheep-fly* NED 8, S 662.

Da auf Schafen lebende Zecken (*Ixodidae*) und die Schaflausfliege (*Melophagus ovinus* L.) nicht unterschieden werden, gilt der N. Zecke auch für die vorliegende Art. *Läuß oder Zäcken* Herr Feldbau (1551) 206. *Zecken oder Schaf-Lauß* Mercklein Thierbuch (1696) 725. *Zecke* Mitzka Schles. 3, 1524. *Zäk* Seiler Basel 322. *Zächchen* Pl. Friedli Bärndütsch 1, 295. *Zeche, Zech, Zekke* Schatz Tirol 723. *Zēch, Zäckel, Zackel, Zegerchen* Siebenbürg.-Sächs. Wb. 1, 696. *Zakn* Döring Sondershausen 90. *Teek* (Mecklenb.) Siemssen in: Magaz. Naturkde 1 (1791) 176. *Täk* Mi Mecklenb.-Vorpomm. 91; Danneil Altmärk. 220. *Teke* (Quedlinburg) Nd. Jb. 30 (1904) 27. *Tek, Teke, Teek* Mensing Schlesw.-Holst. 5, 37. *Tegh* Johansen Nordfries. 16. Verdeutlichend *Schafzecke* Hertel Thüringen 203. Dazu die volksetymologische Weiterbildung *Schafzwecke, -zwicke* ebda. *Schōfzakn* Döring Sondershausen 90. *Schoaptääke* Lademann Teltow 219. *Schoaptēke* (Nieder-Barnim) Nd. Jb. 34 (1908) 9. *Schapteke* (Quedlinburg) Nd. Jb. 30 (1904) 27. *Schaap-, Schaapsteek* Mensing Schlesw.-Holst. 4, 279. *Scheptegh* Johansen Nordfries. 16. *Sijpteek* Möller Sylt 223. Der N. *Schafzecke*, der besser auf *Ixodidae* beschränkt bliebe, ist indessen so geläufig, daß auch er von der deutschen zoolog. Fachsprache für *Melophagus ovinus* L. übernommen wird, s. Börner Samml. 1 (1774) 529; Brehm 6 ([1]1869) 416; Illustr. Wochenschr. f. Entomol. 1 (1896) 42; Lederer Schädlingskde (1928/32) 236. Vgl. nl. *schapenteek* Nl. Wb. 14, 151; engl. *sheep-tick* NED 8, S 665; dän. *faaretege* Pontoppidan Dän. Atlas 1 (1765) 462. *Butschenzecke* Rhein. Wb. 1, 1161; zu *Butsch* Lockruf und N. für 'Ziege'.

Sandlaus Berthold Hess.-Nass. 3, 29. *Schäp, Schäpe, Schiep* Rhein. Wb. 7, 920 u. 1100. *Schehb* Zender Eifel 234. Wohl zu *Schabb* (frühnhd. *schabe, schäbe* f.) 'Räude, Krätze', *schäbbig* 'räudig', s. Rhein. Wb. 7, 820f. *Schafschäpe* ebda 850. *Schōfsschēp* Wb. d. luxemb. Ma. 394. Mehrere N.n sind aus dem siebenbürg. Schafzuchtgebiet überliefert, die auch dort gleichermaßen für *Ixodidae* gelten. *Back* [Bock], *Schüf-, Schufback* [Schaf-], *Backhūlz* [Bockholz < Holzbock] Siebenbürg.-Sächs. Wb. 1, 696. *Botesch* m. ebda. *Bōtös* Pl. Zs. f. hd. Maa. 2 (1901) 61. Ebda auf rumän. dial. *bótoșă* zurückgeführt.

Ornithomýia aviculária (Linné 1758). — Hellbraun, oft grünlich pigmentiert. Flügel groß, den Hinterleib überragend. Auf verschiedenen Vögeln. Zoolog. N. *Ornīthomyia* Latreille 1802, zu griech. ὄρνις, Gen. ὄρνιθος 'Vogel' und griech. μυῖα 'Fliege'; neulat. *aviculārius* 'zu kleinen Vögeln (lat. *avicula*) in Beziehung stehend' („habitat in Avibus").

Fliegende Vogellaus Linné-Müller 5, 2 (1775) 1010; Campe 5 (1811) 430. *Vogellausfliege* Fuessli Verz. schweitz. Inseckten (1775) 58; Campe a. a. O. Zuweilen grünlich gefärbt (vgl. syn. *Hippobosca viridis* de Geer). *Grüne Spinnfliege* Goeze Degeers Abhandl. 6 (1782) 114. *Grüne Vogellausfliege* Schinz-Cuvier Thierreich 3 (1823) 920. *Gemeine Vogellausfliege* Escherich Forstinsekten 5 (1942) 703. *Große Vogellausfliege* Schmidt Schadinsekten (1939) 93.

Stenópteryx hirúndinis (Linné 1758). — Sehr ähnlich der Art → *Crataerina pallida* Latr. Rotgelb, mit sehr langen, spitzen Flügeln. Parasit auf Schwalben. Zoolog. N. *Stenopteryx* Leach 1817 (dort *Stenepterix*), zu griech. στενός 'eng, schmal' und griech. πτέρυξ 'Flügel' (Flügel lang und schmal); *hirundinis* Gen. von lat. *hirundo* 'Schwalbe' („habitat in Hirundinibus").

Fliegende Schwalbenlaus Linné-Müller 5, 2 (1775) 1010; nl. *zwaluwen luis* Houttuyn 12 (1768) 619.

Schwalben-Laus SCHMIDT Schadinsekten (1939) 358. *Schwalbenlausfliege* FUESSLI Verz. schweitz. Inseckten (1775) 58; CAMPE 4 (1810) 313; BREHM 9 ([2]1880) 484; KLOTS-FORSTER Insekten (1959) 286. *Schwalbenfliege* POPOWITSCH Versuch (1780) 527. *Mehlschwalbenlausfliege* EICHLER in: Mitt. Ver. sächs. Orn. 5 (1937) 126.

Familie **Hypodermátidae**
(= Hypodérmidae)

Robuste Fliegen mit großem, halbkugeligem Kopf und kurzen Fühlern. Mundteile rudimentär; der gekniete Rüssel ist in einem tiefen Spalt verborgen. Beine lang und schlank. Am Hinterleibsende der Weibchen befindet sich eine lange Legeröhre. Imagines sind sehr kurzlebig und daher nur selten zu finden; sie sterben bald nach der Paarung und Eiablage. Die Eier werden an den Fellhaaren von Säugetieren untergebracht (an Rind, Reh, Hirsch, Ren, auch an Pferd, Schwein und Nagetieren). Die birnen- oder eiförmigen Larven dringen in die Haut ihrer Wirtstiere ein und wandern während mehrerer Monate durch das Unterhautzellgewebe. Am Rükken zu beiden Seiten der Wirbelsäule setzen sie sich unter der Haut fest. Zur Atmung durchbohren sie die Haut und erzeugen mit zunehmendem Wachstum die sog. Dasselbeulen. Die ausgewachsenen Larven verlassen — nach fast einjährigem Aufenthalt im Wirtstier — die Beulen, um sich unter Pflanzen oder im Boden zu verpuppen.

Hypodermatidae haben zunächst keine eigenen N.n. Sie sind *(Vieh-)Bremsen* und werden damit von *Gasterophilidae*, *Oestridae* und *Tabanidae* in der Namengebung nicht unterschieden. (Die N.n → *Oestridae*, vor allem → *Tabanidae*). Auch die deutsche zoolog. Fachsprache bedient sich weithin dieses zwar geläufigen, aber infolge seines weiten Anwendungsbereiches für *Hypodermatidae* ungenauen N.s *Bremse*, s. BLUMENBACH Naturgesch. ([2]1825) 334; TASCHENBERG Prakt. Insektenkde 4 (1880) 71. *Schmarotzende Bremsen* GEBAUER Dasselfliegen (1958) 3. *Bremsfliegen* HENSCHEL Forst- u. Obstbaum-Ins. ([3]1895) 467. *Bremen* THON-REICHENBACH Naturgesch. Ins. (1838) 431; BREHM 6 ([1]1869) 403.

Daneben wird eine verdeutlichende, der zoolog. Systematik angemessene Namengebung angestrebt. Noch bis in die neuere Zeit waren *Hypoderma-*, *Gasterophilus-* und *Oestrus*-Arten als „schmarotzende Bremsen" in einer gemeinsamen Familie *Oestridae* zusammengefaßt. Die Aufgliederung in 3 Familien (*Hypodermatidae*, *Gasterophilidae* und *Oestridae*) ist erst jüngsten Datums. Dabei wurden die zur Verfügung stehenden deutschen N.n im allgemeinen so verteilt, daß für *Gasterophilidae* „Magen-, Darmbremsen", für *Oestridae* „Nasen-, Rachenbremsen" und für *Hypodermatidae* „Dassel-, Biesfliegen" gelten. Eine sprachgeschichtliche Behandlung der N.n *Bremse*, *Dassel(fliege)*, *Biesfliege*, die ursprünglich alle 'das Vieh belästigende, brummende Fliege' bedeuten, erfolgt unter → *Tabanidae*. LINNÉs Aufteilung der „Bremsen" (1758) in *Oestrus* (enthaltend die schmarotzenden Magen-, Rachen- und Hautbremsen) und *Tabanus* (blutsaugende Bremsen) führt in der deutschen zoolog. Namengebung zu Schwierigkeiten. MÜLLER (1775) sucht diese Aufteilung mit den deutschen N.n „Bremsen" (für *Oestrus*) und „Viehbremen" (für *Tabanus*) nachzuvollziehen, SULZER (1776) stellt die „Afterbremse" im Sinne von 'Pseudo-Bremse' (*Oestrus*) der „wahren Bremse" (*Tabanus*) gegenüber, während MEIDINGER (1787) mit den N.n „Bremse" (*Oestrus*) und „Breme" (*Tabanus*) auszukommen sucht. Diese ungenaue Festlegung der N.n verlangt nach einer Verdeutlichung, so daß andere Autoren aus der Synonymik von „Bremse" die N.n „Enger" (SCHRANK 1781), „Biesfliege" (MEIGEN 1824) oder „Dasselfliege" (LENZ 1836) für die Gruppe *Oestrus* auswählen und sie der „(Vieh-)Bremse" für *Tabanus* gegenüberstellen. Bei der Aufteilung der Familie *Oestridae* (s. oben) in Magen- und Darmbremsen (→ *Gasterophilidae*), Nasen- und Rachenbremsen (→ *Oestridae*) verbleiben der neuen Familie *Hypodermatidae* die N.n *Biesfliegen* und *Dasselfliegen*.

biseuurm (Ahd. Wb. 1, 1111), nhd. (mundartl.) *Bieswurm*, auch *Bißwurm* (ADELUNG 1 [1774] 928) ist die '(Vieh-)Bremse', die bei vermehrtem Auftreten das Vieh auf der Weide zum *Biesen* (ahd. *bisōn*) veranlaßt, d. h. zum 'wilden, tollen Davonstürmen', meist mit hochgestelltem Schwanz. Daneben stehen gleichbedeutend *Biese* f., *Biesfliege*, *Biesmücke*. Die N.n gelten für alle Bremsen, die brummend das Vieh umschwärmen, beunruhigen, plagen oder stechen (→ *Tabanidae*). Den. N. *Biesfliege* wählt die deutsche zoolog. Fachsprache zur Benennung der sog. „Schmarotzerfliegen" und möchte ihn neuerdings (wenngleich nicht ohne Ausnahmen) auf die vorliegende Familie beschränken, s. MEIGEN System. Beschr. 4 (1824) 164; BREHM 6 ([1]1869) 403; HENDEL in: Tierwelt Deutschlands 11 (1928) 84; SCHMIDT Schadinsekten (1955) 9. Für eine derartige Wortwahl kann sich die zoolog. Namengebung auf mehrfach bezeugten volkstümlichen Sprachgebrauch stützen, wo die unter der Haut schmarotzende Larve von Hypodermatiden als *Bieswurm* 'Wurm, Made einer Biesfliege' bezeichnet wird (s. unten).

Der gleichen Beschränkung wie *Biesfliege* unterliegt der N. *Dasselfliege*, eine verdeutlichende Weiterbildung zu *Dase* f. '(Vieh-)Bremse' (in der Mark, am Niederrhein, → *Tabanidae*). Dazu *Dasselbeule*, verkürzt *Dassel*, d. i. die durch Bremsen verursachte Anschwellung der Haut, verursacht durch den „Stich" blutsaugender *Tabanidae* oder durch die unter der Haut schmarotzenden *Hypoderma*-Larven. Der „Hautwurm" in der Dasselbeule erhält ebenfalls den N. *Dassel* (s. unten). Die deutsche zoolog. Fachsprache übernimmt den N. *Dasselfliegen* zunächst für die alte Familie *Oestridae*, später eingeschränkt für *Hypodermatidae*, s. LENZ Naturgesch. 3 (1836) 492; BREHM 6 ([1]1869) 403; HENDEL in: Tierwelt Deutschlands 11 (1928) 84; SCHMIDT Schadinsekten (1955) 10.

Mit der Zusammenfassung der Hautparasiten zur Gattung *Hypoderma* bzw. zur Familie *Hypodermatidae* prägt die Fachsprache N.n wie *Hautöstriden* BREHM 6 ([1]1869) 404. *Hautbremsen* TASCHENBERG Prakt. Insektenkde 4 (1880) 71; LEDERER Schädlingskde (1928/32) 233. Vgl. dän. *hudbremse* DO 8, 570. *Hautdasselfliege* TASCHENBERG a. a. O. 81. *Hautdasseln* BRAUNS Waldins. (1964) 424. *Hautbiesfliegen* RITZEMA Bos Schädl. u. Nützl. (1891) 637.

Larve. — Alte N.n. *spondylus* HENISCH Thes. (1616) 896; vgl. oben Sp. 533. „vermis pecorum et maxime cervorum cutibus arcte adhaerens, dictus *spondylus*" STIELER Stammbaum (1691) 380. „genus ... vermium in cute nascentium" ebda 892. „*vermis intercus* in bovibus et cervis" FRISCH Wb. 1 (1741) 228. *bovina affectio* KIRSCH Cornucopiae (1718) 149.

Besser bekannt als die äußerst kurzlebige Imago ist die wochenlang in der aufgebrochenen, eiternden Dasselbeule lebende Larve. Diese große, vornehmlich an Rindern (→ *Hypoderma bovis* L., → *H. lineatum* DE VILL.) und am Wild (→ *H. actaeon* BR., → *H. diana* BR.) beobachtete, segmentierte und leicht gekrümmte Made erinnert an größere Käferlarven, zumal an die Larve des Maikäfers; sie trägt allgemein deren N. *Engerling*. Zur Herkunft des Wortes s. oben Sp. 245, für die Wortformen vgl. Sp. 533ff. — *Engering* (1500) bei SCHMELLER Bayer. 1, 107; HÖFER Österreich 1, 182; (Kärnten) SATTER Gottschee 19. *Engere* HENISCH Thes. (1616) 896. *Enger* STIELER Stammbaum (1691) 380; JUTZ Vorarlberg 1, 719. *Engern* Pl. UNGER-KHULL Steir. 202. *Inger* STIELER a. a. O. 892; Schweiz. Id. 1, 336. *Ingeln* Pl. (Schleswig) Wortatlas, Karte „Viehbremse". *Anger*, *Ango* SCHATZ Tirol 25. *Anger* LEXER Kärnten 7. *Anker* Rhein. Wb. 1, 194. *Angel* ebda 189. *Engerech* Schweiz. Id. 1, 336. *Engerich* KUMMER Schaffhausen 2, 63; JUTZ Vorarlberg 1, 719.

Engerling STIELER Stammbaum (1691) 892; FRISCH Wb. 1 (1741) 228; SCHMIEDLEIN Insectenlehre (1786) 392; CAMPE 1 (1807) 914; GEBAUER Dasselfliegen (1958) 5; KUMMER Schaffhausen 2, 63; JUTZ Vorarlberg 1, 719; SCHATZ Tirol 147; (Bayern) MILLER handschriftl.; FISCHER Schwäb. 2, 720; SCHAMBACH Göttingen 56. *Engerlein* NOEL CHOMEL Lex. 3 (1750) 958. *Angerling* FULDA Allgem. Id. (1788) 19; ZIESEMER Preuß. 1, 151. *Angerlig* SCHATZ Tirol 25. *Fleisch-Engerlinge* LESSER Insecto-Theol. (1738) 125; Gegensatz: *Erdengerlinge* 'Larven des Maikäfers', s. oben Sp. 548. Dazu die Weiterbildungen *Längerlink*, *Lännerink* SCHMOECKEL-BLESKEN Soest 165. *Wennerling* (Siegerland) HEINZERLING Wirbellose Tiere 13; wohl in Anlehnung an nl. *wen* 'Geschwulst, Beule'.

Enderlinge Pl. FLEMING Teutscher Jäger (1719) 90; NOEL CHOMEL Lex. 1 (1750) 217; BOSE Wb. Jagdwiss. 1 (1808) 154; HÖFER Österreich 1, 182. *Inderling* SATTER Gottschee 13. *Ender* KRÜNITZ Öconom. Encycl. 11 (1785) 15; HÖFER a. a. O. *Aederling* HEPPE Wohlred. Jäger (1779) 132. *Etterlinge* (Hannover) Korr.-Bl. d. Vereins f. nd. Sprachf. 1 (1877) 70. *Eddeling* ZIESEMER Preuß. 2, 164. Zu den Formen vgl. oben Sp. 536f.

Angerweide FULDA Allgem. Id. (1788) 578. *Aangelbass*, *-bess*, *-batz* Luxemb. Wb. 1, 6. *Angelboß* (Ardennen) Wortatlas, Karte „Viehbremse". *Angelbots* (Eifel) Zs. f. dt. Maa. (1913) 45. *Angelbeiß* CRECELIUS Oberhess. 41. *Angelbeiz*, *-bitz* Rhein. Wb. 1, 190. *Angelbäss* Siebenbürg.-Sächs. Wb. 1, 123. Vielleicht liegt dem Grundwort der N.n das Vb. *biesen* (in *Biesfliege*, s. oben, *Bieswurm*, s. unten und → *Tabanidae*) zugrunde; volksetymologisch jedoch verbinden sich die N.n mit *Bass*, *Bess* 'Biß, Hautjucken' (durch Insektenstiche), *Batz* 'Batzen, Klumpen, unförmiger Körperteil, Beule' Luxemb. Wb. 1, 73; 74; 104, *Angel-*, *Engelbiß* 'Geschwür' KEHREIN Nassau 1, 128, *Bitz* 'das Beißen', *Batz* 'Hautjucken' Rhein. Wb. 1, 728, *Bous* 'Beule' (Eifel) Zs. f. dt. Maa. 13, 45. *Angeldötz* (Rheinland-Pfalz) briefl.; vgl. *Dutz* 'Beule' Rhein. Wb. 1, 1599. *Maidott* (Westfalen) Wortatlas, Karte „Viehbremse"; vgl. *Dutt* 'Klumpen' WREDE Plattdt. (Hannover) 72.

Engerbul [-beule] (Schleswig), *Engebühl* (Rheinland) Wortatlas, Karte „Viehbremse"; d. i. eigentl. die '(Dassel-)Beule', dann auch die in der Beule befindliche Larve. *Weidebülte* Pl. HARTWIG in: Jahresber. Ravensberg 40 (1926) 44. *Bülwörm* Pl. [Beulenwürmer] KÜCK Lüneburg 1, 256. *Fiek* (Niedersachsen) ADELUNG 2 (1796) 148; d. i. der Wurm in der *Fikbül(e)* [Feigenbeule], mnd. *vikbûle* 'Dasselbeule', zu lat. *ficus*, dt. *Feige* 'Feigwarze, Geschwulst', s. HÖFLER Krankheitsn. 126. Wie *Engerbül* (s. oben) mag auch *Fiekbuhl* (Schwerin) und weitergebildetes *Piekbuhl* (Mecklenb., Pommern) auf die *Hypoderma*-Larve übertragen worden sein, s. Wortatlas. *Roubmklümpe* [Raupen-] (Lippe) ebda.

Als Larven der *Biese*, der *Biesfliege* (s. oben; zur Herkunft → *Tabanidae*) *Bise-Wurm* HÖFLER Krankheitsn. 823. *Bissewurm* HERBST Naturgesch. 8 (1787) 95. *Bieswürmer* TASCHENBERG Prakt. Insektenkde 4 (1880) 71. *Biseworm* TEUCHERT Neumärk. 120. *Biesenwurm* MÜHLING N.n d. Thiere Preußens 168. *Birsworm* KÜCK Lüneburg 1, 160. *Bisekever* (Kr. Jerichow) Nd. Jb. 26 (1900) 65. Volksetymologie verbindet den N. zuweilen mit *Biß*, *beißen*: *Bißwurm* MÜHLING a. a. O. *Beiß-Wurm* HÖFLER a. a. O.

Dase 'Bremse, Dasselfliege', aber auch deren Made, s. HÖFER Österreich 1, 145. Zum N. → *Taba-*

nidae. *Dasel* „die eingefressene Made ... in der Haut der Tiere" KIRCHHOF Conv. Lex. 2 (1842) 600. *Dasseln* Pl. TASCHENBERG Prakt. Insektenkde 4 (1880) 71. Verdeutlichend *Dassellarve* BARTELS in: Zs. f. hygien. Zoolog. 31 (1939) 72. *Dasselmade* KEILBACH Schädl. (1966) 297. Auch *Dasselbeule* eigentl. die durch die Larve hervorgerufene Anschwellung, dann auf die Larve selbst übertragen, s. KIRCHHOF a. a. O.; HÖFER a. a. O; vgl. oben *Engerbül* u. dgl. *Maiduhsen* Pl. (Ruhr), *Maidiusen* (Westfalen) Wortatlas, Karte „Viehbremse".

Ochsenwürmer ANDRY Erzeugung d. Würmer (1716) 53. Vgl. frz. *ver bouvier, ver du bœuf* ROLLAND 13, 179. *Puttwurm* HARTWIG in: Jahresber. Ravensberg 40 (1926) 44; vgl. oben Sp. 539. *Purrick* WOSSIDLO-TEUCHERT Mecklenb. 5, 626; auch 'Engerling', s. oben Sp. 549. *Greiwurm* DOORNKAAT KOOLMAN Ostfries. 1, 677; BERGHAUS Sprachschatz d. Sassen 1, 609. Vgl. dazu *Greubéulen*, zu *greuen, greien* 'wachsen, gedeihen', „aus Unwissenheit hielt man diese Beulen ehedem für Zeichen oder Folge besonderen Gedeihens", s. STÜRENBURG Ostfries. 75. Vgl. auch *Diehbulen* [Gedeihbeulen] (Schlesw.-Holst.); die Beobachtung, daß die Tiere nach dem Abgang der Larven besser gedeihen, führte zu der irrigen Auffassung, daß die Beulen zum besseren Gedeihen notwendig seien, s. BARTELS in: Zs. f. hygien. Zoolog. 31 (1939) 68. *Geilwurm* (Westfalen) Wortatlas, Karte „Viehbremse". *Maiwoarm* ebda; auch Larve des Maikäfers, s. oben Sp. 551. *Weisse Maden* GAAB Pferdearzneykunst ([2]1790) 184. *Hautlarven* VOIGT-CUVIER Thierreich 5 (1839) 637. „Diese Larven, welche die Landleute *Bremsen* nennen" ebda.

Wärre, Werre STALDER Schweiz. Id. 2, 435. *Werre* FISCHER Schwäb. 6, 719. *Weane* [„< Werrne?"] ebda. *Werrfür* Schweiz. Id. 1, 948. Vielleicht ist dieser N. von *Werre* 'Maulwurfsgrille' (→ *Gryllotalpa gryllotalpa* L.) und 'Larve des Maikäfers, Engerling' (→ *Melolontha* F., Sp. 552) zu trennen und (nach GUBLER Liquid- u. Nasalsuffixe im Schweizerdt. 22) im Hinblick auf seine weitere Bedeutung 'Beule, Gerstenkorn am Auge' etymologisch an ahd. *werna, wern, werra* 'Krampfader' anzuschließen; vgl. dazu auch WEYHE in: PBB 30 (1905) 62, der als Grundbedeutung 'Auswuchs' annimmt. *Warbē, Warbō* WARLAND Malmedy 190; ebda mit *Werbel* 'Maulwurfsgrille' und engl. *warble* 'Beule, Geschwulst; Dasselfliege und deren Larve' (s. NED 10, 2, W 83) verbunden; vgl. auch wallon. *ouarbō, ouèrbā* ROLLAND 13, 179 sowie *Warboss* 'Engerling' Sp. 555. *Älfte* Rhein. Wb. 1, 94. *Elft, Delf* (Rheinland), *Elf* (Ruhr) Wortatlas, Karte „Viehbremse". N. gilt auch für die Larve des Maikäfers, s. oben Sp. 554. *Aipll* (Kr. Jerichow) Nd. Jb. 26 (1900) 65; dazu *Epel* 'Bremse' (→ *Tabanidae*). *Geizen* Pl. KEHREIN Nassau 128; vgl. oben Sp. 547f. Gelegentlich auch *Bürzel, Pürzel, Borzel*, d. i. eigentl. 'Hautrotz' der Pferde, und zwar „die rosenkranzförmigen, langsträngigen Hautrotzzüge in der Haut des Pferdes", die als von einem Wurm verursacht galten und deren N. auch auf *Hypoderma*-Larven übertragen wurde, s. HÖFLER Krankheitsn. 81 und 821.

Hypodérma actáeon BRAUER 1858

Graubraun, Bruststück silbergrau bestäubt und glänzend. Hinterleib des Männchens länglich, des Weibchens kugelig, schwarz und gelb, an der Wurzel weißlich behaart. Flügel schwach braun getönt. 11 bis 13 mm. Eiablage an Rotwild, Entwicklung der Larven in Dasselbeulen am Rücken.

Zoolog. N. *Hypoderma* LATREILLE 1818, zu griech. ὑπό 'unter' und griech. δέρμα 'Haut, Fell'; *actaeōn*, griech. 'Ακταίων Eigen-N., griech. Jäger, der Artemis im Bade erblickte, in einen Hirsch verwandelt und von seinen eigenen Hunden zerrissen wurde.

Hochwild-Hautbremse TASCHENBERG Prakt. Insektenkde 4 (1880) 87. *Hautbremse des Rotwildes* BREHM 2 ([4]1922) 363. *Rotwild-Hautbremse* LEDERER Schädlingskde (1928/32) 233; v. KÉLER Entomol. Wb. (1956) 45. *Rotwild-Dasselfliege* SCHMIDT Schadinsekten (1939) 48. *Hirschdasselfliege* ESCHERICH Forstinsekten 5 (1942) 695. *Hirschfliege* (Schles.) Wortatlas, Karte „Viehbremse".

Larve. *Enderlinge* FLEMING Teutscher Jäger (1719) 90b; NOEL CHOMEL Lex. 5 (1753) 443. *Engerling, Äderling* „sind Maden, die winterszeit dem Wildpret unter der Haut wachsen" HEPPE Wohlred. Jäger (1763) 106. *Etterlinge* Pl. (Hannover) Korr.-Bl. d. Vereins f. nd. Sprachf. 1 (1877) 71. *Hautengerlinge* BREHM 2 ([4]1922) 362. *Ender, Hirschwürmer* GAAB Pferdearzneykunst ([2]1790) 184. Weitere N.n → *Hypodermatidae*, s. oben.

Hypodérma bóvis (LINNÉ 1758)

Plump, dicht behaart, hummelähnlich. Kopf grau, ziemlich groß, halbkugelförmig. Oberseite der Brust von einer Querbinde geteilt, vorderer Teil weißlich oder gelblich, hinterer Teil schwarz behaart. Hinterleibsende rotgelb behaart, beim Weibchen mit langer, schwarzglänzender Legeröhre. Flügel bräunlich getrübt mit braunem Geäder. 13 bis 16 mm. Am Rind. Die Weibchen leben nur 3 bis 7 Tage und kleben während dieser Zeit etwa 500 bis 600 Eier einzeln an die Fellhaare dünner Hautstellen (besonders der Beine unterhalb des Sprunggelenks). Die Maden dringen in die Haut ein und wandern während eines halben Jahres zum Rücken der Tiere. Nach 8 bis 9 Monaten fressen sie dort eine Öffnung in die Haut; um sie herum bildet sich die eiternde, walnußgroße „Dasselbeule". Die Made ist zu diesem Zeitpunkt 23 bis 30 mm lang, grünlichbraun bis braunschwarz. Nach weiteren

11 Wochen verlassen die Maden die Haut durch die Öffnung der Beule und verpuppen sich unter Blättern, Gras oder im Boden. Der von Hypodermatose verursachte Schaden ist beträchtlich. Die betroffenen Rinder zeigen bei starkem Befall (mitunter über 100 Stück) Entwicklungshemmungen und leiden an Lähmungen; das Fleisch der befallenen Partien ist minderwertig; die durchlöcherten Häute sind nur bedingt verarbeitungsfähig.

Zoolog. N. *bovis* Gen. von lat. *bōs* 'Rind' („habitat intra Boum dorsum").

Ochsenbremse Linné-Müller 5, 2 (1775) 926; Campe 3 (1809) 543; Kirchhof Conv. Lex. 2, 336; Frischbier Preuß. 2, 107. *Ochsenbreme* Lenz Naturgesch. 3 (1836) 492. *Ochsenafterbremse* Fuessli Verz. schweitz. Inseckten (1775) 53; d. h. *Afterbremse* im Sinne von 'Pseudo-Bremse', da der Autor unter dem Simplex *Bremse* die blutsaugenden → *Tabanidae* verstanden wissen will. *Kuhbremse* Bechstein Naturgesch. 1 (1801) 344. Vgl. dän. *koebræms* Müller Zoolog. Dan. Prodr. (1776) 166, *kobremse* DO 10, 983, *oksebremse* 15, 392, *kvægbremse* 11, 984. *Hornviehbrömse* Fischer Naturgesch. Livland (1778) 161. *Rindviehbremse* Nemnich (1793) 2, 753. *Rinderbremse* Thon-Reichenbach Naturgesch. Ins. (1838) 438; Taschenberg Prakt. Insektenkde 4 (1880) 84; Berghaus Sprachschatz d. Sassen 1, 608. *Hautbreme des Rinds* Brehm 6 ([1]1869) 406. *Hautbremse des Rindes* Brehm-Rammner 1 (1955) 345. In volkstümlicher Sprache von den blutsaugenden *Bremsen* nicht unterschieden, weitere N.n daher → *Tabanidae.*

Rinderenger Schrank Enumeratio (1781) 417; eine Bildung zu *Enger* 'Engerling, Larve der Dasselfliege' (s. oben), das der Autor als Simplex zur Benennung der schmarotzenden Bremsen (*Oestrus*) verwendet. *Rindsdassel* Oken 5, 2 (1835) 765. *Dasselfliege des Rindes* Brehm 2 ([4]1922) 361. *Dasselmücke* Behlen Forst- u. Jagdkde 1 (1840) 329. *Hautdasselfliege* Fiebiger Tier. Parasiten (1912) 377. *Biesfliege* Bechstein Naturgesch. 1 (1801) 344; v. Kéler Entomol. Wb. (1956) 107. *Ochsenbiesfliege* Leunis ([2]1860) 627; Ritzema Bos Schädl. u. Nützl. (1891) 638. *Rinderbiesfliege* Leunis a. a. O.; Klots-Forster Insekten (1959) 282. *Große Dasselfliege* Bartels in: Zs. f. hygien. Zoolog. 31 (1939) 75. *Große Rinderdasselfliege* Schmidt Schadinsekten (1939) 46. *Große Hautdasselfliege* Keilbach Schädl. (1966) 295. D. h. größer als → *H. lineatum* de Vill.

Die N.n der Larve → *Hypodermatidae*, s. oben Sp. 753ff.

Hypodérma lineátum (de Villers 1789). — Schwarz. Brustoberseite mit graugelben Längsstreifen. Hinterleib weißlich, dann schwarz, am Ende rötlich behaart. Flügel glashell, schwach braungetönt und schwarzbraun geädert. 12 bis 13 mm. In Gegenden mit mildem Frühlingsklima. Entwicklung ähnlich wie → *H. bovis* L.; erzeugt Dasselbeulen bei Rindern, selten auch bei Pferden. Die Maden wandern im Unterhautbindegewebe zur Brust- und Bauchhöhle oder zur Speiseröhre, danach zu den Rückenpartien. Dort verbleibt die Made etwa 7 bis 8 Wochen und verläßt dann (graubraun, 21 bis 25 mm) die Haut durch die Öffnung der Beule. Zoolog. N. Lat. *līneātus* 'gestreift' („thorace lineis nigris, latis, lineato").

Kleine Dasselfliege Fiebiger Tier. Parasiten ([2]1923) 390. *Kleine Rinderdasselfliege* Schmidt Schadinsekten (1939) 46. *Kleine Hautdasselfliege* Keilbach Schädl. (1966) 297. D. h. kleiner als → *H. bovis* L. Eiablage erfolgt vornehmlich unterhalb der Sprunggelenke. *Hufflige, Fesselfliege* Borchert Lehrb. Parasitol. ([2]1958) 309. Volkstüml. N.n → *Tabanidae*, die N.n der Larven → *Hypodermatidae* (Sp. 753ff.).

Hypodérma diána Brauer 1858. — Sehr ähnlich → *H. actaeon* Br., doch zeigt diese Art eine schwache, goldgelbe Behaarung des vorderen Rückenabschnitts. Parasitierend auf Rehen, gelegentlich auch auf Hirsch-, Dam-, Elchwild und Gemsen. Zoolog. N. Lat. *Diāna* Eigen-N., Tochter Jupiters und Göttin der Jagd.

Hochwild-Hautbremse Taschenberg Prakt. Insektenkde 4 (1880) 87; wie → *H. actaeon* Br. *Hautbremse des Rehwildes* Brehm 2 ([3]1922) 363. *Hautbremse des Rehes* Lederer Schädlingskde (1928/32) 233. *Rehwild-Hautbremse* Schmidt Schadinsekten (1939) 44. *Rehwild-Dasselfliege* ebda. *Rehdasselfliege* Escherich Forstinsekten 5 (1942) 695. — Die N.n der Larven → *Hypodermatidae* (Sp. 753ff.) und → *H. actaeon* Br. (Sp. 756).

Oedemágena tarándi (Linné 1758). — Brust mit gelber, dahinter mit schwarzer Behaarung. Hinterleib schwarz, an der Basis hellgelb und rostrot behaart. Flügel zart und durchscheinend. 13 bis 16 mm. Nordeuropa; die Larven parasitieren am Ren in Beulen am Rücken, an den Flanken und Keulen. Für die Viehwirtschaft in gleicher Weise schädlich wie → *Hypoderma bovis* L. in Mitteleuropa. Zoolog. N. *Oedēmagena* Latreille 1818, zu griech. οἴδημα 'Geschwulst' und griech. γένος 'das Erzeugte, das Erzeugende' (meist *Oedemagéna* betont, wohl in Anlehnung an Muster wie *homogen, heterogen*, die über scholast.-lat. *homogéneus, heterogéneus* aus dem Griech. entlehnt und in der Aussprache sicher von frz. *homogène* u. dgl. beeinflußt wurden); *tarandī* Gen. von zoolog. (*Rangifer*) *tarandus*, lat. *tarandrus* (Plinius), griech. τάρανδος 'Ren' („habitat intra Cervi Tarandi dorsum").

Rennthierhornisse Linné-Müller 5, 2 (1775) 927; Campe 3 (1809) 818; nl. *horsel der rendieren* Houttuyn 12 (1768) 405. *Rennthierbremse* Beckmann Anfangsgr. (1767) 113; Adelung 3 (1777) 1406. *Renthierbremse* Taschenberg Prakt. Insektenkde 3 (1880) 86. *Renntier-Hautbremse* Schmidt Schadinsekten (1939) 45. *Rennthierbiesfliege* Thon-Reichenbach Naturgesch. Ins. (1838) 431. *Renntier-Dasselfliege* Schmidt a. a. O.

Familie **Micropézidae.** — Meist mittelgroße, schlanke Fliegen. Bruststück nach vorn verschmälert, Hinterleib lang und schlank. Die Beine sind dünn und stark verlängert, die Vorderbeine kürzer als die Mittel- und Hinterbeine. Die Arten an feuchten Stellen, besonders an Bächen, auf Blättern und Blüten, oft an alten, vermodernden Pilzen, wo auch die Larven sich zu entwickeln scheinen.

Langbeinig, wie auf Stelzen umherlaufend. *Stelzfliegen* Tierwelt Mitteleuropas 6, XVI (1936) 150. *Stelzenfliegen* SCHMIDT Schadinsekten (1955) 18. N. zuerst für → *Calobata* MEIG.

Gattung **Calóbata** MEIGEN 1803. — Kopf kugelig. Brust elliptisch, Hinterleib lang und walzenförmig. Flügel lang, den Hinterleib überragend. An feuchten Stellen, auf Wiesen, in Hecken. Zoolog. N. *Cālobata*, griech. καλοβάτης 'Stelzenläufer' („die Füße lang").

Langbeinfliegen SCHINZ-CUVIER Thierreich 3 (1823) 912. *Stelzenfliege* SCHLECHTENDAL-WÜNSCHE Insecten (1879) 523.

Calóbata petronélla (LINNÉ 1758). — Schwarz. Bruststück grau; Hinterleib schwarz, mit weißlichen Einschnitten. Flügel glasklar. Beine rotgelb. Zoolog. N. *petronella* diminutive Weiterbildung des Eigen-N.s *Petrus* (nach LINNÉs Beobachtung soll die Fliege, wie Petrus nach Matth. 14, 22ff., auf der Wasseroberfläche laufen, „cursitans musca supra aquas quietas").

Die Angabe LINNÉs, daß die Fliege auf dem Wasser laufe (von neueren Autoren nicht bestätigt), führt zu den N.n *Wasserläufer* LINNÉ-MÜLLER 5, 2 (1775) 974. *Wasserlaufer* CAMPE 5 (1811) 589. *Wasserläuferin* FUESSLI Verz. schweitz. Inseckten (1775) 56. *Wassertretende Fliege* MEIDINGER Nomenkl. (1787) 194. *Wasserfliege* NEMNICH (1793) 2, 665.

Gattung **Micropéza** MEIGEN 1803. — Brust lang, oval; Hinterleib walzenförmig. Weibchen mit spitzer Legeröhre. Beine sehr lang, dünn. Auf Hecken, Gesträuch, Wiesen. Zoolog. N. *Micropeza* zu griech. μικρός 'klein' und griech. πέζα 'Fuß' („die Fußsohlen klein").

Kleinfußfliege SCHINZ-CUVIER Thierreich 3 (1823) 912. *Kurzfußfliege* KARSCH Insektenwelt ([2]1883) 528. Übersetzungen des zoolog. N.s.

Familie Múscidae

Artenreiche, überall verbreitete Familie, deren Imagines mit hochspezialisierten leckend-saugenden Mundteilen ausgestattet sind. Sie belecken alle möglichen Stoffe, Eßwaren, Verwesungsprodukte, Exkremente; sie sind im Sommer als Schweißsauger lästig, saugen auch Blut an offenen Wunden und sind daher als gefährliche Krankheitsüberträger anzusehen. Bei manchen Arten (→ *Glossina* WIED., → *Stomoxys* GEOFFR.) sind die Mundteile stechend-saugend; die Imagines sind Blutsauger in beiden Geschlechtern und ebenfalls Krankheitsüberträger. Musciden-Larven fressen Pflanzenteile, Verwesungsprodukte, Kot, sind teilweise Allesfresser und daher auch zufällige Parasiten anderer Insekten. Einige verursachen Myiasis intestinalis beim Menschen.

Zu den *Muscidae* gehört die in der Umgebung des Menschen besonders häufige „Stubenfliege" (→ *Musca domestica* L.). Volkstümliche Sprache benennt die Stubenfliege und die ihr ähnlichen, verwandten Arten mit dem allgemeinen N. *Fliege* bzw. *Mücke* (→ *Brachycera*, Sp. 694ff.). Anfänglich folgt auch die zoolog. Fachsprache diesem Sprachgebrauch. *Fliege* BECKMANN Anfangsgr. (1767) 114. *Fliegen* LINNÉ-MÜLLER 5, 2 (1775) 947; SCHMIEDLEIN Insectenlehre (1786) 396; THON-REICHENBACH Naturgesch. Ins. (1838) 432; HENSCHEL Forst- u. Obstbaum-Ins. ([3]1895) 480. Daneben wird schon früh der N. um verdeutlichende Ergänzungsbestimmungen erweitert: *Ordinaire Fliegen* Samml. Nat.- u. Med.-Gesch. (Herbst 1718) 1744. *Gemeinfliegen* MEIGEN System. Beschr. 5 (1826) 49; BREHM 9 ([2]1880) 473; PAWLOWSKY Gifttiere (1927) 239. *Eigentliche Fliegen* LEUNIS (1844) 292. *Wahre Fliegen* RITZEMA BOS Schädl. u. Nützl. (1891) 604. *Echte Fliegen* ZACHER Vorratsschädl. (1927) 198; KLOTS-FORSTER Insekten (1959) 284. *Vollfliegen* BROHMER Fauna ([6]1949) 362; KEILBACH Schädl. (1966) 117.

Lippenmucken („Rüssel mit Lippen") OKEN 5, 2 (1835) 778. *Lippenfliegen* GRAVENHORST Thierreich (1845) 37; KARSCH Insektenwelt ([2]1883) 498.

Gattung **Glossína** WIEDEMANN 1830

In beiden Geschlechtern blutsaugende Stechfliegen im tropischen Afrika. Etwas größer als die Stubenfliege, mit einem weit vorstehenden (mehr als doppelte Kopflänge), harten, borstenförmigen Stechrüssel. Hinterleib dreieckig. Die Weibchen bringen lebende, gelblichweiße Maden zur Welt, die sich, ohne Nahrung aufzunehmen, nach wenigen Stunden verpuppen. *Glossina*-Arten sind Krankheitsüberträger. Die Blutsauger nehmen mit dem Blute Trypanosomen (Geißeltierchen) auf, die mit ihren nächsten Stichen auf andere Individuen übertragen werden. Sie verbreiten auf diese Weise bei Menschen die Schlafkrankheit (→ *G. palpalis* R.-D.) und beim Vieh die berüchtigte Naganaseuche (→ *G. morsitans* WESTW.).

Zoolog. N. *Glōssīna* zu griech. γλῶσσα 'Zunge', hier 'Rüssel' und dem lat. Suffix *-īnus* (mit einem langen, beiderseits von den Palpen eingeschlossenen Rüssel, zungenähnlich, „haustellum longitudine fere thoracis ..., palpi horizontales, longitudine fere haustelli").

Zungenfliege WIEDEMANN Außereurop. zweifl. Ins. 2 (1830) 253; BREHM Tierreich (1956) 149; Übersetzung des zoolog. N.s. *Tsetsefliegen* FLOERICKE Plagegeister (1917) 64; PAWLOWSKY Gifttiere (1927) 242; BRAUNS Waldins. (1964) 420; zum N. → *G. morsitans* WESTW.

Glossína mórsitans WESTWOOD 1850. — Gelblich; das Bruststück graurötlich mit vier braunschwärzlichen Längsstreifen. Hinterleib dreieckig. Flügel ziemlich lang, leicht getrübt. Beine gelblich. 9,5 mm. Überträgt den Erreger der Naganakrankheit (*Trypanosoma brucei* STEPH. et FANTH.) bei Haustieren und macht in vielen Gegenden Mittelafrikas das Halten derartiger Tiere schwierig. Zoolog. N. Lat. *morsitāns* 'beißend'.

Tsetsefliege BREHM 9 ([2]1880) 478; KLOTS-FORSTER Insekten (1959) 285. Vgl. engl. *tsetse(-fly)* NED 10, 1, T 440, zuerst bei (1849) NAPIER, (1850) CUMMING („the fly called *Tsetse*"). Entlehnung des afrikan. (Sechwana) *tsetse*, das zweifellos das Fluggeräusch nachzuahmen sucht. LITTMANN Morgenländ. Wörter im Dt. (1924) 139 hält Verwandtschaft mit abess. *ṣinṣijâ* 'Hundsfliege' für möglich.

Glossína palpális (ROBINEAU-DESVOIDY 1830). — Brust gelblichbraun, grau bestäubt. Hinterleib vorwiegend schwarz mit braunem Mittelstreifen und dreieckigen braunen Randflecken. 8 bis 9 mm. An feuchten, schattigen Stellen im tropischen Afrika. Überträgt mit ihren Stichen den Erreger der Schlafkrankheit (*Trypanosoma gambiense* DUTT.) beim Menschen. Zoolog. N. Neulat. *palpālis*, Ableitung von zoolog. *palpus* '(Kiefer-, Lippen-) Taster' („palpes supérieurs allongés, solides, appliqués en avant l'un contre l'autre").

Allgemein *Tsetsefliege*, wie → *G. morsitans* WESTW. Doch sucht die dt. zoolog. Fachsprache diese Art von der vorigen als *Schlafkrankheitsfliege* zu unterscheiden, s. BREHM 2 ([4]1922) 356; KLOTS-FORSTER Insekten (1959) 285.

Hydrotáea meteórica (LINNÉ 1758). — Brust schwarz, schwach glänzend; Hinterleib dunkelgrau bestäubt, mit schwarzer Rückenlinie, lang und abstehend behaart. Flügel bräunlich. 4 bis 5,5 mm. Häufig, besonders an feuchten oder schattigen Orten, oft stundenlang in der Luft schwebend; an heißen Tagen lästig für Mensch und Vieh (saugend an Schweiß, an offenen Wunden). Zoolog. N. *Hydrotaea* ROBINEAU-DESVOIDY 1830, zu griech. ὕδωρ 'Wasser', ὑδρότης 'Feuchtigkeit' („les espèces vivent aussi sur les plantes essentiellement aquatiques"); *meteōrica* latinisierte Ableitung von griech. μετέωρος 'über der Erde, in der Luft', τὰ μετέωρα 'Himmels-, Lufterscheinungen, Witterungswechsel' („nebulae instar, ingruente imprimis pluvia").

Gewitterfliege („wenn es regnen will, ziehen sie wie eine Wolke herum") LINNÉ-MÜLLER 5, 2 (1775) 972; LEUNIS (1844) 294; FIEBIGER Tier. Parasiten ([2]1923) 383. *Gewittermucke* OKEN 5, 2 (1835) 792. Vgl. nl. *onweersvlieg* HOUTTUYN 12 (1768) 507. *Gartenfliegen, Waldfliegen* RAFF Naturgesch. (1833) 198. Die folgenden N.n dürften nicht nur die vorliegende Art, sondern alle bei hoher Luftfeuchtigkeit schwärmenden Fliegen bezeichnen: *Gewitterwürmchen* („kleine, winzige Fliegen, die bes. vor Gewittern schwirren") Rhein. Wb. 9, 598. *Wettermüsche, -möschke* ebda 466; vgl. *Müsche, Möschke* 'Fliege', s. oben Sp. 698.

Mesémbrina mystácea (LINNÉ 1758). — Brust vorn rotgelb, hinten schwarz behaart. Hinterleib vorn schwarz, hinten weißlich behaart. Flügel an der Wurzel gelb. 15 bis 18 mm. Auf Blättern und besonnten Teilen des Erdbodens. Imagines erinnern in Größe und dichter wolliger Behaarung an Hummeln. Zoolog. N. *Mesēmbrina* MEIGEN 1826, griech. μεσημβρινός 'mittägig, am Mittag' (vgl. den N. der folgenden Art); *mystaceus* zu griech. μύσταξ 'Bart'.

Bartfliege LINNÉ-MÜLLER 5, 2 (1775) 957; ADELUNG 1 (1798) 740. *Bärtige Schwebefliege* PANZER Syst. Nomencl. (1804) 16. Übersetzungen des zoolog. N.s. Vgl. nl. *geknevelde vlieg* HOUTTUYN 12 (1768) 483.

Mesémbrina meridiána (LINNÉ 1758). — Ganz schwarz und dicht behaart. Flügel an der Basis gelb. 9 bis 13 mm. An Baumstämmen, auf Blättern und Blüten. Entwicklung der Larven in den Exkrementen von Rind und Pferd. Zoolog. N. Lat. *merīdiānus* 'mittägig, am Mittag'.

Mittagfliege LINNÉ-MÜLLER 5, 2 (1775) 966. *Mittagsfliege* GOEZE Degeers Abhandl. 6 (1782) 28; OKEN 5, 2 (1835) 792. Vgl. nl. *middagse vlieg* HOUTTUYN 12 (1768) 499; frz. *mouche méridienne* DE GEER Mém. Hist. Ins. 6 (1776) 55. *Meridianfliege* BRAHM Insektenkal. 1 (1790) 102. Übersetzungen des zoolog. N.s. *Goldstirnige Federfliege* („die Stirne golden, ... Fühlhörner ... eine Feder aus der Seite") SCHRANK Fauna Boica 3 (1803) 131.

Gattung Músca LINNÉ 1758

Die Gattung enthält die Stubenfliege und ihre nächsten Verwandten. Sie alle sind Begleiter des Menschen und seiner Umgebung; sie leben teils in Wohnungen, teils im Freien, wo sie an heißen Tagen Menschen und Tiere umschwärmen. Die Fliegen besonders auf faulenden Stoffen, auf Tierleichen, an sonnenbeschienenen Wänden, Baumstämmen u. dgl. Die Larven koprophag an Exkrementen.

Zoolog. N. Lat. *musca* 'Fliege'; vgl. oben Sp. 684f. und Sp. 693.

Deutsche N.n → *Brachycera* (Sp. 694ff.) und → *Musca domestica* L. (Sp. 763f.).

Músca autumnális DE GEER 1776
(= corvína FABRICIUS 1781)

Kurz und gedrungen. Brust schwarzbraun mit grauer oder blaugrauer Bestäubung und 4 Längsstreifen. Hinterleib schwarz, kurz und eiförmig. Flügel leicht gelblich mit rötlichem Geäder. 6 bis 7 mm. Überall häufig, an Mauern, Planken, auf Blättern und Blüten. Die Fliege saugt Schweiß sowie Blut an Stichen, die von anderen Insekten stammen. Oft in Massen an den Augen des Viehs. Eiablage an Rinderkot.

Zoloog. N. Lat. *autumnālis* 'herbstlich' (vom Autor im Frühherbst beobachtet, „c'est vers la fin de l'été que les mouches de cette espèce se rendent en très-grand nombre dans nos appartements"); syn. lat. *corvīnus* 'zum Raben gehörig, Raben-' (nach der vorwiegend schwarzen Färbung?).

Herbstfliege GOEZE Degeers Abhandl. 6 (1782) 41; BEHLEN Forst- u. Jagdkde 2 (1841) 306. Vgl. frz. *mouche d'automne* DE GEER Mém. Hist. Ins. 6 (1776) 83. *Rabenfliege* BECHSTEIN-SCHARFENBERG Forstinsekten 3 (1805) 998; ZACHER Vorratsschädl. (1927) 204; KEILBACH Schädl. (1966) 279. *Rabenmücke* BECHSTEIN-SCHARFENBERG a. a. O. Vgl. engl. *raven-fly* BUSVINE Insects 169. Übersetzungen des zoolog. N.s. Imagines belästigen im Freien das Vieh, gehen aber auch in Ställe. *Stallfliege* SCHLECHTENDAL-WÜNSCHE Insecten (1879) 505; WEIDNER Bestimmungstab. (1953) 179; Rhein. Wb. 8, 505. N. gilt auch für → *Muscina stabulans* FALL. *Weideviehfliege* SCHMIDT Schadinsekten (1955 96.

Músca doméstica LINNÉ 1758

Brust schwarz, weißgrau bestäubt, mit 4 schmalen, dunklen Streifen. Beine schwarz. Hinterleib an der Basis und an den Seiten gelb, im übrigen schwarz, weißgrau bestäubt mit schwarzen Flekken. 7 bis 8 mm. Sehr häufig und überall, wo es menschliche Wohnungen gibt. An Dunghaufen, Exkrementen, Müllgruben, an Nahrungsmitteln, an Schweiß und Blut. Überträgt die Erreger von Krankheiten der Menschen und der Haustiere. Das Weibchen legt 600 bis 2000 gelbweiße Eier auf Pferdemist und Küchenabfälle. Die elfenbeinfarbenen Maden (6 bis 12 mm) leben im Dung.

Zoolog. N. Lat. *domesticus* 'zum Hause gehörig' („habitat in Europae domibus, etiam Americae"); vgl. schon *musca vulgaris domestica* (16. Jh.) ALDROVANDI.

Stuben-Fliegen FRISCH Insecten 1 (1720) 31. *Stubenfliege* LINNÉ-MÜLLER 5, 2 (1775) 968; ADELUNG 4 (1780) 842; OKEN 5, 2 (1835) 787; BREHM 6 ([1]1869) 409; KEILBACH Schädl. (1966) 282. Aus der Schriftsprache auch in die Mundarten übernommen, s. Rhein. Wb. 8, 899; BERTHOLD Hess.-Nass. 3, 871. *Stuabenfleigen* Pl. HARTWIG in: Jahresber. Ravensberg 40 (1926) 42. Zur Unterscheidung von der Kleinen Stubenfliege (→ *Fannia canicularis* L.): *Gemeine Stubenfliege* MEIGEN System. Beschr. 5 (1826) 68; BREHM 2 ([4]1922) 351; v. KÉLER Entomol. Wb. (1956) 159. *Gewöhnliche Stubenfliege* RITZEMA Bos Schädl. u. Nützl. (1891) 607. *Große Stubenfliege* BREHM Tierreich (1956) 149; Beitr. z. Entomol. 10 (1960) 405. Vgl. schwed. *stugofluga* LINNÉ Fauna Svec. ([2]1761) 453; dän. *stueflue* DO 22, 609.

Hausfliege SCHAEFFER Elementa entomol. (1766) Tab. 85; ADELUNG 2 (1775) 1022; THON-REICHENBACH Naturgesch. Ins. (1838) 439; SCHMIDT Schadinsekten (1939) 54; KEILBACH Schädl. (1966) 282. *Große Hausfliege* GOEZE Degeers Abhandl. 6 (1782) 35. Vgl. *musca domestica major*, frz. *grande mouche domestique* DE GEER Mém. Hist. Ins. 6 (1776) 71; mnl. *huusvliege* VERWIJS-VERDAM Mnl. Wb. 3, 769, nl. *huisvlieg* Nl. Wb. 6, 1258; dän. *husflue* DO 8, 744; schwed. *husfluga* SAO 11, H 1463; engl. *house-fly* NED 5, H 420.

Gemeine Fliegen COLERUS Hausb. 5 (1615) 346. *Gemeine Fliege* ZINCKE Lex. 1 (1744) 787; FISCHER Naturgesch. Livland (1778) 164. Vgl. frz. *mouche commune* GEOFFROY Hist. Ins. 2 (1762) 528.

Nach der mundartlichen Verteilung von *Fliege* und *Mücke* (s. oben Sp. 696) entsprechen den oben angeführten N.n: *Hauß-Mücke* MERCKLEIN Thierbuch (1696) 593. *Hausmucke* Onomatologia hist. nat. 5 (1775) 364; FISCHER Schwäb. 6, 2126. *Hausmek* (Saar) Rhein. Wb. 3, 363. *Stubenmücke* (1765) belegt aus Nürnberg; BERTHOLD Hess.-Nass. 3, 871.

Musca domestica L. ist die häufigste und die bekannteste Fliege; in Umgangssprache und Mundart gelten dafür die allgemeinen N.n *Fliege*, *Mücke* und ihre Synonyma, s. oben Sp. 694ff. Weitere N.n: *Zimmerfliege* Rhein. Wb. 9, 794. Vgl. nl. *kamervlieg* Nl. Wb. 7, 1, 1082. *Stavenacken* Pl. (Fehmarn) WIEPERT in: Die Heimat 65 (1958) 129; vgl. *Staven*, *Sdōvn* 'Stube', *Acke*, *Acker*, *Acken* 'Schmutz' (Kinderspr.) MENSING Schlesw.-Holst. 4, 812 u. 1, 39. *Wandscheißer* (Lausitz) Wortatlas. *Pärdsmek* [Pferdsmücke] Wb. d. luxemb. Ma. 330; hier interpretiert als 'große Hausfliege'. *Sommerfliege* („im Sommer lebende Fliege") DWb 10, 1, 1526. *Sommermucke* FISCHER Schwäb. 6, 3127. *Martiniflieg* („Fliege um den 11. November") ebda 4, 1502. Vor allem aber die vereinzelte Stubenfliege im Winter, die *Winterfliege* (DWb 14, 2, 437) erhält besondere N.n. Sie gilt als glückbringende Fliege, die nicht getötet werden darf. *Glücksfleich* KÜCK Lüneburg 1, 578. *Jlücksfle* LADEMANN Teltow 68. *Glücksfliic* (Westsachsen) Zs. f. dt. Maa. (1914) 360. Man sagt, sie bringe Geld und Brot. *Jeltfle* [Geld-] LADEMANN a. a. O. *Hunnertdalerfleeg* TEUT Hadeln (Niederelbe) 2, 238. *Brotfliege* ZIESEMER Preuß. 1, 821. *Brotfle* LADEMANN a. a. O. *Nahrungsfliege* WIRTH Volkskde Anhalt 4/5, 25. *Soamfle* [Samen-] LADEMANN a. a. O. „Um der Allgemeinheit stets die Notwendigkeit eines unermüdlichen Kampfes gegen dieses gemeinste Hausinsekt vor Augen zu halten, ist man in Amerika auf den glücklichen Gedanken gekommen, die Stubenfliege mit dem Namen *Typhusfliege* (*typhoid fly*) zu brandmarken" DINGLER Hausins. (1925) 23.

Muscina stábulans (FALLÉN 1823)

Bruststück schwarz, weißgrau bestäubt, mit 4 schwarzen Längsstreifen. Hinterleib breit oval, schwarz mit hellgrauer Bestäubung, schachbrettähnlich schillernd. Flügel glasklar. Beine teilweise gelb. 7 bis 9 mm. Die Fliegen im Sommer im Freien, im Frühling und Herbst auch in Häusern, in Wohnungen. Sehr häufig. Sie fressen an Kot und an Lebensmitteln. Eiablage an faulen Pflanzenstoffen, an Kot, an toten Insekten. Die Entwicklung der Maden dauert 2 bis 3 Wochen, so daß 10 Generationen während eines Jahres auftreten können.

Zoolog. N. *Muscina* ROBINEAU-DESVOIDY 1830, Weiterbildung des Gattungs-N.s → *Musca* L. (der Gattung *Musca* nahe verwandt); lat. *stabulāns* 'im Stalle befindlich' (vom Autor in Wohnungen und auch in Viehställen beobachtet, „stundom i boningsrum, så väl tidigt an våren, som sent på hösten, och i ladugårdshus").

Häufig und in der Umgebung des Menschen; N.n daher wie → *Musca domestica* L. und → *Brachycera*. Vgl. auch *Falsche Stubenfliege* SCHMIDT Schadinsekten (1955) 89; d. h. verbreitet in Wohnungen, aber — zoologisch — keine „Stubenfliege" (*Musca domestica* L.). Schienen gelb. *Bleichschienige Gemeinfliege* TASCHENBERG Prakt. Insektenkde 4 (1880) 108. Den zoolog. N. übersetzt *Stallfliege* RITZEMA Bos Schädl. u. Nützl. (1891)

608; BREHM 2 (⁴1922) 355; v. KÉLER Entomol. Wb. (1956) 536.

Pyréllia cadaverína (LINNÉ 1758). – Körper metallisch goldgrün glänzend, ohne jede Bestäubung. 3,5 bis 6,5 mm. Die Fliegen auf faulenden tierischen Stoffen, auf Mist, auf Blüten. Überall verbreitet. Zoolog. N. *Pyrellia* ROBINEAU-DESVOIDY 1830, diminutive Weiterbildung von griech. πῦρ 'Feuer' (goldglänzend, „teintes scintillantes"); lat. *cadāverīnus* 'vom, am Aas' („habitat in cadaveribus").

Die Fliegen an Aas. *Aasfliege* LINNÉ-MÜLLER 5, 2 (1775) 967; ADELUNG 1 (1774) 6; OKEN 5, 2 (1835) 785; BROHMER Fauna (⁶1949) 363. *Aas-Mücke* BECHSTEIN-SCHARFENBERG Forstinsekten 3 (1805) 999. Vgl. nl. *krengvlieg* HOUTTUYN 12 (1768) 500. Goldgrün glänzend. *Kleine Goldfliege* GOEZE Degeers Abhandl. 6 (1782) 30; d. h. kleiner als → *Lucilia caesar* L. (nach frz. *petite mouche dorée*). In volkstümlicher Sprache nicht von den metallisch-glänzenden Arten der Familie → *Calliphoridae* (die ebenfalls oft an Aas) unterschieden; N.n s. Sp. 713ff.

Siphóna stímulans (MEIGEN 1824). – Brust schwarz, bräunlich bis grau bestäubt, mit schwarzen Längsstreifen. Hinterleib heller und etwas dichter bestäubt, mit schwarzen Flecken. Flügel bräunlich. 5 bis 6 mm. Blutsaugend an Pferd und Rind. Entwicklung der Larven in Rinderkot. Überall verbreitet. Zoolog. N. *Sīphōna* MEIGEN 1803, zu griech. σίφων 'Saugröhre' (vgl. den bildlichen Gebrauch des Wortes bereits im Griech.: κώνωπες αἵματος ἀνδρῶν σίφωνες ['Stechmücken, die Saugröhren des Männerbluts'] Anthol. Palat. 5, 151); lat. *stimulāns* 'stechend'.

Vom Autor zunächst „nur auf Blüten gefangen", daher *Blumenstechfliege* THON-REICHENBACH Naturgesch. Ins. (1838) 437. *Kleine Stechfliege* PAWLOWSKY Gifttiere (1927) 241; d. h. kleiner als die verwandte Art → *Stomoxys calcitrans* L. *Herbststechfliege* SCHMIDT Schadinsekten (1955) 55.

Siphóna irrítans (LINNÉ 1758)

Brust schwarz, aschgrau bestäubt, mit 4 dunklen Längsstreifen. Hinterleib ebenfalls aschgrau, mit schwärzlicher Rückenlinie. 3,5 bis 4,5 mm. Blutsaugend am Rind, auch am Schaf, gelegentlich an Menschen. Oft zu hunderten an einem Wirtstier, das die Fliegen manchmal Tag und Nacht nicht verlassen. Entwicklung der Larven in Rinderkot.

Zoolog. N. Lat. *irrītāns* 'erregend, zum Zorne reizend' (das Vieh durch Stiche stark beunruhigend, „habitat cum pecoribus").

Rückenstecher („bey dem Rindvieh, denen sie beständig auf dem Puckel sitzen") LINNÉ-MÜLLER 5, 2 (1775) 997. *Rückenstechfliege* FISCHER Naturgesch. Livland (1784) 93. *Reitzende Stechfliege* MEIDINGER Nomenkl. (1787) 197. *Kleine Stechfliege* LEDERER Schädlingskde (1928/32) 230; KEILBACH Schädl. (1966) 279; d. h. kleiner als die verwandte Art → *Stomoxys calcitrans* L. *Hornfliege* („pflegt in ... Massen ... an den unteren Teilen des Horns der Rinder zu sitzen") FLOERICKE Plagegeister (1917) 64; KEILBACH a. a. O. Vgl. engl. *horn-fly* BUSVINE Insects 218.

Stomóxys cálcitrans (LINNÉ 1758)

Brust schwarz, hell aschgrau bestäubt, mit 4 schwarzen Längsstreifen. Hinterleib grau mit runden, dunklen Flecken. Stechrüssel dünn, glänzend, weit aus dem Munde vorragend. 6 bis 8 mm. In beiden Geschlechtern blutsaugend an Huftieren, aber auch oft an Menschen, in deren Wohnungen sie eindringt. Nach schmerzhaften Stichen zeigen sich Rötungen, die bald verschwinden, wenn keine Krankheitserreger übertragen wurden. Die Haustiere werden durch die Stiche stark beunruhigt und oft mit Krankheitserregern infiziert. Entwicklung der Larven in Rinder- und Pferdekot, im Mist der Ställe, in Misthaufen und faulenden Pflanzenstoffen.

Zoolog. N. *Stomoxys* GEOFFROY 1762, zu griech. στόμα 'Mund' und griech. ὀξύς 'spitz' („bouche formée par une trompe simple et aigue"); lat. *calcitrāns* 'hinten ausschlagend' („habitat ad Boum pedes, unde eorum continuus calcitratus").

Stechfliege SCHAEFFER Elementa entomol. (1766) Tab. 119; ADELUNG 4 (1780) 696; KIRCHHOF Conv. Lex. 3 (1842) 555; BREHM 6 (¹1869) 411; ZACHER Schädlingsfibel (1948) 60; BERTHOLD Hess.-Nass. 3, 744. *Stekflieg* HALBACH Berg. Sprachschatz 708. *Stechmucke* FISCHER Schwäb. 6, 3189. *Graue Stechfliege* LESKE Anfangsgr. 1 (1779) 482. *Gemeine Stechfliege* SCHRANK Fauna Boica 3 (1803) 164; TASCHENBERG Prakt. Insektenkde 4 (1880) 110; BREHM 2 (⁴1922) 355; KEILBACH Schädl. (1966) 278. Vgl. schwed. *sting-fluga* LINNÉ Fauna Svec. (²1761) 467; dän. *stingflue* DO 21, 1433, *stikke-*, *stikflue* ebda 1277; nl. *steekvlieg* Nl. Wb. 15, 1242; frz. *mouche piqueuse* DE GEER Mém. Hist. Ins. 6 (1776) 78. Ebda syn. *Musca pungens*.

Pferdestecher BECKMANN Anfangsgr. (1767) 115; ADELUNG 3 (1777) 1039; BLUMENBACH Naturgesch. (²1825) 339. *Pferdstechfliege* BRAHM Insektenkal. 1 (1790) 37. *Kuhfliege* WILHELMI Stechfliege (1917) 8; KEILBACH Schädl. (1966) 278. *Stallfliege* WILHELMI, KEILBACH a. a. O. *Stallmucke* FISCHER Schwäb. 6, 3173. Vgl. dän. *staldflue* DO 21, 910; engl. *stable-fly* BUSVINE Insects 152.

Wadenstecher („denn wenn es regnen will, kommen sie zu uns in die Stuben, und pflegen durch die Strümpfe empfindlich in die Waden zu stechen") LINNÉ-MÜLLER 5, 2 (1775) 997; CAMPE 5 (1811) 532; BREHM 6 (¹1869) 411; FIEBIGER Tier. Parasiten (1912) 375; KEILBACH Schädl. (1966) 278. *Wadenstecherin* SULZER Abgek. Gesch. d. Ins. 1 (1776) 223. *Wadlstecher* (Bayern) MILLER handschriftl.

Beißfliege KIRCHHOF Conv. Lex. 1 (1842) 611. *Beißmucke* (Württemberg) briefl. *Blinne Fläigen* [blinde Fl.] Pl. FREDERKING Hahlen b. Minden 16. *Blinne Flaie* HANSEN-SCHÖNFELD Holzland-Ostfäl. 65. Zum N. → *Tabanidae*. *Herbstfliegen*

Oken 5, 2 (1835) 779. *Frendche* [Freundchen] Rhein. Wb. 2, 797. *Schweizer* Fischer Schwäb. 6, 3082. *Zegge* [Zecke] Moser Staudengeb. 23.

Der Stubenfliege sehr ähnlich. *Stechende Stubenfliege* Leunis-Ludwig 2 (1886) 426; Illustr. Wochenschr. f. Entomol. 1 (1896) 412. In der Volkssprache und den Mundarten weithin ohne eigene N.n, sondern unter den allgemeinen Bezeichnungen *Fliege*, *Mucke*, *Schnake* (s. oben Sp. 694ff.); vgl. auch *Floigl* n. („Stechfliegen") Schatz Tirol 179. Vor allem aber gilt für die Stechfliege der N. *Bremse* und seine Synonyma (→ *Tabanidae*).

Familie **Nemestrínidae.** — Mittelgroße, kräftige Fliegen mit ziemlich großem Kopf, vornehmlich in tropischen und subtropischen Gebieten (Mittelmeer, Afrika). Die Flügel überragen oft den Hinterleib, die Flügeladern sind gegen die Spitze zu durch Sekundärzellen gitterartig gegliedert. Imagines sind Blütenbesucher, Nektar saugend; die Larven leben parasitisch in den Larven anderer Insekten. Zoolog. N. *Nemestrīnidae* Weiterbildung des Gattungs-N.s *Nemestrīnus* Latreille 1802, lat. N. für den Gott der Haine (vgl. lat. *nemus* 'Wald, Hain').

Netzfliegen Tierwelt Mitteleuropas 6, XVI (1936) 82; Brauns Waldins. (1964) 395; vgl.: „die langen Zellen [der Flügel] an der Spitze wieder netzartig in viele kleinere zertheilt" Meigen System. Beschr. 6 (1830) 323.

Familie **Neottiophílidae.** — Eine kleine Gruppe seltener Fliegen, deren Larven ektoparasitisch als Blutsauger bei nestjungen Vögeln, besonders der Finkenartigen, leben.

Meisensauger Tierwelt Mitteleuropas 6, XVI (1936) 147.

Neottióphilum praeústum (Meigen 1826). — Glänzend rostrot; Flügel grau, die Queradern braun gesäumt, die Spitze braun. 8,5 bis 9,5 mm. Zoolog. N. *Neottiophilum* Frauenfeld 1868, zu griech. νεόττιον 'junger Vogel, Vögelchen' und griech. φίλος 'liebend' (die Larven zuerst in einem Finkenneste entdeckt; sie „dürften sich wohl, während die jungen Vögel im Neste sich befanden, daselbst entwickelt haben"); lat. *praeūstus*' vorn gebrannt' („Flügel mit brauner Spizze").

Vogelnestfliege Schmidt Schadinsekten (1955) 93.

Familie **Nycteribíidae**

Pupipare Fliegen (wie → *Hippoboscidae*, Sp. 746), die als ektoparasitische Blutsauger im Pelz von Fledermäusen leben und fast ihr ganzes Dasein auf dem Wirt verbringen. Sie sind klein (2 bis 5 mm), flügellos, ledergelb gefärbt. Die Fazettenaugen sind stark reduziert oder fehlen ganz. Die langen Beine werden spinnenartig getragen.

Zoolog. N. *Nycteribiidae* Weiterbildung des Gattungs-N.s *Nýcteribia* Latreille 1796, zu griech. νυκτερίς 'Nachtvogel, Fledermaus' und griech. βιόω 'lebe', βίος 'Leben, Lebensweise'.

Die Arten wurden anfänglich für Läuse (*Pediculus vespertilionis*) gehalten. *Fledermauslaus* Bechstein Naturgesch. 1 (1801) 1161. Trotz besserer Kenntnis wird gelegentlich noch in neuester Zeit der alte N. beibehalten: *Fledermausläuse* Brohmer Fauna ([6]1949) 369. *Fledermauslausfliege* Schinz-Cuvier Thierreich 3 (1823) 921; Schumann in: Entomol. Ber. (1965) 10. *Fledermausfliege* Gräfe Handb. (1836) 867; Brehm 6 ([1]1869) 417; Schmidt Schadinsekten (1955) 11. *Echte Fledermausfliegen* Klots-Förster Insekten (1959) 286. Langbeinig, spinnenähnlich. *Spinnenfliegen* Brehm 2 ([4]1922) 366; Klots-Förster a. a. O. — Vgl. die entsprechenden N.n für → *Hippoboscidae* (Sp. 746).

Familie **Óestridae**

Mittelgroße bis große, plumpe, behaarte Fliegen. Beine kurz. Eier oder Larven werden nahe der Nasenöffnung oder in die Augen von Huftieren abgelegt. Die Entwicklung der Larven erfolgt im Nasen- und Rachenraum, in den Luftwegen oder Stirnhöhlen der Wirtstiere, die Verpuppung am Boden.

Zu Entwicklung und Begriffsumfang der N.n *Oestrus* L., *Oestridae* innerhalb der zoolog. Systematik → *Hypodermatidae*, Sp. 751 f. Anfänglich, als der *Oestrus*-Gruppe auch die Arten der heutigen Familien → *Gasterophilidae* und → *Hypodermatidae* zugeordnet waren, galt für diese schmarotzenden Bremsen der dt. N. *Breme*, *Bremse*, der zugleich auch die blutsaugenden Bremsen (→ *Tabanidae*) bezeichnete (vgl.: „zwey *Bremen*-Arten, so lateinisch *Oestrum* und *Tabanus* heissen" Frisch Insecten 7 [1728] Vorrede). *Brehmen*, *Bremsen* Linné-Müller 5, 2 (1775) 925. *Brömse* Fischer Naturgesch. Livland (1778) 161. *Bremse* Leske Anfangsgr. 1 (1779) 477. *Bremen* Oken 5, 2 (1835) 765. *Breme*, *Bremse* Thon-Reichenbach Naturgesch. Ins. (1838) 431. *Bremsen* Leunis (1844) 298; Pawlowsky Gifttiere (1927) 452. *Bremsenfliegen* Gravenhorst Thierreich (1845) 37. Unterscheidungen zwischen *Bremsen* (*Oestrus*) und *Viehbremen* (*Tabanus*) Müller (1775), *Afterbremse* (*Oestrus*) und *Wahre Bremse* (*Tabanus*) Sulzer (1776), *Bremse* (*Oestrus*) und *Breme* (*Tabanus*) Meidinger (1787) bleiben willkürliche Trennungsversuche einzelner Autoren, die keine Nachfolge finden.

Für die alte *Oestrus*-Gruppe gelten ferner: *Viehfliege* Schaeffer Elementa entomol. (1766) Tab. 91; Börner Samml. 1 (1774) 525; Campe 5 (1811) 411. *Viehbremen* Goeze Degeers Abhandl. 6 (1782) 116. *Viehbremsen* Schinz-Cuvier Thierreich 3 (1823) 898. *Hornisse* Linné-Müller 5, 2 (1775) 925; Schmiedlein Insectenlehre (1786) 392. *Enger* Schrank Enumeratio (1781) 417; N. aus den Bezeichnungen für die schmarotzende Larve ausgewählt, vgl. oben Sp. 752. *Dasselmucken* Oken 5, 2 (1835) 765. *Dasselfliegen* Leunis (1844) 298; Keilbach Schädl. (1966) 294. *Bies-*

Zum ‚Wörterbuch der deutschen Tiernamen' sind folgende Beihefte lieferbar:

Käfer

Von Wolfgang Pfeifer

2., durchgesehene Auflage 1966. 34 Seiten — M 5,60

Diese Arbeit untersucht den Begriff „Käfer". Das Wort bezeichnet im Mittelalter als Übersetzung von griechisch-lateinisch „bruchus" die Heuschrecke. Erst in jahrhundertelanger Entwicklung gewinnt die Bezeichnung „Käfer" ihren jetzt üblichen Sinn und verdrängt den alten, noch heute in deutschen Mundarten geläufigen Namen „Wibel".

Schabe

Von Wolfgang Pfeifer

1965. 40 Seiten — M 5,60

Das zweite Beiheft deutet die lateinischen Namen „blatta, tinea, teredo", die gemeinsam mit ihrer späteren deutschen Übersetzung „Schabe" sehr verschiedenen Tieren zugeordnet werden. Die sprachliche Untersuchung bestätigt von der Namengebung her die zoologische Annahme, daß die sogenannte Küchenschabe, die im Altertum bereits im Mittelmeergebiet heimisch war, erst im 17. Jahrhundert nach Mitteleuropa eingewandert ist. Bis dahin ist altes lateinisches „blatta" von den deutschen Übersetzern weithin falsch interpretiert worden.

Die Namen der Libelle

Von Georg Nitsche

1965. 41 Seiten — M 5,90

Behandelt werden die deutschen Namen der Libellen (Odonata). Ein zweiter Teil der Untersuchung stellt die deutschen Libellen-Namen denen anderer Sprachen gegenüber.

Spanische Fliegen und Maiwürmer

Von Wolfgang Pfeifer

1966. 39 Seiten — M 3,90

In diesem Beiheft wird eine Käferfamilie (Meloidae) behandelt, die eine lückenlose Überlieferung über zwei Jahrtausende hin aufzuweisen hat. Im Vordergrund stehen die Namen der Tiere und ihre zoologische Bestimmung.

Bestellungen durch eine Buchhandlung erbeten

AKADEMIE · VERLAG · BERLIN

www.ingramcontent.com/pod-product-compliance
Lightning Source LLC
LaVergne TN
LVHW080756300926
849162LV00008BA/1829